普通高等教育"十三五"规划教材

分离分析化学

（第二版）

张文清　主编

华东理工大学出版社
EAST CHINA UNIVERSITY OF SCIENCE AND TECHNOLOGY PRESS

·上海·

图书在版编目(CIP)数据

分离分析化学 / 张文清主编. —2 版. —上海:华东理工大学
出版社,2016.7(2024.1 重印)
 ISBN 978 - 7 - 5628 - 4734 - 2

Ⅰ.①分⋯　Ⅱ.①张⋯　Ⅲ.①分离-化工过程-分析化学
Ⅳ.①TQ028

　中国版本图书馆 CIP 数据核字(2016)第 161701 号

项目统筹 / 焦婧茹
责任编辑 / 焦婧茹
出版发行 / 华东理工大学出版社有限公司
　　　　　　地址:上海市梅陇路 130 号,200237
　　　　　　电话:021-64250306
　　　　　　网址:www.ecustpress.cn
　　　　　　邮箱:zongbianban@ecustpress.cn
印　　刷 / 广东虎彩云印刷有限公司
开　　本 / 787mm×1092mm　1/16
印　　张 / 16
字　　数 / 410 千字
版　　次 / 2007 年 2 月第 1 版
　　　　　　2016 年 7 月第 2 版
印　　次 / 2024 年 1 月第 6 次
定　　价 / 39.00 元

第 二 版 前 言

本书第一版自 2007 年出版已有近 9 年时间,至今已重印多次。本书第一版得到了广大同行的关注和厚爱,全国许多高校将此书用作本科高年级学生或研究生分离技术的教材,激励我们进一步对此书进行完善和修订。此次再版保持了第一版的章节基本内容不变,对原有部分内容的阐述进行了精炼并补充了新的内容。本书在第一次的基础上更新和增加的内容有:分子间的相互作用与溶剂特性,液液萃取的乳化和去乳化,超临界萃取的操作技术,色谱分离法,电泳法,分离方法的选择等。

本书张文清教授负责第 1～5 章和第 7、第 9、第 10 章的修订,王氢副教授负责第 8 章的修订,张凌怡副教授负责第 6 章的修订。

本书可作为化学、化工、药学、材料科学、环境科学、生命科学等学科高年级本科生或研究生的教材,也可作为从事上述学科研究和技术开发工作的科技人员的参考书。

本次修订虽然力求精益求精,但限于编者的学识,书中难免仍存在不足和疏漏之处,衷心希望广大同仁多提宝贵意见。

张文清
2016 年 6 月于华东理工大学

前　言

涉及复杂物质分析的领域都离不开分离。分离方法已发展成为分析化学中的一个重要组成部分。本书主要介绍和讨论试样的采取、处理和分解,分离方法的选择以及八类分离方法,对当前重要的分离方法的理论基础和实际应用、最新的研究进展都作了较为深入的介绍和讨论。

虽然已有了《分离及复杂物质分析》及《分析化学中的分离技术》十余年的教学实践,但编者认为作为研究生教材应该能够反映最新的科研进展,所以就相关内容进行了与时俱进的调整和修改补充,对近年来各种分离技术发展进行了介绍。例如在萃取分离法一章中增加了超临界萃取、双水相萃取等;在电泳法一章中增加了毛细管电泳法,还增加了膜分离法、分离方法的选择等。

在本书编写过程中,力求理论联系实际,既注意到各种分离方法之间的内在联系,又重视各种分离方法的特殊个性,并以后者为主。本书由多位从事分离技术教学和实践的同志参与编写,具体分工如下:四川大学的方梅完成萃取分离法初稿,江苏工业学院的吴国棋完成离子交换分离法,福州大学的陈剑峰完成膜分离技术和沉淀分离法部分内容,华东理工大学的王氢完成色谱分离法,夏玮完成泡沫浮选法,崔书亚完成电泳法,上海冠生园(集团)有限公司检测中心的柴平海主任总结完成试样的采集及处理,张文清撰写了其他章节内容并审定全稿。

本书不当及不足之处,请各位同行及师生批评指正。

编　者
2006 年 11 月

目　　录

1

第 1 章

试样的采集及处理

一个完整的物质分析过程包括试样的采集、预处理、测定和结果计算分析得出结论等四个步骤,其中试样的采集及预处理,是复杂物质分析中首先要碰到的问题,也是分析过程中的关键步骤。由于实际工作中要分析的物料是各种各样的,因此试样的采集以及进行预处理的方法也各不相同,在各种产品的国家标准、部颁标准及相关的工业分析书籍中都有其具体的操作方法,在这里仅就一些共同性、原则性的问题,做一简要的介绍。

1.1 试样的采集

采集试样的基本目的是从被检的总体物料中取得具有代表性的样品,通过对样品的检测,得到在允许误差内的数据,从而求得被检物料的某一或某些特性的平均值。在进行分析前,首先要保证所取得的试样具有代表性,即试样的组成和被分析物料整体的平均组成一致。否则,如果采集的试样由于某种原因不具备充分的代表性,那么使用再先进的仪器设备、采用再精确的测试手段、得到再准确的分析结果也都毫无意义,最终也不会得到正确的结论。因为在这种情况下,分析结果只不过代表了所取试样的组成,并不能代表被分析物料整体的平均组成。更有害的是提供了错误的分析数据,可能导致科研工作上的错误结论,生产中材料的损失、产品的报废,给实际工作带来难以估计的不良后果。因此有必要扼要地讨论一下试样的采集方法。

实际工作中要分析的物料各种各样,有矿石原料、金属材料、煤炭、石油、天然气、中间产品、化工产品、食品、化妆品,以及各种废气、废水、废渣等。这些物料中,有的组成极不均匀,有的则比较均匀一致。对于组成比较均匀的物料,试样的采集相对容易;对于组成不均匀的物料,要取得具有代表性的试样,即要使大批物料的每一部分被取入试样的机会都相等,必须进行多方面的综合考虑。

采样工作在检验中是一项非常重要的工作。以食品检验的采样为例,食品采样检验的目的在于检验试样感官性质上有无变化,食品的一般成分有无缺陷,加入的添加剂等外来物质是否符合国家或其他相关的标准规定,食品成分中有无掺假现象,食品在生产、运输和储藏过程中有无重金属、有害物质和各种微生物的污染以及有无变质和腐败现象。由于采样是采集很少量的样品进行检验分析,其检验结果代表着整箱、整批食品的结果,而食品由于储藏的时间不同,加工原料的差异以及组成食品的成分分布的不一致,所以食品样品的采集过程中往往需要采取一些特定的方法,如对角线采样、四分法分样或分样器分样来取得一份平均样品,使取得的平均样品中物料的组成成分能代表整批物料的成分。

1

另外,在食品检验分析中,除了采取正常采集样品进行检验发现问题外,经常还会碰到在食品生产、运输和储藏过程中发现个别部位或个别批次,或个别箱(桶)中出现异常现象。那么,样品采集时必须把正常样品与不正常样品分别进行抽样检验,检验结果处理时,还需要尽量把正常产品与不正常产品严格分开和分别对待。

1.1.1 采样原则及方案

根据采样的具体目的和要求以及所掌握的被采物料的所有信息制订采样方案,包括确定总体物料的范围,确定采样单元和二次采样单元,确定样品数、样品量和采样部位,规定采样操作方法和采样工具,规定样品的加工方法,规定采样安全措施。

采样方案应保证所采样品的均匀性和代表性,采样数量应能反映所采物料的真实质量情况和满足检验项目对试样量的需求。

1.1.2 采样记录

为明确采样与分析的责任,方便分析工作,采样时应记录被采物料的状况和采样操作,如物料的名称、来源、编号、数量、包装情况、存放环境、采样部位、所采的样品数和样品量、采样日期、采样人姓名等。如果发现货品有污染的迹象,应将污染的货品单独抽样,装入另外的包装内,另行化验。可能被污染的货品的堆位及数量要详细记录。必要时根据记录填写采样报告。

实际工作中例行的常规采样,可简化上述步骤,但至少要记录物料的名称、规格、批号,采样数量、采样人员及日期等信息。

1.1.3 采样技术

1. 采样误差

(1)随机误差

采样随机误差是在采样过程中由一些无法控制的偶然因素所引起的偏差,这是无法避免的。增加采样的重复次数可以缩小这个误差。

(2)系统误差

由于采样方案不完善、采样设备有缺陷、操作者习惯性操作以及环境等的影响,均可引起采样的系统误差。系统误差的偏差是定向的,必须尽力避免。增加采样的重复次数不能缩小这类误差。

采得的样品都可能包含采样的随机误差和系统误差。在应用样品的检测数据来研究采样误差时,还必须考虑试验误差的影响。

2. 物料的类型

物料按特性值变异性类型可以分为两大类,即均匀物料和不均匀物料。不均匀物料又可细分,如下表所示:

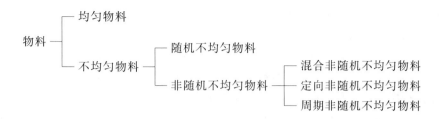

均匀物料的采样,原则上可以在物料的任意部位进行。但要注意采样过程中不应带进杂质,避免在采样过程中引起物料变化(如吸水、氧化等)。

不均匀物料的采样,除了要注意与均匀物料相同的两点外,一般采取随机采样。对所得样品分别进行测定,再汇总所有样品的检测结果。

随机不均匀物料是指总体物料中任一部分的特征平均值与相邻部分的特性平均值无关的物料。对其采样可以随机选取,也可以非随机选取。

定向非随机不均匀物料是指总体物料的特性值沿着一定方向改变的物料。例如,化工产品在高温灌装后由近壁向中心逐渐凝固,其杂质含量必然随着凝固的先后而形成梯度的物料。对这样的物料要用分层采样,并尽可能在不同特性值的各层中采出能代表该层物料的样品。

周期非随机不均匀物料是指在连续的物料流中物料的特性值呈现出周期性变化的物料,其变化周期有一定的频率和幅度。对这类物料最好在物料流动线上采样,采样的频率应高于物料特性值的变化频率,切忌两者同步。增加采样数将有利于减少采样误差。

混合非随机不均匀物料是指用两种以上特性值变异性类型或两种以上特性平均值组成的混合物料。对这类物料,首先尽可能使各组成部分分开,然后按照上述各种物料类型的采样方法进行采样。

显然,采样技术与物料的物理状态、储存情况以及数量等条件有关。

1.1.4　采样数和采样量

为了取得具有代表性的试样,采样量应为多少? 在满足需要的前提下,样品数和样品量越少越好。

早期的分析化学书籍上,采样量都参照这样的采样公式:

$$Q = K d^a$$

式中,Q 是应采取试样的最低质量,单位为 kg;d 是物料中最大颗粒的直径,单位为mm;K、a 为两个经验常数,随物料的均匀程度和易破碎程度而定,一般 K 在 $0.02 \sim 0.15$ 之间,a 在 $1.8 \sim 2.5$ 之间。

这个公式只考虑了应取试样的质量,而未考虑到采样点问题。况且物料的种类各种各样,很难采用同一个公式来解决所有的问题。

实际上对于不均匀的物料,为了取得具有代表性的试样,从统计的角度来看,更重要的是考虑应选取多少个采样点(或称采样单元),而不单是应取多少质量。因此 1.1.5 节中介绍另一种计算采样单元的采样公式。

采样单元的多少如何决定? 根据统计学,采样单元多少由下列两个因素决定:第一,试样中组分的含量和整批物料中组分平均含量所容许的误差,亦即对采样准确度的要求问题,准确度要求越高,要求误差越小,采样单元应越多;第二,物料的不均匀性,物料越不均匀,采样单元应越多,它既表现在物料中各颗粒的大小上,又表现在组分在颗粒中的分散程度上。

总之,采样的准确度要求越高,物料越不均匀,采样单元应越多。在实际的采样操作过程中,还要根据所采样品种类的不同,给予综合考虑。

下面以一些食品的采样为例来简单说明:食品种类繁多,有罐头类食品,有乳制品、蛋制品和各种小食品(糖果、饼干、炒货类等)等。食品的包装类型也较多,有散装(如粮食、食糖等),袋装(如糖果、蜜饯等),桶装(如蜂蜜、饮用水等),听装(如罐头、饼干等),木箱或纸盒装(禽、肉和水产品等)和瓶装(各种酒和饮料类)等。食品采集的类型也不一,有的是采集成品样,有的是半成品样,有的还是原料类型的样品。尽管食品的种类不同、包装形式不同或者类型有区别,但是采取的样品一定要有代表性,即采取一部分作检验用的样品能代表整个批次的真实情况。

在食品参照的各种相关标准中都有明确的采样数量说明,举例如下:

1) 蛋制品

(1) 全鸡蛋粉、鸡蛋黄粉、鸡蛋白片等成品按生产厂一日或一班的生产数量为一批,每批抽样10%,但至少为5箱,将拣取的样品充分混合,分为四份,取两对角的两份,再次混合,取两对角两份,最终得到约0.5 kg一瓶的平均样品。

(2) 冰鸡全蛋、冰蛋白、冰蛋黄以及巴氏冰全蛋的采样数,若是生产过程中的采样,按工厂每4 h生产量为一批,每隔半小时采取流动样一次,采样量约100 g。1 h合装1瓶。然后将3瓶样品混合成一个样品。如果是对已制成的成品采样,则按采样比例的10%,先将马口铁箱开口处用75%酒精消毒,而后将盖启开,用经消毒的电钻,由顶至底斜角钻入,边钻边用消毒匙将样品装入瓶内,按生产批次混合成一个平均样品。

2) 罐头食品

(1) 按生产班次采样,采样数为1/3 000,尾数超过1 000罐者增采1罐,但每班每个品种采样基数不得少于8罐。

(2) 某些产品生产量较大,则按班产量总罐数2万罐为基数,其采样数按1/3 000。2万罐以上,其采样数可按1/10 000拣取,尾数超过1 000罐者增采1罐。

(3) 个别产品生产量过少,同品种、同规格者可合并班次采样,但并班罐数不超过5 000罐,每生产班次取样数不少于1罐,并班后取样基数不少于3罐。

3) 乳制品

(1) 全脂乳粉按生产班次抽样,采样数量为1/1 000,每个样品为250 g,甜炼乳、淡炼乳按锅取样,每锅为1听,奶油按日期或生产班次抽样,每10箱取一混合样。

(2) 生产过程中采样,以一天为批次,一批次取一混合样品。

4) 肉、禽和兔

(1) 分割肉按百分之一箱数采样,每批不少于3箱,每箱在不同部位采取一混合样。

(2) 家禽按千分之一采样,兔子按百分之一采样,合并取一混合样。

5) 糖果、饼干和袋(罐)装食品

按生产日期采样,采取袋或听数的1%,每袋(听)采样1只,混合后检验。

6) 袋装糖或粮食

按袋装5%~10%,每袋分上、中、下三层采样三份;或按船舱,每舱按上、中、下不同部位取样,然后混合成每船舱得一平均样品或不同舱位的平均样品,最后得每一个舱位平均结果。

7) 化工产品

对于化工产品的采样,一般采集的样品数都可用多单元物料来处理,采样操作一般分两步:第一步,选取一定数量的采样单元;其次是对每个单元按物料特性值的变异性类型分别进行采样。总体物料的单元数小于 500 的,一般按表 1.1 中的规定确定采样单元数;总体物料的单元数大于 500 的,可以总体单元数立方根的三倍数确定采样单元数,即 $3 \times \sqrt[3]{N}$(N 为总体的单元数),如遇有小数时,则进为整数。

表 1.1　确定采样单元数的规定

总体物料单元数	最少采样单元数	总体物料单元数	最少采样单元数
1～10	全部	182～216	18
11～49	11	217～254	19
50～64	12	255～296	20
65～81	13	297～343	21
82～101	14	344～394	22
102～125	15	395～450	23
126～151	16	451～512	24
152～181	17		

采样时,样品量应满足以下要求:至少满足 3 次重复检测的需要;当需要留存备测样品时,必须满足备测样品的需要;对采得的样品物料如需作制样处理时,必须满足加工处理的需要。

当然,在讨论采样数量时,也应同时考虑以后在试样处理上所花费的人力、物力。显然,应选用能达到可预期准确度的最节约的采样单元。

1.1.5　采样公式

1. 一步采样公式

如果整批物料由 N 个单元组成,则采样单元数 n 应为

$$n = (t\sigma'/E)^2 \qquad (1-1)$$

式中,E 为试样中组分含量和物料整体中组分平均含量间所容许的误差;σ' 为各个试样单元间标准偏差的估计值;t 是某选定置信水平下的或然率系数。

σ' 值可由下列几种方式获得:

(1) 根据物料生产过程的统计规律预先估计;

(2) 根据以前各批类似物料在相同情况下取样时所得标准偏差估算;

(3) 如果无法获得估计值,可以预先测定。

t 值在一般讨论误差的书中都备有附表可查,现摘录部分数值列于表 1.2 中。

表 1.2　t 表

测定次数	自由度	置信水平			
		50%	90%	95%	99%
2	1	1.000	6.314	12.706	127.32
4	3	0.765	2.353	3.182	5.841
6	5	0.727	2.015	2.571	4.032
8	7	0.711	1.895	2.365	3.500
10	9	0.703	1.833	2.262	3.250
21	20	0.687	1.725	2.086	2.845
∞	∞	0.674	1.645	1.960	2.576

从表 1.2 中可见,在选定的置信水平下,随着测定次数的增加,t 值减小;在一定的测定次数下,随着置信水平的增加,t 值增大。因而物料越是不均匀,σ' 越大;分析结果的准确度和置信水平要求越高,即 E 越小;而 t 越大,采样单元数 n 就越大。

例如当标准偏差的估计值为 0.19%,置信水平定为 95% 时,容许的误差为 ±0.15。如果测定的次数较多,从上表可见 t 值约为 2。于是取样单元数 n 应为:$n=(2\times0.19/0.15)^2=6.3\approx7$,即应从七个不同的采样点,分别采取一份试样,混合后经过适当处理,送去分析;也可以分别处理,分别分析后取其平均值。

2. 二步采样公式

某些类型物料的采样单元可分为基本的和次级的两种。例如一船化肥共有 N 包,采样时首先选取若干包(基本单元),然后从这些包中分别选取试样若干份(次级单元),这种采样方法就是二步取样法。一般来讲,整批物料明显地分成许多单元(如桶、箱、坛、捆等),或者可以人为地把它们分成许多单元的,都可用二步采样法。这时采样单元数应用下列公式计算:

$$n = N(k\sigma_b'^2 + \sigma_w'^2)/[kN(E/t)^2 + k\sigma_b'^2] \tag{1-2}$$

式中,n 为采取试样的基本单元数;N 为整批物料总单元数;k 是从每份试样的基本单元中采取试样的次级单元数;$\sigma_b'^2$ 是各基本单元间方差(标准偏差的平方)的估计值;$\sigma_w'^2$ 是各个基本单元内的各次级单元间方差平均值的估计值;E 和 t 的意义同式(1-1)。

式(1-2)所说明的问题和式(1-1)基本上是一致的。即随着方差估计值的增大(即试样越不均匀),容许误差 E 的减小(即采样准确度要求越高),采样"单元"必须增加。

对于某种物料,在某一特定的准确度要求(即一定的 E 和 t)下,n 值随着 k 值的不同而改变。但 k 有一个最佳值,此时在相同的条件下,采取和处理试样所花费的人力、物力将最为节约。这时的 k 值以 k_e 表示:

$$k_e = \frac{\sigma_w'}{\sigma_b'} \cdot \sqrt{\frac{c_1}{c_2}} \tag{1-3}$$

式中,c_1 是采取和处理试样基本单元时的平均费用;c_2 是采取和处理试样次级单元时的平均费用。

方差值的估计如一步采样法中所述。如果方差值事先无法估计，可以通过实验来求得，下面举例说明之。

例如，有某种液体物料，分装于 400 桶中。今选取 10 桶，从每桶中各取试样 2 管，分别测定该物料的纯度，得如下数据，见表 1.3。

表 1.3　液体物料纯度　　　　　　　　　　　　　　　　　　　　　　　单位：%

桶　　号	试样管编号		桶　　号	试样管编号	
	1	2		1	2
1	96.37	96.46	6	95.85	95.75
2	97.50	96.36	7	96.46	95.44
3	95.75	96.05	8	94.62	96.16
4	97.09	97.38	9	96.41	96.26
5	97.31	96.78	10	95.44	96.46

求 $\sigma_b'^2$，$\sigma_w'^2$。假定 $c_1/c_2 = 4$，置信水平为 95%，容许误差（即 E）为 ±0.5%，试设计出最合理的取样程序，即在求得 $\sigma_b'^2$ 和 $\sigma_w'^2$ 后，计算 k_e 和 n 值。

解：先计算桶内方差（即各个基本单元内各次级单元间的方差）$\sigma_w'^2$。

表 1.4　试样的桶内方差

桶　　号	$\overline{x}$	$\lvert x_i - \overline{x} \rvert$	$(x_i - \overline{x})^2$	桶　　号	$\overline{x}$	$\lvert x_i - \overline{x} \rvert$	$(x_i - \overline{x})^2$
1	96.42	0.05	0.002 5	6	95.80	0.05	0.002 5
		0.04	0.001 6			0.05	0.002 5
2	96.93	0.57	0.324 9	7	95.95	0.51	0.260 1
		0.57	0.324 9			0.51	0.260 1
3	95.90	0.15	0.022 5	8	95.39	0.77	0.592 9
		0.15	0.022 5			0.77	0.592 9
4	97.24	0.15	0.022 5	9	96.34	0.07	0.004 9
		0.14	0.019 6			0.08	0.006 4
5	97.05	0.26	0.067 6	10	95.95	0.51	0.260 1
		0.27	0.072 9			0.51	0.260 1

$$\sum (x_i - \overline{x})^2 = 3.124$$

$$\sigma_w'^2 = \frac{\sum (x_i - \overline{x})^2}{10(2-1)} = \frac{3.124}{10} = 0.312\ 4$$

再计算桶间方差：总平均值 $\overline{x} = 96.30$

表 1.5 各桶试样的平均值与总平均值的均方

桶　号	$|x_i - \overline{x}|$	$(x_i - \overline{x})^2$	桶　号	$|x_i - \overline{x}|$	$(x_i - \overline{x})^2$
1	0.12	0.014 4	6	0.50	0.250 0
2	0.63	0.396 9	7	0.35	0.122 5
3	0.40	0.160 0	8	0.91	0.828 1
4	0.94	0.883 6	9	0.04	0.001 6
5	0.75	0.562 5	10	0.35	0.122 5

$$\sum (x_i - \overline{x})^2 = 3.342\ 1$$

$$均方 = (3.342\ 1 \times 2)/(10 - 1) = 0.742\ 7$$

把上述计算结果列于表 1.6:

表 1.6 方差的组成部分

方差来源	自　由　度	均　　方	方差的组成部分
各桶之间	$10 - 1 = 9$	0.742 7	$\sigma_w'^2 + 2\sigma_b'^2$
各桶之内	$10 \times (2-1) = 10$	0.312 4	$\sigma_w'^2$

于是，
$$\sigma_w'^2 = 0.312\ 4$$
$$\sigma_b'^2 = (0.742\ 7 - 0.312\ 4)/2 = 0.215\ 2$$

最佳的次级单元数应为

$$k_e = \frac{\sigma_w'}{\sigma_b'}\sqrt{\frac{c_1}{c_2}} = \sqrt{0.312\ 4/0.215\ 2} \times \sqrt{4} = 2.4$$

即每桶应采样 3 管。

从 t 表查得，当置信水平为 95%，总的测定次数为 20 时，t 值为 2 左右。于是:

$$n = 400(0.312\ 4 + 3 \times 0.215\ 2)/[400 \times 3 \times (0.5/2)^2 + 3 \times 0.215\ 2]$$
$$= 383/75.6 = 5.07 \approx 5(桶)$$

最合理的采样程序，应为先选择五桶，每桶中取样三管，再把这些取得的试样混合均匀，适当处理然后送去分析测定物料的纯度;也可以分别处理，分别分析后取平均值。

1.1.6 采样方法

1. 固体物料的采样

固体物料可以是各种坚硬的金属材料、矿物原料、天然产品等，也可以是各种颗粒状、粉末状、膏状的化工产品、半成品等。

各种金属材料，虽然经过熔融、冶炼处理，组成比较均匀，但是在冷却、凝固过程中，由于纯组分的凝固点比较高，常常在物体的表面先凝固下来，杂质向内部移动;物体的内部后凝固，凝固点较低，杂质含量较高。铸件越大，这种不均匀现象越严重。因此不能仅从物体的表面取得试样,也不应该仅从物体的不同部位钻取试样,而是应使钻孔穿过整个物体厚度或厚度的一半,收集钻屑作为试样。也可以把金属材料,在不同的部位锯断,收集锯屑作为试样。

固体物料如矿石、煤炭等,常常露天堆放于地上。一般来讲这种物料原来就是不均匀的,在堆放过程中往往由于大小块的不同或相对密度的不同会进一步地发生"分层"现象,增加物料的不均匀性,例如大块物料从上滚下,聚集在堆底附近,细粒则堆集在中心。因而从已堆好的物料堆中采取试样时,应从物料的不同部位、不同深度分别采取试样。但这样做也往往是比较困难的,因为要采取物料堆深处的试样,需扒开物料堆,这样会破坏储存条件,促使空气流通,引起物料成分发生变化。如果储存的是燃料,甚至可能引起自燃,因此最好是在物料堆放过程中采取试样。如果物料是从皮带运输机输送过来堆放的,可在输送过程中,每隔一定时间,采取一份试样。但每份试样都应从输送皮带的全宽度上取得,因为在运输过程中,往往也会发生"分层"现象,例如大块靠近皮带边缘,细粉靠近中心。

如果物料是包装成捆、袋、箱、桶等,则首先应从一批包装中选取若干件,然后用适当的取样器从每件中取出若干份。这类取样器一般都可以插入各种包装的底部,以便从不同深度采取试样。图 1.1 所示是几种不同形式的采样器。

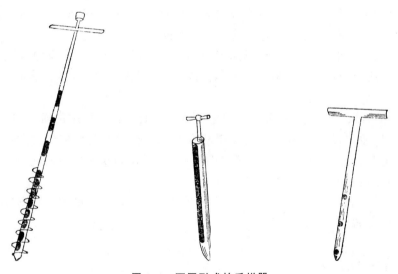

图 1.1　不同形式的采样器

2. 液体物料的采样

对于液体物料的采样应该注意两点:①采样容器和采样用的管道必须清洁,临取样前应用被分析的物料冲洗;②在取样过程中要注意勿使物料组成发生任何改变。例如,勿使挥发性组分、溶解的气体逸去;包含于液体中的任何固体微粒或不混溶的其他液体的微滴,要注意采入试样中,采样时勿把空气带入试样中。取得的试样应保存在密闭的容器中。如果试样见光后有可能要发生反应,则应将它储存于棕色容器中,在保存和送去分析途中要注意避光。

一般液体物料组成比较均匀,采样也比较容易,采样数量可以较少。但是也要考虑到可能存在的任何不均匀性。事实上这种不均匀性常常是存在的。例如湖水中的含氧量,在湖水表面和数尺深处,往往可能相差 1 000 倍以上。为此,对于液体试样的采取也要注意使其具有代表性。

如果液体物料储存于较小的容器中,例如分装于一批瓶中或桶中,采样前应选取数瓶或数桶,将其滚动或用其他方法将物料混合均匀,然后取样。如果物料储存于大的容器中,或无法使其混合时,应用取样器从容器上部、中部和下部分别采取试样。这样采得的试样可以分别进行分析,这时的分析结果分别代表这些部位物料的组成;也可以把取得的各份试样混合后进行分析,这时的分析结果代表物料的平均组成。

液体物料取样器可以就用一般的瓶子,下垂重物使之可以浸入物料中。在瓶颈和瓶塞上系以绳子或链子,塞好瓶塞,浸入物料中的一定部位后,将绳子猛地一拉,就可打开瓶塞,让这一部位的物料充满于取样瓶中。取出瓶子,顷去少许,塞上瓶装,揩擦干净,贴上标签,送去分析。也可用特制的取样器取样,其作用原理基本上相同。从较小的容器中取样时,可用特制的取样器取样,也可用一般的移液管,插入液面下一定深度处,吸取试样。如果储存物料的容器装有取样开关,就可以从取样开关放取试样,显然,较大的储器,例如液槽,应至少装有三只取样开关,位于不同的高度,以便从不同的高度处取得试样。

3. 气体试样的采取

由于气体分子的扩散作用,使其组成均匀,因而要取得其有代表性的气体试样,主要不在于物料的均匀性,而在于取样时怎样防止杂质的进入。

气体取样装置由取样探头、试样导出管和储样器组成。取样探头应伸入输送气体的管道或储存气体的容器内部。储样器可由金属或玻璃制成,也可由塑料袋制成,大小形状不一。

气体可以在取样后直接进行分析。如果欲测定的是气体试样中的微量组分,储样器中需要装有液体吸收剂,用以浓缩和富集欲测定的微量组分,这时的储样器常常是喷泡式的采样瓶。如欲测定的是气体中的粉尘、烟等固体微粒,可采用滤膜式采样夹,以阻留固体微粒,达到浓缩和富集的目的。

气体采样装置有时还需要备有流量计和简单的抽气装置。流量计用以测量所采集的气体的体积,抽气装置常用电动抽气泵。

1.1.7 采样中的质量保证

样品的采集、处理、分析测定全过程就如一整条链条,环环相扣。做好每个环节的质量保证工作,才能保证最后的分析结果准确可靠,具有溯源性。

采样是整个分析工作的基础。在采样过程中,由于总体物料的不均匀性,用少量样品的测定结果来推断总体物质,必然会产生分散性,即存在采样的不确定度。

采样的不确定度可分为系统不确定度和随机不确定度。采样的随机不确定度是采样过程中的随机因素引起的,无法人为控制,可通过适当增加采样次数和采样量来减少随机不确定度的发生。采样的系统不确定度是由于采样方案的不完善、采样设备的缺陷、采样操作不正确,以及样品的污染、变质与容器的相互作用等因素引起的,采样的系统不确定度可通过严格的采样质量保证措施来避免和消除。

1.2　试样的预处理

对于不均匀的固体物料,按前述方法取得的初步试样,其质量总是相当多的,可能是数十千克;其组成也是不均匀的。因此在送去分析前必须经过适当处理,使之质量减小,并成为组成十分均匀,而又粉碎得很细的微小颗粒,以便在分析时称取一小份(如 0.1~1.0 g),其组成就能代表整个的大批物料,且易于溶解。处理试样的步骤包括破碎、过筛、混合和缩分四步,反复进行。

1.2.1　破碎

为了粉碎试样,可用各种破碎机,较硬的试样可用腭式轧碎机,中等硬度的或较软的可用锤磨机把大块试样击碎。接着为了把试样进一步粉碎,对于较硬的试样可用滚磨机,一般不太硬的试样用球磨机。球磨机的作用是把试样和瓷球一起放入球磨机的容器中,盖紧后使之不断转动,由于瓷球不断地翻腾、打滚,把试样逐步地磨细,同时也起到了混合的作用。

粉碎也可以用手工操作,置试样于平滑的钢板上,用锤击碎;也可以把试样放在冲击钵中打碎。冲击钵由硬质的工具钢制成,其构造如图 1.2 所示。底座上有一可取下的套环,环中放入数块试样,插入杆,用锤击杆数下,可把试样粉碎。然后可用研钵把试样进一步的研磨成细粉。对于硬试样,可用玛瑙研钵或红柱石研钵研磨。

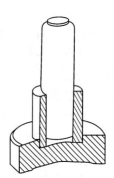

图 1.2　冲击钵

在破碎过程中常常会引起试样组成的改变,这是应该加以注意的问题。可能引起的改变有以下几方面原因:①在粉碎试样的后阶段常常会引起试样中水分含量的改变。②破碎机研磨表面的磨损,会使试样中引入某些杂质,如果这些杂质恰巧是要分析测定的某种微量组分,问题就更为严重。③破碎、研磨试样过程中,常常会发热,而使试样温度升高,引起某些挥发性组分的逸去;由于试样粉碎后表面积大大增加,某些组分易被空气氧化。④试样中质地坚硬的组分难于破碎,锤击时容易飞溅逸出;较软的组分容易粉碎成粉末而损失,这样都将引起试样组成的改变。因此,试样只要磨细到能保证组成均匀和容易为试剂所分解即可,将试样研磨过细是不必要的。

1.2.2　过筛

在试样破碎过程中,应经常过筛。先用较粗的筛子过筛,随着试样颗粒逐渐地减小,筛孔目数应相应地增加。不能通过筛孔的试样粗颗粒,应反复破碎,直至能全部通过为止。切不可将难破碎的粗粒试样丢弃。因为难破碎的粗颗粒和容易破碎的细颗粒组成往往是不相同的,丢弃了难破碎的粗颗粒,就将引起试样组成的改变。

1.2.3 混合

经破碎、过筛后的试样，应加以混合，使其组成均匀。混合可用人工进行。对于较大量的试样，可用锹将试样堆成一个圆锥，堆时每一锹都应倒在圆锥顶上。当全部堆好后，仍用锹将试样铲下，堆成另一个圆锥。如此反复进行，直至混合均匀。对于较少量的试样，可将试样放在光滑的纸上，依次地提起纸张的一角，使试样不断地在纸上来回滚动，以达混合。为了混合试样，也可以将试样放在球磨机中转动一定时间，如果能用各种型式的实验室用的混合机来混合试样，那就更为方便。

1.2.4 缩分

在破碎、混合过程中，随着试样颗粒越来越细，组成越来越均匀，可将试样不断地缩分，以减少试样的处理量。常用的缩分方法是四分法（图 1.3），就是将试样堆成圆锥形，将圆锥形试样堆压平成为扁圆堆。然后用相互垂直的两直径将试样堆平分为四等份。弃去对角的两份，而把其余的两份收集混合。这样经过一次四分法处理，就把试样量缩减一半。反复用四分法缩分，最后得到数百克均匀、粉碎的试样，密封于瓶中，贴上标签，送分析室。近年来采用格槽缩样器来缩分试样。格槽缩样器能自动地把相间的格槽中的试样收集起来，而与另一半试样分开，以达到缩分目的。

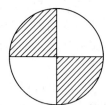

图 1.3 四分法缩分试样示意图

总的来讲，试样处理过去都用人工操作，相当费时费力，现在对于破碎、过筛、混合、缩分等步骤都已逐步地实现机械化和自动化，这样就方便、快速多了。

最后简单地讲一讲试样中的水分问题。试样中常常含有水分，其含量往往随湿度、温度及试样的分散程度不同而改变，从而使试样的组成因所处环境及处理方法的不同而发生波动。为了解决这个问题，可以选用下述各种措施：

（1）在称量试样前，先在一定温度下，把试样烘干，驱除水分，然后称样进行分析。

（2）把试样中水分的含量保持恒定，使分析结果能有较好的重现性。

（3）在进行分析测定的同时，测定试样的水分含量，试样中各组分的含量可以折算为"干基"时的含量。

下面是一些简单的产品的预处理方法：

（1）粮谷、烟叶、茶叶等干燥产品　将样品全部磨碎，可以四分法缩分，取部分量磨碎，全部通过 20 目筛，四分法再缩分。

（2）肉食品类　样品按肥瘦比例取部分量，切细，绞肉机反复绞三次，混合均匀后缩分。

（3）水产、禽类　将样品各取半只，去非食用部分，将食用部分用绞肉机反复混合均匀后缩分。

（4）罐头食品　将罐头打开，若是带汁罐头（可供食用液汁），应将固体物与液汁分别称重，罐内固体物应去骨、去刺、去壳后称重，然后按固体与液汁比例，取部分有代表性的量，置于捣碎机内捣碎成均匀的混合物。

（5）蛋和蛋制品　鲜蛋去壳，蛋白和蛋黄充分混匀。其他蛋制品，如粉状物经充分混匀即可。皮蛋等再制蛋,去壳后,置于捣碎机内捣碎成均匀的混合物。

(6) 水果、蔬菜类　如有泥沙,先用水洗去然后除去表面附着的水分,取食用部分,沿纵轴剖开,切成四等份,取相对的两块,切碎、混匀,取部分量于捣碎机内捣成匀浆。

(7) 花生仁、桃仁　样品用切片器切碎,充分混匀,四分法缩分。

(8) 中药材　根据不同品种,采用合适的粉碎方法,经粉碎后,混匀,四分法缩分。

一般情况下,样品预处理需要制备均一性的代表样品,但有时也未必要制备成均一混合样品。如食品中农药残留的检测,有时就需按食品的不同部位来分别取样检验。例如鸡的不同部位的有机氯农药残留含量是不同的,鸡肉中的有机氯农药残留量比其脂肪和肝脏都低,鸡胸肉中的有机氯农药残留量又比鸡腿肉中高一些,所以对食品进行一些物质的研究时,就要根据不同的要求进行取样和样品制备了。

一定要注意的是,制备好的样品应尽快地进行检验,否则要把制备好的样品放在干燥器中或冰箱中保存,以保证测定结果的可靠与真实性。

1.3　试样的分解和溶解

样品的制备决定了分析的精确度与准确度。大多数样品是在液体状态下进行定量分析的,因此,溶样技术仍是分析化学中的重大研究课题。

许多分析测定工作是在水溶液中进行的,同时将试样分解,使之转变为水溶性的物质,溶解成试液,也是一个重要的问题。对于一些难溶的试样,为了使其转变为可溶性的物质,选择适当的分解方法和分解试剂,常常是分析工作是否能顺利地进行的关键。

一般来讲,所选用的试剂,应能使试样全部转入溶液,如仅能使一种或几种组分溶解,仍留有未分解的残渣,这种从试样残渣中浸取某些组分的溶解方法,往往是不完全的,因而是不可取的。

对于所选用的试剂,应考虑其是否会影响测定,例如测定试样中的 Br^- 时,不应选用 HCl 作溶剂,否则大量 Cl^- 的存在影响 Br^- 的测定。其次,溶剂如果含有杂质,或者在分解过程中引入某种杂质,常常会影响分析结果,应予注意。对于痕量组分的测定,这个问题尤为突出,因此在痕量分析中,纯度也是选择溶剂的重要标准。

在溶解和分解过程中,如果不加注意,许多组分都有可能挥发损失。例如,用酸处理试样,会使二氧化碳、二氧化硫、硫化氢、硒化氢、碲化氢等挥发损失;若用碱性试剂处理,会使氨损失;用氢氟酸处理试样,会使硅和硼生成氟化物逸去。如果含卤素的试样,用强氧化剂处理,会使卤素氧化成游离的氯、溴、碘而损失,如果用强还原剂处理试样,则会使砷、磷、锑生成胂、膦、脲而逸去。在热的盐酸溶液中三氯化砷、三氯化锑、四氯化锡、四氯化锗和氯化高汞等挥发性的氯化物将部分地或全部地挥发损失。同样,氯氧化硒和氯氧化碲也能从热的盐酸溶液中挥发损失一部分。当氯离子存在时,在热的、浓的高氯酸或硫酸溶液中铋、锰、钼、铊、钒和铬将部分挥发损失。硼酸、硝酸和氢卤酸能从沸腾的水溶液中挥发损失,而磷酸会从热的浓硫酸或高氯酸中挥发损失。一些挥发性的氧化物,如四氧化锇、四氧化钌以及七氧化二锰能从热的醋酸溶液中挥发损失。

如有可能,分解试样最好能与干扰组分的分离相结合,以便能简单、快速地进行分析测定。例如矿石中铬的测定,如用 Na_2O_2 作为熔剂进行熔融,熔块以水浸取。这时铬氧化成铬酸根转入溶液,可直接用氧化还原法测定。铁、锰、镍等组分形成氢氧化物沉淀,可避免干扰。

为了分解试样,一般可用溶解法、熔融法和烧结法,下面对这些方法做简单讨论。

1.3.1 溶解法

为了溶解试样,常用各种无机酸,而较少应用氢氧化钠或氢氧化钾等碱性溶液。

(1)盐酸

对于许多金属氧化物、硫化物、碳酸盐以及电动序位于氢以前的金属,盐酸是一种良好的溶剂,所生成的氯化物除少数几种(如 $AgCl$、Hg_2Cl_2、$TlCl$、$PbCl_2$)以外,都易溶于水。由于 Cl^- 具有一定的还原性,能使一些氧化性的试样(如 MnO_2)还原而促使其溶解。又由于 Cl^- 能与某些金属离子络合生成较稳定的络合物,因而盐酸又是这类试样(如 Fe_2O_3、Sb_2S_3)的良好溶剂。

常用的浓盐酸,其浓度为 12 mol/L 左右,在加热煮沸过程中 HCl 挥发逸去,浓度降低至 6 mol/L 左右,这是盐酸的恒沸溶液,其沸点约为 110℃。

(2)硝酸

硝酸是氧化性酸,除了金和铂族元素难溶于硝酸以外,绝大部分金属都能被 HNO_3 溶解。但是铝、铬、铁在硝酸中,由于表面上生成氧化膜,产生钝化现象,阻碍了它们的溶解。钨、锡、锑与浓硝酸作用时,因生成难溶的钨酸、偏锡酸和偏锑酸沉淀,而使它们难以溶解。但在溶解试样后,将沉淀过滤,就可以使这些化合物和其他可溶性组分分离。

硝酸也是硫化物矿样的良好溶剂,只是在溶解过程中会析出单质硫;如果在 HNO_3 中加入 $KClO_3$ 或 Br_2,就可以把硫氧化为 SO_4^{2-}。

如果试样中的有机物质干扰分析测定,可加浓硝酸加热,以氧化除去。钢铁分析中,常用 HNO_3 来破坏碳化物。

用硝酸溶解试样后,溶液中往往含有 HNO_2 和氮的其他低价氧化物,常能破坏某些有机试剂,因而应煮沸溶液,将它们除去。

(3)硫酸

浓硫酸的主要特点是沸点高(约340℃),许多矿样以及大多数的金属和合金,在这种高温下常常可较快地溶解。浓热硫酸有较强的氧化性和脱水性,许多有机物质可被浓热硫酸脱水和氧化而从试样中除去。硫酸也是一种重要的溶剂,但是大多数硫酸盐的溶解度常比相应的氯化物和硝酸盐小些,而碱土金属和铅的硫酸盐溶解度则更小些。

由于硫酸的沸点较高,当 HNO_3、HCl、HF 等低沸点酸的阴离子干扰测定时,可加入硫酸,加热蒸发至冒白烟(SO_3),就可将这些挥发性酸除去。

(4)高氯酸

浓热的高氯酸是一种强有力的氧化剂,可使多种铁合金(包括不锈钢)溶解。由于浓热高氯酸的强氧化性,在分解试样的同时可把组分氧化成高价状态,如把铬氧化成 $Cr_2O_7^-$,钒氧化成 VO_3^-,硫氧化成 SO_4^{2-} 等。又由于 $HClO_4$ 的沸点较高(203℃),加热蒸发至冒烟时也可以驱除低沸点的酸,这时所得残渣加水易溶解,而硫酸蒸发后所得残渣常较难溶解。

除 K^+、NH_4^+ 等少数离子以外,一般的高氯酸盐都易溶于水。含 $HClO_4$ 为 72.4% 的共沸溶液,沸点为 203℃。

由于高氯酸具有强氧化性,浓热的高氯酸与有机物质或其他易被氧化的物质一起加热时,要发生剧烈的爆炸。因此当试样中含有机物质时,应先加浓硝酸加热,破坏有机物后再加 $HClO_4$,由于高氯酸的沸点较高,蒸发时逸出的浓烟易在通风橱及管道中凝聚,为了防止这种凝聚的高氯酸在热蒸气通过时与有机物接触引起燃烧或爆炸,当需要经常加热蒸发高氯酸时,应使用特殊的通风橱,通风橱和管道的内壁应衬以玻璃或不锈钢,保证没有隙缝,而且还应备有适当装置,以便定期用水淋洗通风橱和管道内壁,排风机也应是专用的,不能和其他通风橱合用,如能注意这些,使用高氯酸还是较安全的。

（5）氢氟酸

它常用来分解硅酸盐岩石和矿石,这时硅形成 SiF_4 挥发逸去,试样分解,存在于试样中的各种阳离子进入试液。过量的氢氟酸可加入硫酸或高氯酸反复加热蒸发以驱除之。除尽过量的氢氟酸往往十分重要,因为 F^- 可与许多阳离子形成极为稳定的络合物,试液中少量 F^- 的存在,就可能影响这些阳离子的定量测定。遗憾的是这一驱除 F^- 的操作十分费时。

对于某些矿样,用氢氟酸分解后,Fe(Ⅲ)、Al(Ⅲ)、Ti(Ⅳ)、Zr(Ⅳ)、W(Ⅵ)、Nb(Ⅴ)、Ta(Ⅴ)和 U(Ⅵ)等以氟络合物的形式进入试液；Ca^{2+}、Mg^{2+}、Th^{4+}、U(Ⅳ)和稀土金属离子则成为难溶的氟化物沉淀析出,这样,可以同时起到分离作用。

氢氟酸也常常与 H_2SO_4、HNO_3、$HClO_4$ 混合配成混合溶剂,用来分解含钨、铌的合金钢、硅铁以及硅酸盐等。

显然,用氢氟酸分解试样时,试样中的硅含量是无法测定的,欲测定试样中的硅含量时,应用熔融法。

用氢氟酸分解试样,通常应在铂皿中进行,也可用聚四氟乙烯容器,但加热不应超过250℃,以免聚四氟乙烯分解产生有毒的含氟异丁烯气体。

氢氟酸对人体有毒和有腐蚀性,使用时应注意勿吸入氢氟酸蒸气,也不可接触氢氟酸,氢氟酸接触皮肤后引起的灼伤溃烂,不易愈合。

（6）混合溶剂

利用各种矿物酸配成的混合溶剂,或在矿物酸中加入氧化剂配成各种氧化性混合溶剂,常常具有更强的溶解能力,或能加速溶解反应的进行。例如由一份浓硝酸和三份浓盐酸混合配成的王水,反应生成新生态氯和NOCl。

$$HNO_3 + 3HCl = NOCl + Cl_2\uparrow + 2H_2O。$$

新生态氯和NOCl都具有强烈的氧化性,而王水中的大量 Cl^- 又具有络合作用,从而使王水能溶解金、铂等贵金属和 HgS 等难溶化合物。由一份浓盐酸和三份浓硝酸混合配成的混合溶剂称逆王水,氧化能力较王水稍弱,也是溶解汞、钼、锑等金属及某些矿样的常用溶剂。

在矿物酸中加入溴或 H_2O_2,常常可以加强矿物酸的溶解能力,并能迅速氧化破坏试样中可能存在的有机物质。硝酸和高氯酸、硝酸和硫酸配成的混合溶剂也有类似的作用。

在钢铁分析中常用硫酸和磷酸的混合溶剂；在硅酸盐分析中则用硫酸和氢氟酸的混合溶剂。

溶解铝合金可以应用 $20\%\sim30\%$ 的 NaOH 溶液,反应如下：

$$2Al + 2NaOH + 2H_2O = 2NaAlO_2 + 3H_2\uparrow$$

反应可在银的或聚四氟乙烯的容器中进行。试样中的两性元素 Al、Pb、Zn 和部分 Si

形成含氧酸根离子进入溶液中，Fe、Mn、Cu、Ni、Mg 等则以金属形式沉淀析出。可以将溶液用 HNO_3 或 H_2SO_4 酸化，并将金属沉淀溶解后，测定各个组分；也可以将金属沉淀和碱性溶液分离，沉淀用硝酸溶解，溶液用酸酸化后，分别进行分析。

1.3.2 熔融法

某些试样，如硅酸盐（当需要测定硅含量时）、天然氧化物、少数铁合金等，用酸作溶剂很难使它们溶解，常常需要用熔融法使它们分解。熔融法是利用酸性或碱性熔剂，在高温下与试样发生复分解反应，从而生成易于溶解的反应产物。由于熔融时反应物浓度和温度（$300 \sim 1\,000℃$）都很高，因而分解能力很强。

但熔融法具有以下的缺点：

（1）熔融时常需用大量的熔剂（一般熔剂质量约为试样质量的十倍），因而可能引入较多的杂质；

（2）由于应用了大量的熔剂，在以后所得的试液中盐类浓度较高，可能会对分析测定带来困难；

（3）熔融时需要加热到高温，会使某些组分的挥发损失增加；

（4）熔融时所用的容器常常会受到熔剂不同程度的侵蚀，从而使试液中杂质含量增加。

因而当试样可用酸性溶剂（或碱性溶剂）溶解时，总是尽量避免应用熔融法。

如果试样的大部分组分可溶于酸，仅有小部分难于溶解，则最好先用溶剂使试样的大部分溶解。然后过滤，分离出难于溶解部分，再用较少量的熔剂熔融之。熔块冷却、溶解后，将所得溶液合并，进行分析测定。

熔融一般在坩埚中进行。称取已经磨细、混匀的试样置于坩埚中，加入熔剂，混合均匀。开始时缓缓升温，进行熔融。此时必须小心注意，不要加热过猛，否则水分或某些气体的逸出会引起飞溅，而使试样损失，或者可将坩埚盖住。然后渐渐升高温度，直到试样分解。应当避免温度过高，否则会使熔剂分解，也会使坩埚的腐蚀增加。熔融所需时间一般在数分钟到一小时左右，随试样种类而定。当熔融进行到熔融物变成澄清时，表示分解作用已经进行完全，熔融可以停止。但熔融物是否已澄清，有时不明显，难于判断，在这种情况下分析者只能根据以往分析同类试样时的经验，从加热时间来判断熔融是否已经完全。熔融完全后，让坩埚渐渐冷却，待熔融物将要开始凝结时，转动坩埚，使熔融物凝结成薄层，均匀地分布在坩埚内壁，以便于溶解。溶解所得溶液，应仔细观察其中是否残留未分解的试样微粒，如果分解不完全，试验应重做。

熔剂一般是碱金属的化合物。为了分解碱性试样，可用酸性熔剂，如碱金属的焦硫酸盐、氧化硼、KHF_2 等。为了分解酸性试样，可用碱性熔剂，如碱金属的碳酸盐、氢氧化物和硼酸盐等。氧化性熔剂有 Na_2O_2、Na_2CO_3 加 KNO_3、$KClO_3$ 等。现在择要分别讨论如下。

（1）$K_2S_2O_7$ 熔融

焦硫酸钾是一种强烈的酸性熔剂，它能与各种难于分解的金属氧化物反应，使之转变为硫酸盐。熔融作用一般在 $400℃$ 左右进行，这时焦硫酸钾逐渐分解放出 SO_3，而 SO_3 具有强酸性，可与金属氧化物反应生成硫酸盐。例如分解金红石（天然的 TiO_2）的反应：

$$K_2S_2O_7 \Longrightarrow SO_3 + K_2SO_4$$

$$TiO_2 + 2SO_3 = Ti(SO_4)_2$$

$$2K_2S_2O_7 + TiO_2 = Ti(SO_4)_2 + 2K_2SO_4$$

其他如铁、铝、锆、铌、铜等的氧化物矿石,碱性耐火材料(如镁砂、镁砖)等都可用这种熔剂熔融分解。

用 $K_2S_2O_7$ 熔融时,温度不宜过高,时间不宜过久,以免 SO_3 大量挥发,使 $K_2S_2O_7$ 的熔融作用减弱;同时,还可能使反应生成的硫酸盐分解为难溶性的氧化物。然而熔剂也可以再生,即将其经过冷却,加入数滴浓硫酸后缓缓加热熔融之。此时要小心,避免因水蒸气的逸出而引起试样的溅失。

熔融结束后,冷却,熔块用稀 H_2SO_4 浸出,必要时可加入酒石酸、草酸等络合剂,以防某些金属离子[如 $Ta(V)$、$Nb(V)$ 等]水解析出沉淀。

$KHSO_4$ 加热时放出水蒸气,得到 $K_2S_2O_7$:

$$2KHSO_4 = K_2S_2O_7 + H_2O \uparrow$$

因而 $KHSO_4$ 可以代替 $K_2S_2O_7$ 作为熔剂。但用 $KHSO_4$ 作熔剂,在开始加热时,由于水蒸气的逸出,极易使试样飞溅损失,因此不如用 $K_2S_2O_7$ 好。

$K_2S_2O_7$ 熔融可在瓷坩埚或透明的石英坩埚中进行,也可以在铂坩埚中进行,但对铂坩埚稍有些腐蚀。

(2) Na_2CO_3 和 K_2CO_3 熔融

Na_2CO_3 和 K_2CO_3 都是碱性熔剂,它们的熔点分别为 850℃ 和 890℃。如果用它们的 1:1 混合物,称碳酸钾钠($KNaCO_3$),其熔点降至 700℃。一般用 Na_2CO_3 或 $KNaCO_3$ 作熔剂来分解硅酸盐和含二氧化硅的试样、含氧化铝的试样以及难溶的磷酸盐、硫酸盐等。熔融时发生复分解反应,使试样中的阳离子转变为可溶于酸的碳酸盐或氧化物,阴离子则转变为可溶性的钠盐,例如熔融长石($NaAlSi_3O_8$)和重晶石($BaSO_4$)的反应如下:

$$NaAlSi_3O_8 + 3Na_2CO_3 = NaAlO_2 + 3Na_2SiO_3 + 3CO_2 \uparrow$$

$$BaSO_4 + Na_2CO_3 = Na_2SO_4 + BaCO_3$$

所得熔块的处理方法随试样的组成和分析要求而不同。对于硅酸盐试样,熔块应用稀酸浸取,这时阳离子碳酸盐溶解,硅则形成含水硅酸部分地沉淀析出。如果反复蒸干脱水,可使硅全部沉淀分离,溶液可用来分析测定各种阳离子。如果熔块用水浸取,则阴离子的钠盐溶解进入溶液中,大部分的阳离子以碳酸盐或氧化物形式留在沉淀中,可使试样中的阳离子和阴离子分离,然后分别测定它们。这种处理方法对于难溶的硫酸盐试样较为合适。

如果在 Na_2CO_3 熔剂中加入少量 KNO_3 或 $KClO_3$,可使含有硫、砷、铬的矿样氧化为 SO_4^{2-}、AsO_4^{3-}、CrO_4^{2-} 而分解。如果在 Na_2CO_3 熔剂中加入硫,则可使含砷、锑、锡的试样转变为硫代酸盐而溶解。

在用 Na_2CO_3 或 $KNaCO_3$ 熔融时,由于空气中氧的作用,也发生一定的氧化反应。在用碱性熔剂熔融时,试样中的汞被还原为金属汞,挥发逸去。

碳酸盐熔融一般在铂坩埚中进行,但含硫熔剂的熔融不能用铂坩埚。由于铂坩埚价格昂贵,也有建议用瓷坩埚代替铂坩埚的。

（3）Na_2O_2 熔融

Na_2O_2 是强氧化性、强碱性的熔剂,能分解难溶于酸的铁、铬、镍、钼、钨合金,各种铂合金,难溶的矿石如铬铁矿、黑钨矿 $[Fe(Mn)WO_4]$、辉钼矿（MoS_2）、锡石（SnO_2）、独居石等。由于 Na_2O_2 的强氧化性,在进行分解反应的同时也发生强烈的氧化作用,使试样中的各种组分都转变为高价状态。

熔融前应将试样与熔剂混合,熔融开始时要缓缓升温以防飞溅,熔融温度约为 $600\sim700℃$,操作者应戴上防护眼镜。熔块冷却以水浸取时,许多阳离子形成氢氧化物定量地沉淀析出,两性元素或非金属元素则形成含氧酸根离子进入溶液中。浸取液应煮沸以驱除过量 Na_2O_2 溶解后所形成的 H_2O_2。

由于 Na_2O_2 的强氧化作用,在熔融时它可与有机物质迅速反应,使有机物中的碳转变为碳酸根、硫转变为硫酸根、磷转变为磷酸根、溴和碘转变为溴酸根和碘酸根。因而利用 Na_2O_2 熔融,可以使存在于无机试样中的少许有机物质破坏,也可以使有机试样中的各种元素转变为相应的无机离子。熔块溶解后可以定量测定。

Na_2O_2 熔融一般在铂坩埚中进行,也可以用镍坩埚。熔融时对坩埚的侵蚀较严重。

由于 Na_2O_2 熔融时严重侵蚀坩埚,因而也有人主张在较低的温度下（控制在 $480\pm20℃$）加热,使之烧结,而不是熔融。锆石、铬铁矿等经 Na_2O_2 烧结后可以被分解。这时镍坩埚和铂坩埚都可以不受侵蚀。

（4）NaOH 或 KOH 熔融

NaOH 或 KOH 都是低熔点的强碱性熔剂,前者熔点为 $318℃$,后者为 $380℃$。在这种强碱性熔剂作用下,各种硅酸盐,含二氧化硅的矿样和试样,含氧化铝、二氧化钛、二氧化锡的矿样以及铬铁矿、独居石等都将被分解。

由于 NaOH、KOH 固体都极容易吸收水分。熔融开始时应缓缓加热,以防水分逸出而引起溅失。或者先置 NaOH、KOH 固体于坩埚中,小火加热驱除水分,然后冷却,加入试样,再进行熔融。熔融温度应控制在 $400\sim500℃$。熔融可在银坩埚或镍坩埚中进行。操作者应戴上防护眼镜。

在分解难熔性试样时,也可用 NaOH 与少量 Na_2O_2 或 NaOH 与少量 KNO_3 制成混合熔剂,使在碱性熔剂熔融的同时发生氧化作用。在用 Na_2CO_3 作熔剂时,也可以加入 NaOH,以降低熔点,提高分解试样的能力。

1.3.3 烧结法

烧结法又称半熔融法,是让试样与固体试剂在低于熔点的温度下进行反应。因为温度较低,加热时间需要较长,但不易侵蚀坩埚,可以在瓷坩埚中进行。

（1）Na_2CO_3 - ZnO 烧结法

常用于矿石或煤中全硫量的测定。试样和固体试剂混合后加热到 $800℃$,此时 Na_2CO_3 起熔剂的作用,ZnO 起疏松和通气的作用,使空气中的氧将硫化物氧化为硫酸盐。用水浸取反应产物时,硫酸根离子形成钠盐进入溶液中,SiO_3^{2-} 大部分析出为 $ZnSiO_3$ 沉淀。

若试样中含有游离硫,加热时易挥发损失,应在混合熔剂中加入少许 $KMnO_4$ 粉末,开始时缓缓升温,使游离硫氧化为 SO_4^{2-}。

（2）$CaCO_3 - NH_4Cl$ 烧结法

如欲测定硅酸盐中的 K^+、Na^+ 时,不能用含有 K^+、Na^+ 的熔剂,可用 $CaCO_3 - NH_4Cl$ 烧结法。其反应可用分解长石为例,表示如下:

$$2KAlSi_3O_8 + 6CaCO_3 + 2NH_4Cl \Longrightarrow 6CaSiO_3 + Al_2O_3 + 2KCl + 6CO_2\uparrow + 2NH_3\uparrow + H_2O$$

烧结温度为 $750 \sim 800℃$,反应产物仍为粉末状,但 K^+、Na^+ 已转变为氯化物,可用水浸取之。

综上所述,各种无机物料的溶解方法见表 1.7。

表 1.7 溶解无机物料的典型方法

物 料 类 型		典型的溶（熔）剂或试剂
活性金属		HCl,H_2SO_4,HNO_3
惰性金属		HNO_3,HF,王水
氧化物		HCl,Na_2CO_3 熔融,Na_2O_2 熔融
黑色合金		HCl,稀 H_2SO_4,$HClO_4$
铁合金		HNO_3,$HNO_3 - HF$,Na_2O_2 熔融
非铁合金	Al 和 Zn 合金	HCl,H_2SO_4,HNO_3
	Mg 合金	H_2SO_4
	Cu 合金	HNO_3
	Sn 合金	H_2SO_4,HNO_3,$H_2SO_4 - HCl$
	Pb 合金	王水,HNO_3,$HNO_3 - H_2C_4H_4O_6$(酒石酸)
	Ni 合金,$Ni - Cr$ 合金	王水,H_2SO_4,$HClO_4$
Zr,Hf,Ta,Nb,Ti		$HNO_3 + HF$
金属氧化物,硼化物,碳化物		
氮化物		
硫化物	酸 溶	HCl,H_2SO_4,$HClO_4$
	酸不溶	HNO_3,$HNO_3 - Br_2$,Na_2O_2 熔融
	As,Sb,Sn 等	$Na_2CO_3 + S$ 熔融
磷酸盐		HCl,H_2SO_4,$HClO_4$
硅酸盐	二氧化硅含量少	HCl,H_2SO_4,$HClO_4$
	硅不要测定	$HF - H_2SO_4$,$HClO_4$,KHF_2 熔融
	一般	Na_2CO_3 熔融,$Na_2CO_3 - KNO_3$ 熔融

1.3.4 有机试样的分解

为了测定有机试样中所含有的常量的或痕量的元素,一般需要把有机试样分解。这时要使所需测定的元素能定量回收,又能转变为易于测定的形态存在,同时又不引入干扰组分,为了达到这个目的,对于各种不同的有机物质有多种分解方法,这里简要介绍如下。

（1）干法灰化法

这种方法主要是依靠加热使试样灰化分解，将所得灰分溶解后分析测定之。这种分解方法可以置试样于坩埚中，用火焰直接加热，亦可于炉子中（包括管式炉中）在控制的温度下加热灰化。应用这种灰化方法，砷、硒、硼、镉、铬、铜、铁、铅、汞、镍、磷、钒、锌等元素常挥发损失，因此对于痕量组分的测定，应用此法的不多。

干法灰化也可以在"氧瓶"中进行，氧瓶中充满氧并放置少许吸收溶液。通电使试样在"氧瓶"中"点燃"，使分解作用在高温下进行。分解完毕后摇动"氧瓶"，使燃烧产物完全被吸收，从吸收液中分析测定硫、卤素和痕量金属。这种方法适用于热不稳定试样的分解。对难于分解的试样，可用氢氧焰燃烧，温度可达 $2\,000\,^\circ C$ 左右。这种方法曾用来分解四氟甲烷，使氟定量地转变为 F^- ；亦可用来测定卤素和硫。

（2）湿法灰化法

对于痕量元素的测定，用湿法灰化法分解有机试样较好，但所用试剂纯度要高。

硫酸可用作湿法灰化剂，但硫酸氧化能力不够强烈，分解需要较长时间。加入 K_2SO_4，以提高硫酸的沸点，可加速分解。硝酸是较强的氧化剂，但由于硝酸的挥发性，在试样完全氧化分解前往往已挥发逸去，因此一般采用 $H_2SO_4 - HNO_3$ 混合酸。对于不同试样，可以采用不同配比；两种酸可以同时加，也可以先加入 H_2SO_4，待试样焦化后再加入硝酸。分解作用可在锥形瓶中进行。有人建议加入数滴辛醇，以防止产生泡沫。加热直至试样完全氧化，溶液变清，并蒸发至干，以除去亚硝基硫酸。此时所得残渣应溶于水，除非有不溶性氧化物和不溶性硫酸盐存在。应用此种灰化法，氯、砷、硼、锗、汞、锑、硒、锡要挥发逸出，磷也可能挥发逸去。

对难于氧化的有机试样，用过氯酸-硝酸或过氯酸-硝酸-硫酸混合酸小心处理，可使分解作用快速进行。这两种混合酸曾用来分解天然产物、蛋白质、纤维素、聚合物，也曾用来分解燃料油，使其中的硫和磷生成硫酸和磷酸而被测定。经研究，用这样的灰化法，除汞以外，其余各元素不会挥发损失。如果装以回流装置，可防止汞的挥发损失，而且也可防止硝酸的挥发，以减少爆炸的可能性。但如操作不当，也可能发生爆炸，因此用过氯酸氧化有机试样，必须由有经验的操作者来做。

对于含有 Hg、As、Sb、Bi、Au、Ag 或 Ge 的金属有机物，用 $H_2SO_4 - H_2O_2$ 处理可得满意的结果，但卤素要挥发损失。由于 $H_2SO_4 - H_2O_2$ 是强烈的氧化剂，因而对于未知性能的试样不要随便应用。

用铬酸和硫酸混合物分解有机试样，分解产物可用来测定卤素。

用浓硫酸加 K_2SO_4，再加入氧化汞作催化剂，加热分解有机试样，使试样中的氮还原为 $(NH_4)_2SO_4$，以测定总含氮量，这是大家都熟悉的基耶达法（Kjeldahl method）。但这个方法的反应过程尚不清楚，所用催化剂除氧化汞以外尚可用铜或硒化合物。但含有硝酸盐、亚硝酸盐、偶氮、硝基、亚硝基、氰基的化合物等，需要特殊的处理，以回收其总含氮量。

对于石油产品中硫含量的测定可用"灯法"，即在试样中插入"灯芯"，置于密封系统中，通入空气，点火燃烧，使试样中的硫氧化成 SO_2，吸收后加以测定。

1.3.5 有机试样的溶解

为了测定有机试样中某些组分的含量、测定试样的物理性质、鉴定或测定其功能团，应选择适当的溶剂将有机试样溶解。这时一方面要根据试样的溶解度来选择溶剂,另一方面还必须考虑所选用的溶剂是否影响以后的分离测定。

根据有机物质的溶解度来选择溶剂时,"相似相溶"原则往往十分有用。一般讲来,非极性试样易溶于非极性溶剂中,极性试样易溶于极性溶剂中。分析化学中常用的有机溶剂种类极多,包括各种醇类、丙酮、丁酮、乙醚、甲乙醚、乙二醇、二氯甲烷、三氯甲烷、四氯化碳、二噁烷、氯苯、乙酸乙酯、醋酸、醋酐、吡啶、乙二胺、二甲基甲酰胺等等。还可以应用各种混合溶剂,如甲醇与苯的混合溶剂、乙二醇与醚的混合溶剂等。混合溶剂的组成又可以调节改变,因此混合溶剂更具有广泛适用的特性。

其次,有机溶剂的选择必须和以后的分离、测定方法结合起来加以考虑。例如若试样中各组分是用色层分析法分离后进行测定的,则所选用的溶剂应不妨碍层析分离的进行;若用紫外分光光度法测定试样的某些组分,则所用溶剂应不吸收紫外光;若进行非水溶液中酸碱滴定,则应根据试样的相对酸碱性选用溶剂等。因此有机试样溶剂的选择常常要结合具体的分离和分析方法而定。

1.3.6　微波消解技术

目前许多溶样方法已有 100 多年的历史。例如干法灰化法,该法设备简单、操作容易,但耗时,高温下(大于 450℃)挥发性元素易损失、分解过程中元素易玷污。又如湿法消化,该法将试样直接用酸处理,方法简单、操作容易,但污染大、耗时、也不能避免挥发性元素的损失。因此,传统方法已不能满足现代分析的要求。为了找到更好的方法,人们开始了微波技术在分析化学中的应用研究。自从 1975 年 Abu-Samra 等首次用微波对生物样品进行了湿法消化,到 1988 年,美国著名的微波化学家 Kingston 等发表了微波制样的专著,标志着制样技术新时代的到来。微波制样技术具有许多优点:高压微波溶样技术可以处理常规消化方法难以溶解的试样;由于微波能够深入样品分子的内部,只需极短的时间就可完成整个加热过程(不足常规方法的十分之一到百分之一),因此微波溶样方法能显著地节省能源,极大地缩短溶样时间;若与密闭溶样罐相结合,增加温度和压力可提高酸分解试样的效率,减少试剂用量,降低空白值,降低环境对试样的氧化作用,降低交叉污染及挥发损失。微波制样可广泛应用于生物、地质、环保、药物、食品、合成材料等各种试样。

微波是一种高频电磁波,其频率为 30～300 GHz(波长为 1 cm～1 m),用于实验室加热样品的微波频率一般固定在 2 450 MHz(波长为 12.24 cm)或 900 MHz(波长为 33.34 cm)。

微波消解是在微波磁场的作用下,极化分子的极化响应速率与微波的频率相当,电解质偶极的极化通常滞后于微波的作用,使得微波场能量损耗并转化为热能。在恒定强度的微波场中,样品与酸的混合物瞬间吸收微波能量,使分子间相互作用,摩擦产生高热,极化分子迅速排列产生张力,样品表面不断搅动并破裂,产生新的表面与酸接触并发生反应,从而实现快速和完全的消解。溶液微波热效应的强弱取决于电磁场对溶液中偶极子或带电电荷的极化能力,溶液中存在的偶极子或极性基团越多,溶液的微波热效应就越强。

传统加热的传热、传质方向与微波加热的传热、传质方向如图 1.4 所示。由图可知,微波加热的传热方向与传统加热的传热方向不同。

传统加热的传热方向是由外向内,首先需要较长时间将溶剂加热,热量才能传递到样品表面,加热期间,样品表面与样品内部温差较大,容易造成加热不均匀及样品损失。同时,由于传统加热方式工作温度高,易形成大量酸雾而污染工作环境。微波加热的传热方向由内向外,由于微波以光速传播,无须预热,能瞬间渗透到样品内部,可产生样品内外同时加热的"体积效应",使微波场中的溶剂和样品的各部分同时被加热,加热效率高。消解同一样品,使用电源功率为 1.1 kW 的微波炉,微波输出功率为 0.7 kW,频率为 2.45 GHz,由室温升至 1 000 ℃,仅需 10～15 min,平均升温速率为 66～100 ℃/min;而使用功率为 4 kW 的高温炉,由室温升至 1 000 ℃,需用 60～

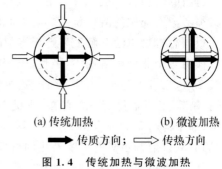

(a) 传统加热　　　 (b) 微波加热
■➡ 传质方向; ⇨ 传热方向

图 1.4　传统加热与微波加热的传热、传质方向

90 min,平均升温速率为 11～16 ℃/min,前者比后者的升温速率快 6～7 倍。若完成一种矿石样品的灼烧试验,按用电时间计算,微波炉需用 20～30 min,而高温炉至少需用 150 min,微波炉耗费电能为 0.55 kW,高温炉为 10 kW。总之,用微波消解样品具有很多优点:

(1) 化学反应快,能从几小时缩短到几分钟甚至几秒钟;

(2) 化学试剂用量少,空白值较低;

(3) 样品交叉污染机会少,分析元素回收率高且可避免元素挥发;

(4) 仪器的自动化程度及工作效率高,操作简便,不污染工作环境;

(5) 节能,降耗。

微波消解样品以其高效、快速、易于控制等优势,已广泛应用于环境样品、矿物质、生物样品、土壤样品等样品的消解。例如,利用硝酸作溶剂,用微波消解茶叶并测定其中铅的含量;以磷酸氢二铵作基体改进剂,可消除原子化信号出现的双峰,避免了采用高氯酸产生的氯化物干扰,方法简便、快捷,结果准确。

微波溶样是一门新技术,由于其特有的高能效、耗时短、试剂用量少、样品溶解效率高等优点,与传统方法相比,具有极大的优势,因此,近几十年来发展很快,显示了微波技术在分析化学中的巨大潜力。现代分析要求快速、准确、灵敏,一般传统的试样分解方法已难以满足要求,新兴的微波溶样技术有非常广阔的发展前景和强大的生命力。

思　考　题

1. 怎样决定采样点的数目?这个数目和什么因素有关?如果对于同一种试样,用相同的分析方法和测定次数,若对(1)分析结果的准确度要求不同;(2)测定结果的置信水平要求不同。试问两种情况对采样点的数目有何影响?

2. 采样的基本原则是什么?试举两例说明这个原则在采样工作中的具体应用。

3. 对于组成、粒度大小都极不均匀的试样,应该采取怎样的处理步骤?为什么要采取这样的处理步骤?

4. 今欲测定高碳钢中的锰、镍等元素的含量,试样应采用哪种溶解方法较好?(锰是在溶解为 Mn^{2+} 后氧化生成 MnO_4^-,再用氧化还原法测定的;镍是在溶解生成 Ni^{2+} 后,用丁二酮肟显色测定的。)

5. 今欲测定(1)玻璃中 SiO_2 的含量;(2)玻璃中 K^+、Na^+、Ca^{2+}、Mg^{2+}、Fe^{3+} 等的含量。试问玻璃试样分别应用什么方法溶解?

6. 对下列各物质,你认为应该怎样溶解?如果需要用熔融法分解,应分别采用什么容器?为什么?

(1) 新沉淀的 $Fe(OH)_3$、$Al(OH)_3$、$BaSO_4$、$PbSO_4$、$Cr(OH)_3$;

(2) 经高温灼烧过的或天然的 Fe_2O_3、Al_2O_3、Cr_2O_3、$BaSO_4$、MnO_2。

7. 测得某试样的含硫量为 8.61％、8.58％、8.91％、8.44％、8.31％、8.38％。求测定结果的平均值,平均偏差 δ 和标准偏差 σ。已知测定结果平均值的置信区间 $\mu = x \pm t\sigma/\sqrt{n}$。(1)如果测定结果的置信水平选定为 95％,这个测定的置信区间为多少? (2)如果置信水平选定为 90％,则这个测定的置信区间又为多少?

8. 某种物料,如各个采样单元间标准偏差的估计值为 0.61％,容许的误差为 0.48％,测定 8 次,如果置信水平选定为 90％,则采样单元数应为多少?

9. 某物料取得 8 份试样,经分别处理后测得其中硫酸钙含量分别为 81.65％、81.48％、81.34％、81.40％、80.98％、81.08％、81.17％、81.24％。求各个采样单元间的标准偏差。如果容许的误差 E 为 0.20％,置信水平选定为 95％,则在分析同样的物料时,应选取多少个采样单元?

10. 一批物料总共 400 捆,各捆间标准偏差的估计值 σ'_b 为 0.40％;各捆中各份试样间的标准偏差的估计值 $\sigma'_w = 0.68％$。如果容许误差 E 为 $\pm 0.50％$,假定测定的置信水平为 90％,测定次数为 6 次,而基本单元和次级单元试样采取和处理的费用比为 4,试计算采样时的基本单元数和次级单元数。

参 考 文 献

［1］　邵令娴.分离及复杂物质分析.北京:高等教育出版社,1994.

［2］　陈猛,等.分析测试学报,1999,18(2):82.

［3］　高学峰,等.化学分析计量,2003,12(1):50.

［4］　刘世纯.实用分析化验工读本.北京:化学工业出版社,1999.

［5］　王敬尊.复杂样品的综合分析.北京:化学工业出版社,2000.

［6］　国家商检编委会.食品分析大全.北京:高等教育出版社,1997.

［7］　黄伟坤.食品检验与分析.北京:中国轻工业出版社,1989.

［8］　倪晓丽.化学分析计量,1999,8(2):28－29.

第2章

沉 淀 分 离 法

沉淀分离法是在试料溶液中加入沉淀剂,使某一成分以一定组成的固相析出,经过滤而与液相分离的方法。其原理简单,又不需要特殊的装置,是一种古老、经典的化学分离方法。虽然,沉淀分离(separation by precipitation)须经过滤、洗涤等手续,操作较烦琐费时;某些组分的沉淀分离选择性较差,分离不够完全。但是由于分离操作的改进,加快了过滤洗涤的速度;另外,通过使用选择性较好的有机沉淀剂,提高了分离效率,因而到目前为止,沉淀分离法还是一种常用的分离方法。

2.1 离子的沉淀分离

2.1.1 沉淀的生成

在含有金属离子 M^{m+} 的溶液中,加入含有沉淀剂 X^{n-} 的另一溶液时,生成难溶性沉淀 M_nX_m,这时溶液中存在如下的平衡:

$$n\,M^{m+} + m\,X^{n-} \Longrightarrow M_n X_m(固)$$

体系达到平衡时,其平衡常数 K_{sp} 称为溶度积,

$$K_{sp} = [M^{m+}]^n [X^{n-}]^m$$

K_{sp} 在一定温度下的饱和溶液中是一个常数,$[M^{m+}]$、$[X^{n-}]$ 表示留在溶液中的离子浓度,故 K_{sp} 是衡量沉淀溶解度的一个尺度。它的大小主要取决于沉淀的结构、温度等因素。在特定温度下,由已知的 K_{sp} 可以计算某化合物的溶解度。同时,根据溶度积规则,又可判断沉淀的生成与溶解。为了能够进行有效分离,K_{sp} 应为 10^{-6} 或更小。如有几种离子均可沉淀时,则它们的 K_{sp} 要有足够的差异,才能使其中溶解度最小的物质在特定条件下沉淀出来,而使其他的离子留在溶液之中。

沉淀的溶解度因其共同离子的一种过量存在而减小的现象,叫作同离子效应。同离子效应在洗涤沉淀时也可利用,如用纯水洗涤时,有部分沉淀被溶出,而用含有同离子的洗涤液时,溶解量就会减少。当溶液中有与构成沉淀的离子不同的离子存在时,沉淀的溶解度增大,这种现象叫作盐效应。其实质是大量的无关离子存在时,溶液的离子强度增大,离子的活度系数相应减小,使原来饱和的难溶盐溶液变为不饱和,因此沉淀的溶解度增大。为使沉淀完全,加入适当过量的沉淀剂是有效的,但超过必要量时,会因络离子的形成及盐效应等的影响反而使溶解度增大。盐类对难溶盐溶解度的影响见图 2.1。

氢离子浓度对沉淀的溶解度有不同的影响。对于强酸盐沉淀,如 $BaSO_4$、$AgCl$ 等,溶液的酸度影响较小。对弱酸盐形成的沉淀,尤其是由有机试剂生成的沉淀,溶液的酸度有很大的影响。例如,X^{n-} 是弱阴离子,在溶液中存在如下平衡:

$$H_nX + nH_2O \rightleftharpoons nH_3O^+ + X^{n-}$$

设此酸的解离常数为 K_a,则有

$$[X^{n-}] = \frac{K_a \cdot [H_nX]}{[H_3O^+]^n}$$

此式表示阴离子浓度 $[X^{n-}]$ 与溶液中的 $[H^+]$ 有关。

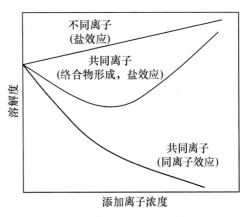

图 2.1　盐类对难溶盐溶解度的影响

在含难溶盐的溶液中,加入能与被测定的离子生成络合物的络合剂时,沉淀的溶解度随络合剂添加量的增大而增大,甚至不产生沉淀。例如,在含有 $AgCl$ 沉淀的溶液中,加入氨水,存在如下平衡使 $AgCl$ 溶解度增大,甚至完全溶解。络合剂的浓度越大,生成的络合物越稳定,沉淀就越容易溶解。

$$AgCl \rightleftharpoons Ag^+ + Cl^-$$
$$\Updownarrow + 2NH_3$$
$$Ag(NH_3)_2^+$$

另外于水中加入乙醇、丙酮等有机溶剂,无机盐的溶解度一般会减小。沉淀的溶解绝大部分是吸热反应,故其溶解度一般随温度的升高而增大。

2.1.2　沉淀类型

1. 分级沉淀

如果两种阴离子(或阳离子)与相同的阳离子(或阴离子)形成难溶盐,其溶度积相差足够大时,加入沉淀剂可从混合溶液中将其分别沉淀出来加以分离,叫作分级沉淀。溶度积小的先沉淀。例如,Fe^{3+} 和 Mg^{2+} 均可用氨水沉淀。但是如在此混合液中预先加入 NH_4Cl,则只有 Fe^{3+} 以 $Fe(OH)_3$ 沉淀出来,Mg^{2+} 不沉淀。$Fe(OH)_3$ 和 $Mg(OH)_2$ 的溶度积分别为 7.1×10^{-40} 和 1.8×10^{-11},OH^- 浓度非常小时,溶度积小的 $Fe(OH)_3$ 先沉淀。为使 OH^- 降低,加入具有共同离子的 NH_4Cl 和氨水即可,这是利用了同离子效应。

2. 共沉淀

当沉淀从溶液中析出时,某些本来不应沉淀的组分同时被沉淀下来的现象,叫作共沉淀。共沉淀(co-precipitation)现象是由于沉淀的表面吸附作用、混晶或固溶体的形成、吸留和包藏等原因引起的。在重量分析中,由于共沉淀现象而使得所获得的沉淀混有杂质,给测定结果带来误差,因而总是要设法消除共沉淀作用,以提高测定的准确度。但是在分离方法中,却可以利用共沉淀作用将痕量组分分离或富集起来。

例如水中痕量的 Pb^{2+},由于浓度太低,不能用一般的方法直接测定。如果使用浓缩的方法,虽然可以将 Pb^{2+} 浓度提高,但是水中其他组分的含量也相应提高,势必将影响 Pb^{2+} 的测定。如果在水中加 Na_2CO_3,使水中的 Ca^{2+} 生成 $CaCO_3$ 沉淀下来,利用共沉淀作用将使 Pb^{2+} 也全部沉淀下来。所有沉淀溶于尽可能少的酸中,Pb^{2+} 的浓度将大为提高,从而使痕量的 Pb^{2+} 富集,并与其他元素分离。这里所用的 $CaCO_3$ 称为共沉淀剂、载体或聚集剂。为了富集水中的 Pb^{2+},也可以用 HgS 作共沉淀剂。

共沉淀富集一方面要求欲富集的痕量组分回收率高,另一方面要求共沉淀剂不干扰富集组分的测定。共沉淀剂的种类很多,可分为无机共沉淀剂和有机共沉淀剂两类,现分述如下。

1) 无机共沉淀剂

无机共沉淀剂按其作用,又可细分成以下几类:

(1) 吸附或吸留作用的共沉淀剂 吸附是在沉淀表面吸附和沉淀有共同离子的盐。利用吸附作用的无机共沉淀剂在痕量元素的分离富集上应用很多。例如,欲从金属铜中分离出微量铝时,在溶解试样后,在溶液中加入过量氨水,铜生成 $Cu(NH_3)_4^{2+}$ 络离子而留于溶液中,但 Al^{3+} 由于含量甚少,难以形成 $Al(OH)_3$ 沉淀或沉淀不完全。如事先于试液中加入 Fe^{3+},则在加入氨水后生成 $Fe(OH)_3$,由于 $Fe(OH)_3$ 沉淀表面吸附了一层 OH^-,就进一步吸附 Al^{3+},从而使微量铝全部共沉淀出来,便于以后测定。

$Fe(OH)_3$、$Al(OH)_3$ 和 $MnO(OH)_2$ 等非晶形沉淀都是常用的无机共沉淀剂。非晶形沉淀表面积很大,与溶液中微量元素接触机会多,吸附量也大,有利于微量元素的共沉淀;而且非晶形沉淀聚集速率很快,吸附在沉淀表面的微量元素来不及离开沉淀表面就被新生的沉淀包藏起来,提高了富集的效率。一些氢氧化物和硫酸盐作为共沉淀剂的例子,列于表2.1中。

表 2.1 无机共沉淀剂

无机共沉淀剂	沉 淀 条 件	可 富 集 的 元 素
$Fe(OH)_3$	pH=5.8～8.0	微量 Al
	pH=8～9	定量富集微量 As
	pH=7.9～9.5	完全回收微量 Co
	pH=4～6,30～80℃	定量富集微量 Se、Te(生成硒酸铁和碲酸铁沉淀)
	pH>3.2,5 mol/L NH_4NO_3	定量回收毫摩尔量 Ti
	pH=2.0～2.8,1 mol/L KNO_3,80～90℃	从 Sc 中定量分离 Ti
	pH=7～9	UO_2^{2+}
$Zr(OH)_3$	pH=7.0～7.5	微量 Al(与 Mg 和碱土金属分离)
	pH=8～13,KNO_3、$NaClO_4$	定量富集微量 Co
	pH=9(胺性溶液)	定量富集微克量 Pb、Cu
	pH=4～9	Ga(与 In、Ti 分离)

无机沉淀剂	沉　淀　条　件	可　富　集　的　元　素
Al(OH)$_3$	pH＝8	定量富集微量 Be
	pH＝8.2	微量 Bi
	pH＝5.9	Co(毫克量 Ni、Cu、Pb、Mn、Cr 存在下)
	pH＝5～12	Zn、Ru
	pH＝7	微量 Ga
Mg(OH)$_2$		痕量 Mn(从海水和 NaOH 中)
Sn(OH)$_4$	pH＝4～8	微克量 Fe、Cu、Co,定量富集 Zn、Cd
MnO(OH)$_2$	[H$^+$]＝1.5 mol/L	定量富集 Sb(且与 Cu 完全分离)
(水合 MnO$_2$)	[H$^+$]＝0.008 mol/L,有 Pb^{2+} 存在	富集 Sb、Sn
BaSO$_4$	pH＝7～7.5,有 Ba^{2+} 存在	富集 0.002 5 μg P
SrSO$_4$	pH＝3.3～3.7,有 Pb^{2+} 存在	富集 0.002 5 μg P
PbSO$_4$	pH＝1～3(H$_2$SO$_4$)	分离微克量 Se

　　硫化物沉淀除了具有非晶形沉淀性质外,还容易发生后沉淀,也有利于微量元素的富集。例如,PbS、CdS、SnS$_2$ 等可以富集微量 Cu^{2+}(用 PbS 更好);In 在醋酸介质中能被 Pb、Cu、Hg、Bi、Cd 的硫化物强烈吸附,而在酸度为 0.6 mol/L 时,前三种硫化物更有效;陈化对于在 CuS、CdS 上富集 In 更有利;SnS$_2$ 也可定量富集微量 In,且 Sn 可以 SnBr$_4$ 形式在加热时挥发除去。

　　这类共沉淀作用存在这样的规律,即被富集的离子与沉淀剂形成的化合物溶解度越小,越易被共沉淀,富集效率越高。虽然这类共沉淀作用的选择性不高,但如用来分离富集数种或一组离子,然后用等离子体发射光谱法作多元素测定,或用原子吸收光谱法对各元素逐个加以测定,都是很有效的。

　　(2)混晶作用的共沉淀剂　如果两种化合物的晶型相同,离子半径差在 10%～15% 以内时,会生成混晶。两种金属离子生成沉淀时,具有相似的晶格,就可能生成混晶而共同析出。如 BaSO$_4$ 和 RaSO$_4$ 的晶格相同,当大量 Ba^{2+} 和痕量 Ra^{2+} 共存时,与 SO$_4^{2-}$ 生成混晶同时析出,因此可以分离和富集 Ra^{2+}。钢中的铍,可以利用它与 BaSO$_4$ 形成混晶而富集;海水中十亿分之一的镉,可以利用它与 SrCO$_3$ 形成混晶而富集;钢中的稀土元素可以与 MgF$_2$ 形成混晶而富集;而 Cs$^+$ 可以利用与二苦胺钾生成混晶而富集等。

　　应该指出,其他离子的存在对混晶作用往往有很大的影响。如 1 mol/L KCl 溶液中有 82% 的铅能和锶生成硫酸盐混晶析出;而在 2.5 mol/L KCl 溶液中,则只有 30% 的铅能生成混晶析出。这是由于大量 KCl 存在下,Pb^{2+} 形成 PbCl$_4^{2-}$,以致不能进入 SrSO$_4$ 的结晶中。

　　由于晶格的限制,这种共沉淀方法的选择性较好。例如,用与 SrSO$_4$ 生成混晶以富集食物中的痕量 Pb^{2+} 时,中等数量的 Fe^{3+}、Cd^{2+}、Co^{2+}、Cu^{2+}、Mn^{2+}、Hg^{2+} 和 Ni^{2+} 等离子都不干扰。

　　(3)形成晶核的共沉淀剂　有些痕量元素由于含量实在太少,即使转化成难溶物质,也无法沉淀出来。但可把它作为晶核,使另一种物质聚集在该晶核上,使晶核长大成沉淀而一起沉淀下来。例如,溶液中含有极微量的金、铂、钯等贵金属离子,要使它们沉淀析出,可以在溶液中加入少量亚碲酸的碱金属盐($NaTeO_3$),再加还原剂如 H_2SO_3 或 $SnCl_2$ 等。在贵金属离子还原为金属微粒(晶核)的同时,亚碲酸盐还原成游离碲,就以贵金属为核心,碲聚合在它的表面,使晶核长大,而后一起沉淀析出。痕量 Ag^+ 的富集,也常用 $SnCl_2$ 还原 $TeCl_4$ 为游离碲,使之聚集在银微粒外面而后一起沉淀析出的方法。

(4)沉淀的转化作用 用一难溶化合物,使存在于溶液中的微量化合物转化成更难溶的物质,也是一种分离痕量元素的方法。例如将含有微量 Cu^{2+} 的溶液通过预先浸有 CdS 的滤纸,Cu^{2+} 就可转化为 CuS 沉积在滤纸上,过量的 CdS 可用 1 mol/L HCL 的热溶液溶解除去。这类方法也可用来分离镍中含有的 0.000 1% 的铜,也可用来分离铅中的微量 Cu^{2+};用 ZnS 浸渍的滤纸,可用来分离中性溶液中痕量铅。

不用滤纸过滤,改为加入难溶物固体,将溶液急剧振摇,也可以得到同样的效果。例如在含有微量金、铂、钯、硒或砷离子的酸性溶液中加入 Hg_2Cl_2 急剧振摇,可使上述各种离子还原成游离状态,沉淀在 Hg_2Cl_2 颗粒的表面,如用新生态的 Hg_2Cl_2 效果更好。又如测量自来水中微量的 Pb^{2+},可用碳酸钙来富集。

无机共沉淀剂除极少数(如汞化合物)可以经灼烧挥发除去外,在大多数情况下还需增加载体元素与痕量元素之间的进一步分离步骤。因此只有当载体离子容易被掩蔽不干扰测定时,才能使用无机共沉淀剂。

2)有机共沉淀剂

有机共沉淀剂的富集效率高,可分离富集含量为 ng·g^{-1} 的痕量组分,选择性较好,所得沉淀中的有机载体容易通过高温灼烧以除去,从而获得无载体的被共沉淀的元素。其沉淀机理有胶体的絮凝作用,形成离子缔合物或金属螯合物等。一些常用的有机共沉淀剂列于表 2.2。

(1)利用胶体的絮凝作用进行共沉淀 利用带不同电荷的胶体絮凝作用,使共沉淀剂的胶体与带有相反电荷的被测元素的化合物的胶体,彼此结合而沉淀下来。常用的共沉淀剂有辛可宁、丹宁、动物胶等。被共沉淀的组分有钨、铌、钽、硅等的含氧酸。

表 2.2　常用的有机共沉淀剂

共沉淀组分	载　　体	备　　注
$Zn(SCN)_4^{2-}$	甲基紫	可富集 10^{-5} g·L^{-1} 的 Zn^{2+}
$H_3P(MO_3O_{10})_4$	α-蒽醌磺酸钠,甲基紫	可富集 10^{-10} mol·L^{-1} 的 PO_4^{3-}
H_2WO_4	丹宁,甲基紫	可富集 5×10^{-5} mol·L^{-1} 的 WO_4^{2-}
$TlCl_4^-$	甲基橙,对二甲氨基偶氮苯	可富集 10^{-7} mol·L^{-1} 的 Tl^{3+}
InI_4^-	甲基紫	可富集 5×10^{-8} g·L^{-1} 的 In^{3+}
$NbO(SCN)_4^-$、$TaO(SCN)_4^-$	丹宁,甲基紫	

(2)利用形成缔合物或螯合物进行共沉淀 被富集的痕量离子与某种配位体形成络合离子,而与带相反电荷的有机试剂缔合成难溶盐,于是被具有相似结构的载体共沉淀下来。例如痕量 Zn^{2+} 的共沉淀就是属于这一类,两种缔合物形成固溶体而共沉淀下来。

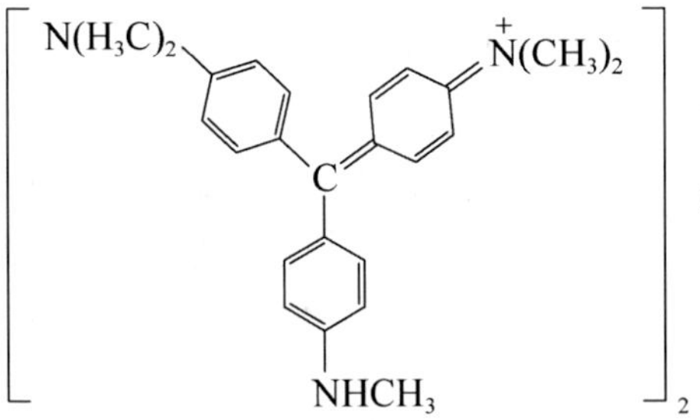

N(H₃C)₂ ... N⁺(CH₃)₂ ... NHCH₃]₂ Zn(SCN)₄²⁻ 被共沉淀的化合物

甲基紫

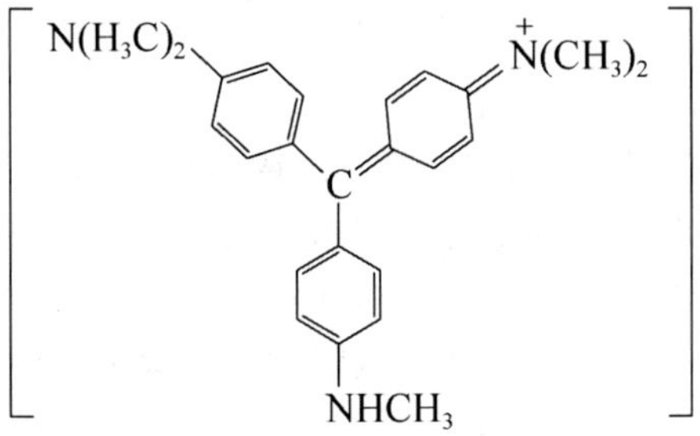

N(H₃C)₂ ... N⁺(CH₃)₂ ... NHCH₃ SCN⁻ 载体

这类形式的共沉淀作用中常用到的络合物加成体有 SCN⁻、卤素离子等。常用的有机阳离子有碱性染料,如甲基紫、结晶紫、罗丹明 B、丁基罗丹明 B 等;有次甲基染料,如亚甲蓝等。

许多金属离子能与有机试剂形成螯合物,于是便以螯合物形式进入载体而被共沉淀。如果所形成的螯合物是水溶性的络阴离子,则需要加入憎水性的有机阳离子如二苯胍等,生成电中性的离子缔合物,随着载体共沉淀下来。例如可溶于水的金属离子 M^{2+} 的偶氮胂盐的共沉淀机理便是如此。

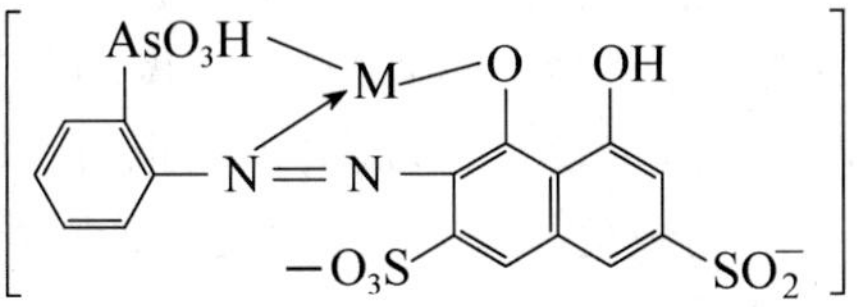

[AsO₃H M—O OH N=N −O₃S SO₂⁻] 2DPG⁺ 被共沉淀的化合物

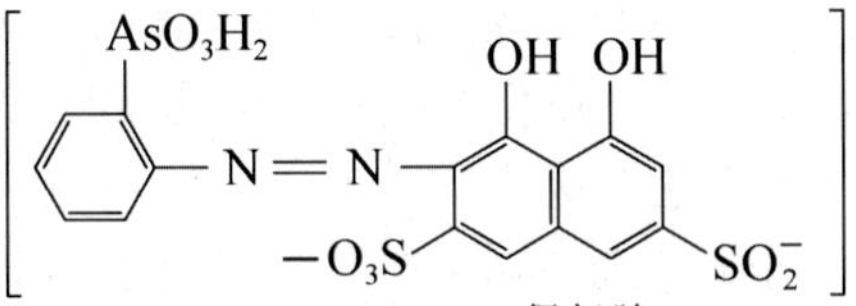

[AsO₃H₂ OH OH N=N −O₃S SO₂⁻] 2DPG⁺ 载体

偶氮胂

式中,DPG⁺ 为 —NH—C—NH— ,即二苯胍。被共沉淀的化合物与载体形
NH₂⁺

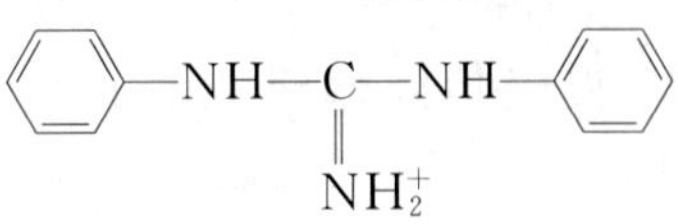

成固溶体而共沉淀下来。

（3）利用惰性共沉淀剂进行沉淀 如用 8-羟基喹啉及二乙基胺二硫代甲酸钠等螯合剂沉淀海水中的微量 Ag^+、Co^{2+}、Cu^{2+}、Fe^{3+}、Mn^{2+}、Ni^{2+}、Zn^{2+} 等离子时,由于上述离子含量极微,生成的难溶化合物不会沉淀析出。如果加入酚酞的乙醇溶液,由于酚酞在水中沉

淀析出,能使上述各种螯合物共沉淀下来。

常用的惰性共沉淀剂有酚酞、β-萘酚、间甲基苯甲酸及β-羟基萘甲酸等。由于惰性共沉淀剂不与其他离子反应,所以引入杂质较少,选择性较高。

为了提高共沉淀分离的选择性,可利用络合掩蔽作用,改变被分离、富集组分的价态等方法。而共沉淀时溶液的 pH 值对于提高选择性和富集效率都有影响,必须充分注意这个问题。因为有机共沉淀剂大都是弱酸或弱碱,酸度对于成盐、螯合反应都有很大影响。对于无机共沉淀剂,酸度影响离子的存在状态、共沉淀剂的表面电荷,也影响到共沉淀剂本身的存在状态。因此必须注意控制共沉淀时的 pH 值。

此外,其他因素,如某些中性盐类的存在、沉淀时的温度、沉淀进行方式、加入试剂的次序和时间等,对于提高选择性和富集效率都能有一定的影响,也应加以注意。

3. 均相沉淀

通常的沉淀分离操作是把沉淀剂直接加到试液中去,使之生成沉淀。虽然沉淀剂通常总是在不断搅拌下慢慢地加入,但沉淀剂在溶液中局部过浓现象总是难以避免,于是得到的往往是细小颗粒的非晶形沉淀,如 $BaSO_4$、CaC_2O_4 等;或者是体积庞大,结构疏松的非晶形沉淀,如 $Fe(OH)_3$、$Al(OH)_3$ 等。这样的沉淀,不但容易吸附杂质,影响沉淀纯度,而且过滤、洗涤都比较困难,不利于沉淀分离。

已知在沉淀过程中,聚集速率和定向速率影响着沉淀生成的类型和性状。定向速率主要由沉淀物质的本质决定,聚集速率则决定于溶液中沉淀物质的相对过饱和度。下式表示沉淀生成的初期速度 v 和相对过饱和度的关系:

$$v = K \frac{Q - S}{S}$$

式中,Q 为加入沉淀剂瞬间,生成沉淀物质的浓度;S 为沉淀的溶解度;K 是比例常数;$Q - S$ 是沉淀开始生成时的过饱和度;$(Q-S)/S$ 是相对过饱和度。对于任何一种沉淀来说,只有相对过饱和度超过一定数值时,晶核才能开始形成,这个相对过饱和度,称为临界过饱和度。如果在沉淀作用开始时,整个溶液中沉淀物质的相对过饱和度均匀地保持在刚能超过临界过饱和度,使晶核可以形成,但是聚集速率较小,形成的晶核也较少。以后继续保持均匀的适当低的相对过饱和度,晶核就逐渐慢慢地长大,这样就能获得颗粒粗大,而且形状完整的晶形沉淀。均相沉淀法就是依据这个原理。

均相沉淀法得到的晶形沉淀颗粒较粗,非晶形沉淀结构致密,表面积较小。这样的沉淀不但共沉淀的杂质较少,沉淀较纯,而且不必陈化,过滤、洗涤也较方便。表 2.3 列出了一些用于均相沉淀法中产生阴离子的反应。从表 2.3 中可见,不仅可以利用水解反应,也可以利用氧化还原反应产生所需的沉淀剂阴离子。同时也可以通过反应缓慢的产生阳离子以进行均相沉淀,例如可以通过氧化还原反应,使 Ce^{3+} 转化为 Ce^{4+} 以沉淀碘酸铈;又如利用水解酯类产生 H^+,慢慢地降低溶液中的氨浓度,于是从银氨络离子中释放出 Ag^+ 以沉淀 Cl^-,这样就可获得粗晶形的 $AgCl$ 沉淀。现依其所用反应类型简述如下。

表 2.3　均相沉淀法中产生各种阴离子的反应

所需阴离子	来　源	反　应
OH^-	尿素	$(NH_2)_2CO + H_2O \Longrightarrow 2NH_3 + CO_2$
PO_4^{3-}	磷酸三甲酯	$(CH_3)_3PO_4 + 3H_2O \Longrightarrow 3CH_3OH + H_3PO_4$
$C_2O_4^{2-}$	草酸二甲酯,	$(CH_3)_2C_2O_4 + 2H_2O \Longrightarrow 2CH_3OH + H_2C_2O_4$
	尿素和 $HC_2O_4^-$	$(NH_2)_2CO + 2HC_2O_4^- + H_2O \Longrightarrow 2NH_4^+ + CO_2 + 2C_2O_4^{2-}$
IO_3^-	高碘酸盐和	$HO(CH_2)_2OOCCH_3 + H_2O \Longrightarrow HO(CH_2)_2OH + CH_3COOH$
	乙酸-β-羟基乙酯	$HO(CH_2)_2OH + IO_4^- \Longrightarrow IO_3^- + 2HCHO + H_2O$
SO_4^{2-}	碘,氯酸盐和氨基磺酸	$I_2 + 2ClO_3^- \Longrightarrow Cl_2 + 2IO_3^-$
		$NH_2SO_3H + H_2O \Longrightarrow NH_4^+ + H^+ + SO_4^{2-}$
SO_4^{2-}	硫酸二甲酯	$(CH_3)_2SO_4 + 2H_2O \Longrightarrow 2CH_3OH + 2H^+ + SO_4^{2-}$
S_2^-	硫代乙酰胺	$CH_3CSNH_2 + H_2O \Longrightarrow CH_3CONH_2 + H_2S$
CO_3^{2-}	三氯醋酸盐	$2CCl_3COO^- + H_2O \Longrightarrow 2CHCl_3 + CO_2 + CO_3^{2-}$
CrO_4^{2-}	尿素和 $HCrO_4^-$	$2HCrO_4^- + (NH_2)_2CO + H_2O \Longrightarrow 2NH_4^+ + CO_2 + 2CrO_4^{2-}$
IO_4^-	乙酰胺和 H_5IO_6	$H_5IO_6 + 5CH_3CONH_2 + 3H_2O \Longrightarrow 5CH_3COONH_4 + H^+ + IO_4^-$

（1）改变溶液的 pH 值　利用某种试剂的水解反应,使溶液的 pH 值逐渐改变,当溶液中的 pH 值达到某一数值时沉淀就逐渐形成。一般多用尿素的水解反应,来达到逐渐改变 pH 值的目的。

对于氢氧化物沉淀反应来说,尿素是一种较好的试剂,其水解反应为

$$(NH_2)_2CO + H_2O \Longrightarrow 2NH_3 + CO_2 \uparrow$$

试料溶液中加入尿素之后加热,尿素水解生成氨,pH 慢慢均匀上升。这时 pH 的上升速度和数值,易由加热速度、共存盐、浓度加以调节。例如在较低温度下水解尿素,由于维持较低的相对过饱和度,而获得较为致密的沉淀。例如,一般获得的 CaC_2O_4 是细晶形沉淀,如果采用均相沉淀法,在含有 Ca^{2+} 的酸性试液中,加入 $H_2C_2O_4$ 和尿素,加热至 90℃ 左右,尿素水解产生的氨与溶液中的 H^+ 结合,使溶液的 pH 值渐渐升高,$C_2O_4^{2-}$ 浓度渐渐增大,最后均匀而缓慢地析出 CaC_2O_4 沉淀。由于沉淀过程中,沉淀物质的相对过饱和度始终是比较小的,在整个溶液中又是均匀的,所以得到的是粗晶形的、较为纯净的 CaC_2O_4 沉淀。

又如在 Bi^{3+}、Pb^{2+} 共存的试液中用甲酸和甲酸钠缓冲溶液来沉淀 Bi^{3+},使之与 Pb^{2+} 分离,不能获得满意的结果。如果改为加入甲酸和尿素,并缓缓加热煮沸,使尿素水解,溶液的 pH 值慢慢升高,这时逐渐析出致密的碱式甲酸铋沉淀,易于过滤、洗涤。这时 Pb^{2+} 仍留于溶液中,铋和铅的分离较为清楚。

过硫酸铵水解法是 pH 下降法的一个例子。在用 EDTA 掩蔽了 Ba^{2+} 的溶液中加入过硫酸铵,因水解而 pH 值降低,Ba^{2+} 游离出来,形成 $BaSO_4$ 沉淀。

（2）在溶液中直接产生出沉淀剂　在试液中加入能产生沉淀剂的试剂,通过反应,逐渐地、均匀地产生出沉淀剂,使被测组分沉淀。

有些酯类水解,能形成阴离子沉淀剂。例如,硫酸二甲酯水解,可用于 Ba^{2+}、Ca^{2+}、

Pb^{2+} 等的硫酸盐的均相沉淀。草酸二甲酯、草酸二乙酯水解,可均匀生成 Ca^{2+}、Mg^{2+}、Zr^{4+} 等的草酸盐沉淀。磷酸三甲酯、磷酸三乙酯、过磷酸四乙酯水解,用于均相沉淀磷酸盐。硫脲、硫代乙酰胺、硫代氨基甲酸铵等含硫化合物的水解,可均匀生成硫化物沉淀等。

再如用一般沉淀法获得的丁二酮肟镍沉淀结构疏松,体积庞大,当 Ni^{2+} 含量超过 40 mg 时处理就比较困难。如果采用均相沉淀法,在 Ni^{2+} 的试液中加入过量的丁二酮,用氨水调节试液的 pH 值,使之为 7.5 左右;在不断地搅拌下加入盐酸羟胺(预先也调 pH 值到 7.5 左右),使之与丁二酮反应,缓慢而又均匀地产生丁二酮肟:

$$H_3C-C-C-CH_3 + 2NH_2OH \cdot HCl == H_3C-C-C-CH_3 + 2H_2O + 2HCl$$
$$\qquad\quad \underset{O}{\|}\ \underset{O}{\|} \qquad\qquad\qquad\qquad \underset{HON}{\|}\ \underset{NOH}{\|}$$

从而使 Ni^{2+} 以均相沉淀法析出。这样获得的丁二酮肟镍沉淀颗粒较粗,体积较小,即使 Ni^{2+} 含量在 200 mg 左右,也仍然易于处理。此时 Cu^{2+} 的共沉淀可以忽略,Co^{2+} 的影响也不大;但当 Fe^{3+}、Co^{2+} 都存在时,干扰比较严重。

又如多年来用铜铁灵(亚硝基苯胲的铵盐)沉淀 Fe^{3+}、Cu^{2+}、$Ti(\text{IV})$ 等,但如果把沉淀剂直接加入试液中,则所得的沉淀较难过滤、洗涤,且沉淀易被试剂或其分解产物污染,而采用均相沉淀法时就避免这些困难。在 $0\sim5℃$ 时,把 β-苯胲加到 Fe^{3+}、Cu^{2+}、$Ti(\text{IV})$ 的试液中,在不断地搅拌下,快速加入亚硝酸钠冷溶液,就在该溶液中反应生成亚硝基苯胲:

几秒钟后开始沉淀,继续搅拌 5 min,15 min 后就可以过滤。

(3)逐渐除去溶剂 预先加入挥发性比水大,且易将待测沉淀溶解的有机溶剂,通过加热将有机溶剂蒸发,使沉淀均匀析出。例如用 8-羟基喹啉沉淀 Al^{3+} 时,可以在 Al^{3+} 试液中加入 NH_4AC 缓冲溶液、8-羟基喹啉的丙酮溶液,加热至 $70\sim80℃$,使丙酮蒸发逸出,15 min 后即有 8-羟基喹啉铝的晶形沉淀出现。

(4)破坏可溶性络合物 用加热方法破坏络合物,或用一种离子从络合物中置换出被测离子,以破坏被测离子的络合物,都可以进行均相沉淀。例如测定合金钢中的钨时,用浓硝酸(必要时加些高氯酸)溶解试样后,加 H_2O_2、HNO_3,钨形成过氧钨酸保留在溶液中。在 60℃ 下加热 90 min,过氧钨酸逐渐被破坏析出钨酸沉淀。用此法沉淀钨酸,回收率比所有的经典方法都好,在钨含量较少时,情况尤为突出。

再如,已知钡、镁的 EDTA 螯合物的稳定常数分别为 $10^{7.76}$ 和 $10^{8.69}$。因此在 pH$=8\sim$9,而溶液中又存在 SO_4^{2-} 时,Mg^{2+} 就可以把 Ba^{2+} 从 EDTA-Ba^{2+} 螯合物中置换出来生成 $BaSO_4$ 沉淀,从而进行 $BaSO_4$ 的均相沉淀。

又如在 PO_4^{3-} 的试液中加入 HNO_3、NH_4NO_3 和 $AgNO_3$ 的氨溶液,此时并无沉淀生成。若缓缓加热,使 NH_3 逸出,Ag_3PO_4 开始沉淀,直到 pH 值低于 7.5 时反应结束,所得 Ag_3PO_4 沉淀颗粒较粗,易于过滤、洗涤。Cl^-、Br^-、I^- 的均相沉淀也可以同样的方法进行。

但是均相沉淀法操作时间冗长,又常常需要隔夜澄清和陈化,而所生成的沉淀往往牢固地黏附于容器壁上难于取下,这些都是这种分离方法的缺点。

2.1.3　常量组分的沉淀分离

利用沉淀法将主要成分分离出来,再用重量法或其他方法测定,是分析上常用的方法。在痕量分析中也常用沉淀法预先除去其基体。

1. 无机沉淀剂分离法

一些离子的硫酸盐、碳酸盐、草酸盐、磷酸盐、铬酸盐和卤化物等都具有较小的溶解度,借此可以进行沉淀分离。例如 Ca^{2+}、Sr^{2+}、Ba^{2+}、Ra^{2+}、Pb^{2+} 等离子可沉淀为硫酸盐进行分离。又如 Ca^{2+}、Sr^{2+}、Ba^{2+}、Mg^{2+}、Th^{2+}、稀土离子等可以沉淀为氟化物进行分离等。但是形成氢氧化物和硫化物沉淀进行分离的较多,因此本章着重讨论氢氧化物沉淀分离法和硫化物沉淀分离法。

1) 氢氧化物沉淀分离法

(1) 氢氧化物沉淀与溶液 pH 值的关系　大多数金属离子都能生成氢氧化物沉淀,但沉淀的溶解度往往相差很大。因此可以通过控制溶液酸度使某些金属离子彼此分离。例如某金属离子 M^{n+} 在溶液中的溶解平衡如下

$$M^{n+} + n\,OH^- \Longleftrightarrow M(OH)_n \tag{2-1}$$

设金属离子 M^{n+} 在沉淀完全时残留在溶液中的浓度应小于 $10^{-6}\,mol \cdot L^{-1}$,由式(2-1)可计算 $M(OH)_n$ 开始沉淀及沉淀完全时溶液的 pH 值。如已知初始 $[Fe^{3+}] = 0.01\,mol \cdot L^{-1}$,计算得到开始沉淀和沉淀完全时的 pH 值分别为 2.2 和 3.5。

根据类似的计算,可以得到各种氢氧化物开始沉淀和沉淀完全时的 pH 值。各种不同的氢氧化物沉淀时的 pH 值不同,有的在较低 pH 值时能沉淀完全,有的却只能在较高 pH 时开始沉淀,因而控制溶液的 pH 值就能达到分离的目的。

但是应该指出,这种由 K_{sp} 计算得到的 pH 值只是近似值,与实际进行氢氧化物沉淀分离时所需控制的 pH 值,往往还存在一定的差距,这是因为以下几个原因:

① 沉淀的溶解度和析出的沉淀的形态、颗粒大小等条件有关,也随陈化时间的不同而改变。因此实际获得的沉淀的溶度积数值与文献上记载的 K_{sp} 值往往有一定的差距。

② 计算 pH 值时,是假定金属离子只以一种阳离子的形式存在于溶液中,实际上金属阳离子在溶液中可能和 OH^- 结合生成各种羟基络离子,又可能和溶液中的阴离子结合生成各种络离子。例如 Fe^{3+} 在 HCl 溶液中还存在有 $Fe(OH)^{2+}$、$FeCl^{2+}$、$Fe(H_2O)Cl_4^-$ 等形式。因此实际的溶解度要比由 K_{sp} 计算所得到的值要大。

③ 一般文献记载的 K_{sp} 值是指稀溶液中没有其他离子存在时,难溶化合物的溶度积。实际上由于溶液中其他离子的存在影响离子的活度系数和活度,离子的活度积 K_{ap} 和 K_{sp} 之间存在一定的差距。

由上述各种原因可知,要使金属离子氢氧化物沉淀完全,实际上所需的 pH 值要比计算值略高些。例如 $Fe(OH)_3$ 沉淀完全时所需 pH 大于 4,而不是 3.5。对于其他离子一般也是这样。有些金属离子(如 Bi^{3+}、Co^{2+}、Ni^{2+} 等)在析出氢氧化物之前,先生成微溶性的碱式盐沉淀,因此计算的结果也不是很准确的。在某一 pH 范围内往往同时有数种金属离子沉淀,即氢氧化物沉淀分离的选择性不高。但如果适当控制溶液的 pH

值,可以达到一定程度的分离效果。为了进一步提高沉淀分离的选择性,就必须结合络合掩蔽来进行。

由于氢氧化物为非晶形沉淀,共沉淀现象较为严重,因此分离效果不够理想。但由于能生成氢氧化物沉淀的金属离子种类很多,它们的溶度积有较大差距,溶液 pH 值的控制又比较容易,因而氢氧化物沉淀分离还是有一定的实用意义。

为了减少非晶形沉淀的共沉淀现象,沉淀作用应在较浓的溶液中,在加热条件下进行。此时离子水合程度较低,生成的氢氧化物沉淀含水较少,体积较小,结构较紧密,吸附现象较少。

(2) 常用的沉淀剂

NaOH 溶液　可使两性的氢氧化物溶解而与其他氢氧化物沉淀分离,分离情况列于表 2.4 中。由于 NaOH 溶液因吸收 CO_2 而含有微量的 CO_3^{2-},因此当 Ca^{2+}、Sr^{2+}、Ba^{2+} 存在时,它们可能部分形成碳酸盐沉淀而析出;$Mg(OH)_2$、$Ni(OH)_2$ 沉淀时带下部分的 $Al(OH)_3$;WO_4^{2-}、AsO_4^{3-}、PO_4^{3-} 和 Ca^{2+} 共存时,由于生成难溶的 $CaWO_4$、$Ca_3(PO_4)_2$、$Ca_3(AsO_4)_2$ 沉淀,使分离不完全。

表 2.4　NaOH 沉淀分离法的分离情况

(Ⅰ) 定量沉淀的离子	(Ⅱ) 部分沉淀的离子	(Ⅲ) 溶液中存留的离子
Mg^{2+},Cu^{2+},Ag^+,Au^+,Cd^{2+},Hg^{2+},Ti^{4+},Zr^{4+},Hf^{4+},Th^{4+},Bi^{3+},Fe^{3+},Co^{2+},Ni^{2+},Mn^{2+},稀土	Ca^{2+},Sr^{2+},Ba^{2+}(碳酸盐),Nb^{5+},Ta^{5+}	AlO_2^-,CrO_2^-,ZnO_2^{2-},PbO_2^{2-},SnO_3^{2-},GeO_3^{2-},GaO_2^-,BeO_2^{2-},SiO_3^{2-},WO_4^{2-},MoO_4^{2-},VO_3^- 等

在进行 NaOH 沉淀分离时,根据需要,可在溶液中加入三乙醇胺、EDTA、乙二胺等络合剂,以改善分离效果。例如,在上述溶液中,Mg^{2+}、稀土离子可析出氢氧化物沉淀,而 Fe^{3+}、Ti^{4+}、Ni^{2+} 等由于形成可溶性络合物而留在溶液中。

CrO_2^- 易水解,当溶液加热时易生成 $Cr(OH)_3$ 沉淀。如果同时加入氧化剂 H_2O_2 或 Br_2,则 CrO_2^- 氧化为 CrO_4^{2-},而留于溶液中。如果在碱性溶液中加入了氧化剂,Mn^{2+} 将被氧化为 $MnO(OH)_2$ 沉淀。

氨水加铵盐　氨水加铵盐组成的缓冲溶液可调节溶液的 pH 值为 8～10,使高价离子,如 Fe^{3+}、Al^{3+} 等沉淀而与一、二价的金属离子分离;另外,Ag^+、Cu^{2+}、Co^{2+}、Ni^{2+} 等离子因形成氨络离子而留在溶液中,分离情况如表 2.5 所示。

表 2.5　氨水沉淀分离法的分离情况

(Ⅰ) 定量沉淀的离子	(Ⅱ) 部分沉淀的离子	(Ⅲ) 溶液中存留的离子
Hg^{2+},Be^{2+},Fe^{3+},Al^{3+},Cr^{3+},Bi^{3+},Sb^{3+},Sn^{4+},Mn^{2+},Ti^{4+},Zr^{4+},Hf^{4+},Th^{4+},Nb(Ⅴ),Ta(Ⅴ),U(Ⅵ),稀土	Mn^{2+},Fe^{2+}(有氧化剂存在时,可定量沉淀),Pb^{2+}(有 Fe^{3+}、Al^{3+} 共存时将被共沉淀)	$Ag(NH_3)_2^+$,$Cu(NH_3)_4^{2+}$,$Cd(NH_3)_4^{2+}$,$Co(NH_3)_6^{3+}$,$Ni(NH_3)_6^{2+}$,$Zn(NH_3)_4^{2+}$,Ca^{2+},Sr^{2+},Ba^{2+},Mg^{2+} 等

由于沉淀剂中加入铵盐电解质,有利于沉淀的凝聚;同时氢氧化物沉淀吸附 NH_4^+,可以减少沉淀对其他离子的吸附。

其他如醋酸-醋酸盐、苯甲酸-苯甲酸盐、丁二酸-丁二酸盐以及六次甲基四氨、苯胺、吡啶、苯肼等有机碱与其共轭酸所组成的缓冲溶液等,也常常用来控制溶液的 pH 值,以进行沉淀分离。

ZnO 悬浊液   ZnO 为一难溶盐,用水调成悬浊液,可在氢氧化物沉淀分离中作沉淀剂。ZnO 在水溶液中存在下列平衡:

$$ZnO + H_2O \Longrightarrow Zn(OH)_2 \Longrightarrow Zn^{2+} + 2OH^-$$

根据溶度积原理,有

$$[Zn^{2+}][OH^-]^2 = K_{sp} = 1.2 \times 10^{-17}$$

$$[OH^-] = \sqrt{\frac{1.2 \times 10^{-17}}{[Zn^{2+}]}}$$

当 ZnO 悬浊液加到酸性溶液中时,ZnO 中和溶液中的酸而溶解。当溶液反应进行到溶液中的 $[Zn^{2+}]$ 为 $0.1 \text{ mol} \cdot L^{-1}$ 时,溶液中的 $[OH^-]$ 应为

$$[OH^-] = \sqrt{\frac{1.2 \times 10^{-17}}{0.1}} = 1.1 \times 10^{-8} \text{ mol} \cdot L^{-1}$$

$$pOH \approx 8 \quad pH \approx 6$$

溶液中 $[Zn^{2+}]$ 与 pH 值之间的关系如图 2.2 中曲线所示。图中纵坐标是 ZnO 的溶解度 S,横坐标为 pH 值。可见,当溶液中有过量的 $Zn(OH)_2$ 存在时,$[Zn^{2+}]$ 虽然发生明显的变化,但溶液的 pH 值改变极小。因而利用 ZnO 悬浊液可以控制溶液的 pH 值在 6 左右,从而可使某些高价离子定量沉淀,达到分离目的。

其他难溶化合物如 $CaCO_3$、$BaCO_3$、HgO 等的悬浊液,也可以用来控制溶液的 pH 值,作为氢氧化物沉淀分离的沉淀剂,它们可以控制的 pH 在 $6 \sim 8$ 内。

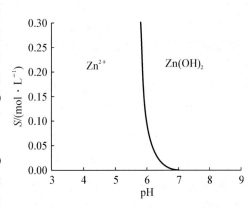

图 2.2   溶液中 $[Zn^{2+}]$ 与 pH 值之间的关系

显然,利用悬浊液控制 pH 值,会引入大量的相应的阳离子,因此只有当这些阳离子不干扰测定时,才可使用。

此外,某些金属离子在浓的强酸溶液中能生成含氧酸沉淀,它们在试样溶解过程中往往会析出,如 H_2WO_4、H_2SnO_3 等。

2) 硫化物沉淀分离法

能形成难溶硫化物沉淀的金属离子约有 40 余种,除碱金属和碱土金属的硫化物能溶于水外,重金属离子可分别在不同的酸度下形成硫化物沉淀。因此在某些情况下,利用硫化物进行沉淀分离还是有效的。

硫化物沉淀所用的主要沉淀剂是 H_2S。H_2S 是二元弱酸,在溶液中存在下列平衡:

$$H_2S \underset{k_1}{\overset{-H^+}{\rightleftharpoons}} HS^- \underset{k_2}{\overset{-H^+}{\rightleftharpoons}} S^{2-}$$

$$k_1 = 5.7 \times 10^{-8} \quad k_2 = 1.2 \times 10^{-15}$$

在 H_2S 饱和溶液中, $[H_2S] \approx 0.1 \text{ mol} \cdot L^{-1}$。控制不同的 $[H^+]$,则溶液中的 $[S^{2-}]$ 不同。随着 $[H^+]$ 的增加,$[S^{2-}]$ 迅速降低。因此控制溶液的 pH 值,即可控制 $[S^{2-}]$,使不同溶解度的硫化物得以分离。但是也和氢氧化物沉淀分离时的情况相似,硫化物沉淀分离时影响因素也很多,根据硫化物溶度积计算所得的 pH 值只是近似值,只能供硫化物沉淀分离时参考。表 2.6 列出硫化物完全沉淀的酸度的实验结果。

表 2.6　硫化物完全沉淀的最高盐酸浓度

硫化物	$c_{HCl}/(\text{mol} \cdot L^{-1})$	硫化物	$c_{HCl}/(\text{mol} \cdot L^{-1})$
As_2S_3	12	PbS	0.35
HgS	7.5	SnS	0.30
CuS	7.0	ZnS	0.02
Sb_2S_3	3.7	CoS	0.001
Bi_2S_3	2.5	NiS	0.001
SnS_2	2.3	FeS	0.000 1
CdS	0.7	MnS	0.000 08

从上述讨论可知,可用硫化物沉淀分离的离子种类很多,但分离方法的选择性不高;硫化物沉淀大都是胶状沉淀,共沉淀现象较严重,而且还有后沉淀现象发生,因此分离不理想。

如果用硫代乙酰胺作沉淀剂,利用硫代乙酰胺在酸性或碱性溶液中加热煮沸发生水解反应,逐渐地产生沉淀剂 H_2S 或 S^{2-}:

$$CH_3CSNH_2 + 2H_2O + H^+ \longrightarrow CH_3COOH + H_2S + NH_4^+$$

$$CH_3CSNH_2 + 3OH^- \longrightarrow CH_3COO^- + S^{2-} + NH_3 \uparrow + H_2O$$

由于沉淀剂是通过水解反应缓慢的产生,这样的沉淀作用属于均相沉淀,获得的硫化物沉淀性能就有所改善,易于过滤、洗涤,分离效果较好。

但用硫代乙酰胺作沉淀剂时,由于沉淀剂的水解反应进行比较缓慢,沉淀作用进行也比较缓慢,必须有足够的时间才能保证沉淀反应进行完全。另外,在加入硫代乙酰胺以前,应将存在于溶液中的氧化性物质除去,以免部分硫代乙酰胺氧化成 SO_4^{2-},而使碱土金属离子沉淀为硫酸盐,影响分离。

2. 有机沉淀剂分离法

有机沉淀剂分离法具有选择性好,灵敏度高,获得的沉淀性能好等优点,其缺点是不少沉淀剂本身在水中的溶解度很小,沉淀物有时易浮在表面或漂移至器皿边,给过滤或离心分离带来不便。沉淀分离常用的有机试剂见表 2.7。

表 2.7　有机沉淀剂的分离情况

沉淀剂	沉淀条件	沉　淀　元　素	溶液中不沉淀的元素
吡啶	pH＝6.5	Fe，Al，Cr，Ti，Zr，V，Th，Ga，In	Mn，Cu，Ni，Co，Zn，Cd，Ca，Sr，Ba，Mg
丁二酮肟	酒石酸铵溶液	Be，Fe，Ni，Pd，Pt^{2+}	Al，As，Sb，Cd，Cr，Co，Cu，Fe，Pb，Mn，Mo，Sn，Zn
8-羟基喹啉	乙酸铵溶液	Al，Bi，Cr，Cu，Co，Ga，In，Fe，Hg，Mo，Ni，Nb，Pd，Ag，Ta，Th，Ti，W，U，Zn，Zr	Sb^{5+}，As，Ge，Ce，Pt，Se，Te
	氨性溶液 pH＝7.5	Al，Be，Bi，Cd，Ce，Cu，Ga，In，Fe，Mg，Mn，Hg，Nb，Pd，Sc，Ta，Th，Ti，U，Zn，Zr，Re	Cr，Au
铜铁灵	强酸性溶液，10%矿物胶	W，Fe，Ti，V，Zr，Bi，Mo，Nb，Ta，Sn，U，Pd	K，Na，Ca，Sr，Ba，Al，As，Co，Cu，Mn，Ni，P，U(Ⅵ)，Mg
苯胂酸	1 mol/L HCl	Zr	Al，Be，Bi，Cu，Fe，Mn，Ni，Zn，Re

可用于沉淀分离和重量分析的有机沉淀剂很多，主要有生成螯合物的沉淀剂、生成离子缔合物的沉淀剂和生成三元络合物的沉淀剂三类，简单介绍如下：

1) 形成螯合物的沉淀剂

这类有机沉淀剂是一种螯合剂，一般含有两种基团，一种是酸性基团，如—OH，—COOH，—SO$_3$H，—SH 等，这些基团中的 H$^+$ 可被金属离子置换。另一种是碱性基团，如—NH$_2$、＝NH、$\diagdown$N—、＝CO，＝CS 等，这些基团以配位键与金属离子结合，从而生成具有环形结构的螯合物。如果整个螯合物分子不带电荷，分子中含有较大的疏水基团，则生成物难溶于水。属于这一类的有机沉淀剂有：

(1) 8-羟基喹啉及其衍生物　8-羟基喹啉溶于乙醇，难溶于水，是最常用的沉淀剂之一。以 8-羟基喹啉与金属离子 M^{2+} 为例形成螯合物沉淀，其结构式如下：

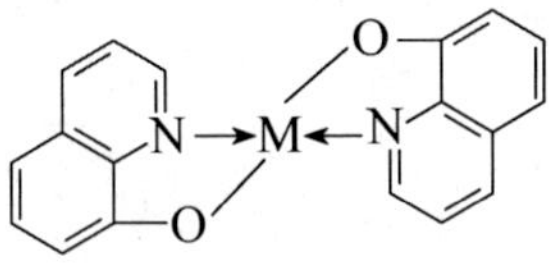

8-羟基喹啉可以和许多二价、三价和少数四价阳离子反应产生沉淀，这些离子通常能和羟基或氨基形成络合物。不同离子的 8-羟基喹啉螯合物的溶解度不同，因而沉淀完全时的 pH 也不同。用控制溶液 pH 值并结合采用络合掩蔽的办法，可提高沉淀分离的选择性。

(2) 丁二酮肟　在氨性或弱碱性(pH＞5)溶液中与 Ni^{2+} 形成螯合物沉淀，其结构如下：

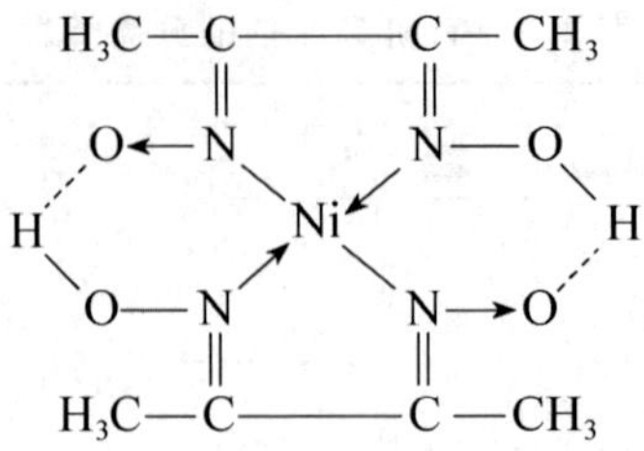

它也和 Cu^{2+}、Co^{2+}、Fe^{2+}、Zn^{2+} 等反应,但生成的络合物可溶于水而不形成沉淀。当有大量 Cu^{2+}、Co^{2+} 存在时,因为它们既消耗沉淀剂又能产生共沉淀,必须先用 H_2S 分离法及 1-亚硝基-2-萘酚分离法分别将其除去。溶液中有能生成氢氧化物沉淀的元素共存时,可加酒石酸和柠檬酸掩蔽。

（3）铜铁灵(苯亚硝基羟胺的铵盐,或称为 N-亚硝基苯胺的铵盐)和新铜铁灵(萘亚硝基羟胺的铵盐) 两者作用相似,只是后者生成的沉淀更难溶解,体积也较庞大。在稀酸($0.6 \sim 2\ mol \cdot L^{-1}\ HCl$, $1.8 \sim 5\ mol \cdot L^{-1}\ H_2SO_4$)溶液中,两者都能与若干种较高价的离子反应生成沉淀,这些离子包括 Fe^{3+}、Ga^{3+}、$Sn(IV)$、$U(IV)$、Ti^{4+}、Zr^{4+}、Ce^{4+}、$Nb(V)$、$Ta(V)$、$V(V)$、$W(VI)$；在酸性较弱的溶液中能与 In^{3+}、Cu^{2+}、$Mo(VI)$ 及 Bi^{3+} 生成沉淀,从而和其他离子分离。这两种试剂能沉淀的离子种类较多,选择性不高。

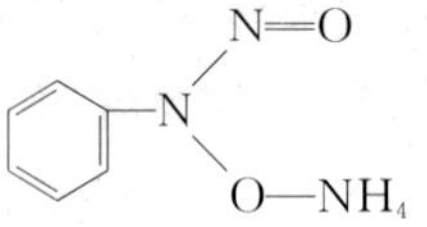

铜铁灵

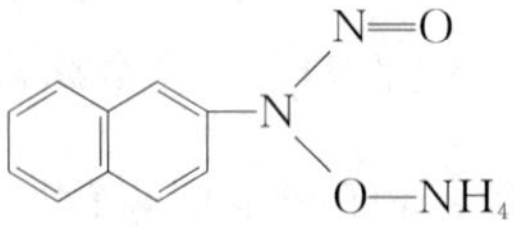

新铜铁灵

（4）铜试剂(二乙基胺二硫代甲酸钠,简称 DDTC) 它是含硫化合物,能与很多金属离子生成沉淀,这些离子包括 Ag^+、Cu^{2+}、Cd^{2+}、Co^{2+}、Ni^{2+}、Hg^{2+}、Pb^{2+}、Bi^{3+}、Zn^{2+}、Fe^{3+}、Sb^{3+}、Sn^{4+}、Tl^{3+} 等。但和 Al^{3+}、碱土金属及稀土离子不产生沉淀,因此常用来沉淀除去重金属离子,使之与 Al^{3+}、碱土金属和稀土离子分离。

铜试剂和金属离子所生成的螯合物的分子式可表示如下(以二价离子为例)：

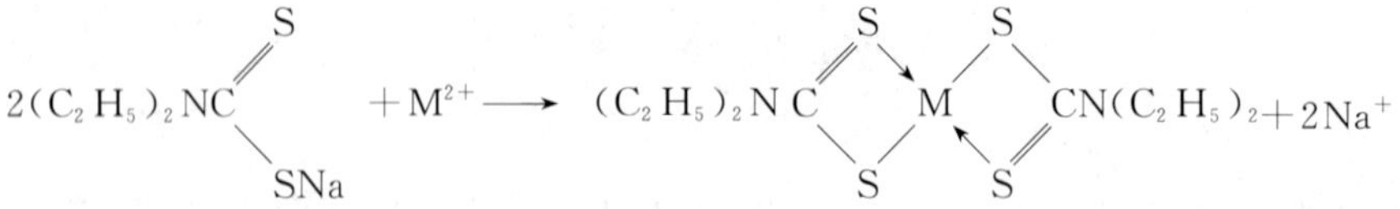

（5）苯胂酸及其衍生物 苯胂酸在 $3\ mol \cdot L^{-1}\ HCl$ 中可将 Zr^{4+} 沉淀完全,是沉淀 Zr^{4+} 的良好试剂,沉淀反应如下所示：

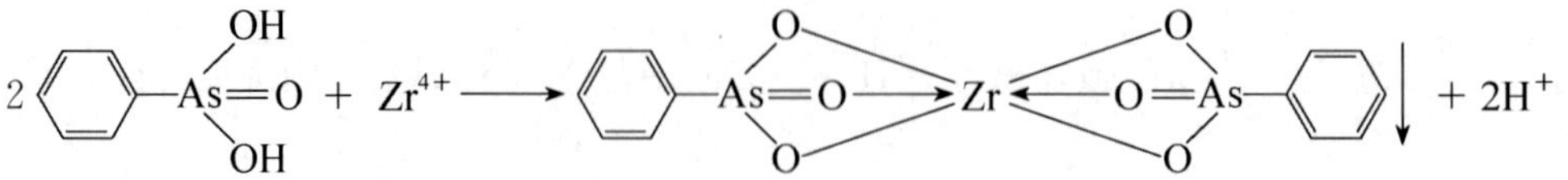

苯胂酸也可以用来沉淀 Hf^{4+}、Th^{4+}、Sn^{4+} 等。甲胂酸和苯胂酸的某些衍生物,也是上

述离子较好的沉淀剂。

（6）氨基酸类　几种芳香族氨基酸适用于作金属离子的沉淀剂,例如邻氨基苯甲酸:

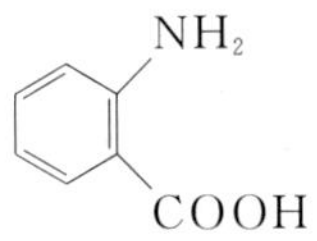

可沉淀能生成氨配合物的离子,如 Cu^{2+}、Zn^{2+}、Cd^{2+}、Co^{2+}、Ni^{2+}、Ag^+ 等,也能沉淀 Mn^{2+}、Hg^{2+}、Pb^{2+} 和 Fe^{3+}。试剂的钠盐溶于水,与金属离子生成的沉淀易于过滤和洗涤,但选择性较差。

（7）苯并三唑 在 $pH=7.0\sim8.5$ 的酒石酸溶液中可使 Cu^{2+}、Zn^{2+}、Cd^{2+}、Co^{2+}、Ni^{2+}、Ag^+、Fe^{2+}沉淀,在此条件下 Al^{3+}、$As(Ⅲ,Ⅴ)$、$Cr(Ⅲ,Ⅵ)$、Fe^{3+}、$Mo(Ⅵ)$、$Sb(Ⅲ,Ⅴ)$、Se^{4+}、Te^{6+} 不沉淀。在 EDTA 和酒石酸存在下,该试剂是银的高选择性沉淀剂,因此又称为银试剂。

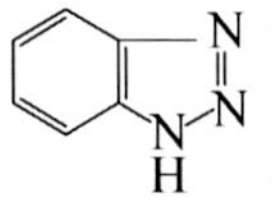

2）形成缔合物的沉淀剂

某些有机沉淀剂在溶液中电离成阳离子或阴离子,它们与带相反电荷的离子结合,生成离子缔合物沉淀。

（1）苦杏仁酸(又名苯羟乙酸)及其衍生物　常用来沉淀 Zr^{4+}、Hf^{4+}。苦杏仁酸的结构式及它与 Zr^{4+} 的反应如下:

$$4C_6H_5CHOHCOO^- + Zr^{4+} = (C_6H_5CHOHCOO)_4Zr\downarrow$$

如果用对氯苦杏仁酸或对溴苦杏仁酸沉淀 Zr^{4+},效果则更好。

（2）二苦胺(又名六硝基二苯胺)　用来沉淀 K^+、Rb^+、Cs^+。

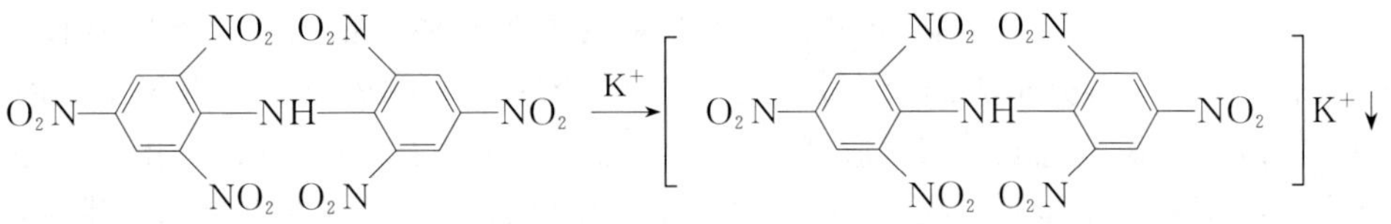

（3）四苯硼酸钠　用来沉淀 K^+、Rb^+、Cs^+。

$$B(C_6H_5)_4^- + K^+ = KB(C_6H_5)_4\downarrow$$

四苯硼酸钾的沉淀溶解度小,相对分子质量大,因而常利用这一沉淀反应来进行 K^+ 的重量法测定。

（4）联苯胺　在微酸性溶液中与 H^+ 结合生成阳离子,可沉淀 SO_4^{2-},生成联苯胺硫酸盐:

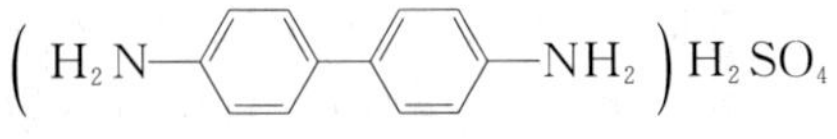

3）形成三元络合物的沉淀剂

（1）吡啶　在 SCN^- 存在下,吡啶可与 Cd^{2+}、Co^{2+}、Mn^{2+}、Cu^{2+}、Ni^{2+}、Zn^{2+} 等生成

三元络合物沉淀：

$$2C_6H_5N + Cu^{2+} \Longrightarrow Cu(C_6H_5N)_2^{2+}$$

$$Cu(C_6H_5N)_2^{2+} + 2SCN^- \Longrightarrow Cu(C_6H_5N)_2(SCN)_2 \downarrow$$

(2) 1,10-邻二氮杂菲　可在 Cl^- 存在下与 Pd^{2+} 形成三元络合物沉淀：

$$Pd^{2+} + C_{12}H_8N_2 \Longrightarrow Pd(C_{12}H_8N_2)^{2+}$$

$$Pd(C_{12}H_8N_2)^{2+} + 2Cl^- \Longrightarrow Pd(C_{12}H_8N_2)Cl_2 \downarrow$$

2.2　蛋白质的沉淀分离技术

在生物医药工业和中药现代化行业,作为传统初级分离手段的沉淀技术是指因理化因素的改变引起生化活性物质的溶解度降低,导致固体成相的现象。

目前,沉淀技术广泛应用于实验室和工业规模的蛋白质、酶、核酸、多糖等生物大分子物质和黄酮、皂苷、氨基酸、有机酸、生物碱等生物小分子物质的回收、浓缩和纯化中。

沉淀技术可以分为盐析沉淀、有机溶剂沉淀、选择性变性沉淀、等电点沉淀、聚电解质沉淀、高价金属离子沉淀、絮凝和凝聚等。下面将以蛋白质沉淀为例,介绍沉淀技术的原理、各种沉淀方法的特点与选用原则。

在介绍沉淀技术之前,首先对目标蛋白质的理化性质做一个简单的回顾。蛋白质按功能划分可分为活性蛋白与非活性蛋白。活性蛋白有酶、激素蛋白、运输和储存蛋白、运动蛋白、防御蛋白、病毒衣壳蛋白、受体蛋白、毒蛋白和控制生长与分化的蛋白等;非活性蛋白有胶原蛋白和角蛋白等。通常,大部分蛋白质可溶于稀盐、稀酸、稀碱溶液和水中,蛋白质在不同溶剂中的溶解度差异主要取决于其自身分子结构性质(如亲疏平衡值各不相同的氨基酸组成等内部影响因素)和溶剂的理化性质(如温度、pH 值和离子强度等外部影响因素)。因此,通常可用不同的溶剂或缓冲液提取、分离、纯化蛋白质和酶。

凡质点大小在 $1\sim100$ nm 内所构成的分散系统称为胶体。蛋白质分子的直径一般在 $2\sim20$ nm内,且蛋白质分子表面分布着与水分子结合的亲水氨基酸的极性 R 基。因此,天然蛋白质溶液得以保持稳定的亲水胶体性质。其稳定性取决于水化作用(水化膜的存在,能防止蛋白质分子相互碰撞而聚集)和电荷的排斥作用(两性解离,同性电荷相互排斥而使蛋白质无法聚集)。当改变蛋白质的质点大小、电荷情况和水化作用的强弱,将破坏蛋白质的稳定性,蛋白质就从溶液中沉淀出来,这就是蛋白质的沉淀作用。因此,在生物大分子的分离纯化中,常利用蛋白质的沉淀作用来分离和制备蛋白质和酶。例如,采用盐析沉淀的方法从鸡蛋壳中提取溶菌酶和采用乙醇分级沉淀的方法分离血浆蛋白。

由于蛋白质是两性生物大分子电解质,在水溶液中,蛋白质表面存在不均匀分布的荷电基团形成的荷电区、亲水区和疏水区。蛋白质和氨基酸一样,既含有酸性的基团又含有碱性的基团,在特定的 pH 范围内能解离产生带正电荷或带负电荷的基团。对于某一特定蛋白质而言,当在某一 pH 时,其所带电荷正负相等(即静电荷为 0),这一 pH 值被称为蛋白质的等电点(pI)。通常,蛋白质处于等电点时,其电导率、渗透压、黏度及溶解度等性质均处于最低值。因此,可利用蛋白质的两性解离和等电点特性来沉淀蛋白质。例如,牛奶酪蛋白的等电点沉淀。

当天然蛋白质受到诸如加热、紫外线照射、X 射线辐射和超声波处理等物理因素的作用或者强酸、强碱和有机溶剂等化学因素的影响后,由于氢键、盐键等次级键维系的高级结构遭到破坏,分子内部结构发生改变,致使其生物学性质、物理化学性质改变。这种现象称为蛋白质的变性作用。变性蛋白质的理化性质均发生改变,最显著的是溶解度降低、黏度增大、分子扩散速度增大、渗透压降低、等电点改变、生物活性降低或丧失和易被酶水解等。因此,在制备酶制剂或生物活性物质时应防止蛋白质变性的发生。但蛋白质的变性作用可用于选择性变性沉淀中去除杂质。例如,从啤酒酵母泥中提取醇脱氢酶就是采用选择性热变性沉淀的方法去除杂蛋白。

综上所述,由于蛋白质周围的水化层和蛋白质分子间的静电排斥作用是防止蛋白质沉淀的两种屏障。因此,可通过降低蛋白质周围的水化层和双电层厚度(ξ 电位),来降低蛋白质溶液的稳定性,从而实现蛋白质的沉淀。水化层厚度和 ξ 电位与溶液性质(如电解质的种类、浓度、pH 等)密切相关,所以蛋白质的沉淀可采用恒温条件下添加各种不同试剂的方法,如加入无机盐的盐析法、加入酸碱调节溶液 pH 的等电点沉淀法、加入水溶性有机溶剂的有机溶剂沉淀法等来实施。

2.2.1　盐析沉淀技术

盐析沉淀通常有加入沉淀剂(分批或流加)、沉淀物的陈化、沉淀物的收集(离心或过滤)等三个操作步骤。加沉淀剂的方式和陈化条件对产物的纯度、收率和沉淀物的形状都有很大影响。由于盐析沉淀的产物中盐含量较高,一般在盐析沉淀后,需进行脱盐处理(如膜分离、凝胶过滤或离子交换等),才能进行后续的纯化操作(如层析或结晶)。

1) 盐析沉淀的机理

当向蛋白质溶液中逐渐加入电解质时,开始蛋白质的溶解增大,这是由于蛋白质的活度系数降低的缘故,这种现象称为盐溶;当继续加入电解质时,由于电解质的离子在水中发生水化,当电解质的浓度增加时,水分子就离开蛋白质的周围,暴露出疏水区域,疏水区域间的相互作用,使蛋白质的溶解度减小,蛋白质发生聚集而沉淀的现象,称为盐析。因而蛋白质的溶解度与离子强度的关系曲线上存在最大值,但是该最大值仅在较低的离子强度下出现,在高于此离子强度的范围内,溶解度随盐离子强度的增大迅速降低,如图 2.3 所示。

由于盐析现象还不能很好地从理论上进行解释,现在常用 Cohn 方程式 $\lg S = \beta - K_s I$ 说明,式中,S 为蛋白质的溶解度(g/L);I 为离子强度($1/2 \sum m_i z_i^2$);β 为一常数,与盐的种类无关,但与温度和 pH 有关;K_s 为盐析常数,与盐种类和蛋白质有关,与温度和 pH 无关。

因此,用盐析沉淀技术分离蛋白质时有两种常用方式:①在一定的 pH 及温度条件下,改变盐浓度(即离子强度)达到沉淀的目的,称为 K_s 盐析,常用于蛋白质的粗提;②在一定的离子强度下,改变溶液 pH 及温度达到沉淀的

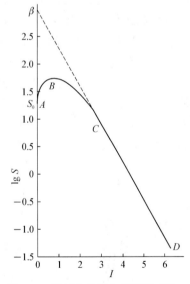

图 2.3　碳氧血红蛋白的溶解度与硫酸铵离子强度的关系图
(pH=6.6, 25℃, S_0=17 g/L)

S—碳氧血红蛋白浓度(g/L);I—离子强度;β—常数,代表理想状态时纯水中碳氧血红蛋白浓度的对数

目的,称为 β 盐析,常用于蛋白质的精制和纯化。

盐析沉淀的机理见图 2.4。从图可见,盐析机理可归纳为如下三点:①中性盐在溶解时,盐离子与蛋白质分子争夺水分子,降低了用于溶解蛋白质的水量,减弱了蛋白质的水合程度,破坏了蛋白质表面的水化膜,导致蛋白质溶解度下降;②中性盐在溶解后,盐离子电荷的中和作用,使蛋白质溶解度下降;③中性盐在溶解过程中,盐离子引起原本在蛋白质分子周围有序排列的水分子的极化,使水活度降低。

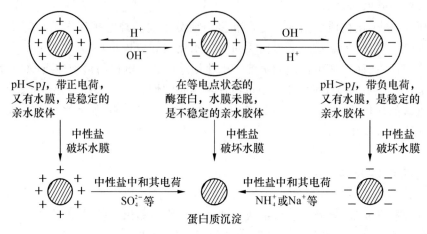

图 2.4　盐析机理示意图

2)溶解度曲线和盐析分布曲线

对于某种蛋白质而言,在特定的操作条件下,产生沉淀时的盐析剂的浓度范围都是一定的。即每种特定蛋白质的溶解度曲线(S-P 曲线)是唯一的。通常,由实验可直接作出盐析剂(如硫酸铵)的饱和度 P 对蛋白质溶解度 S 的曲线,即配制一系列具不同硫酸铵饱和度的蛋白质溶液,进行盐析沉淀操作,离心去除蛋白质沉淀,然后分别测定上清液中蛋白质浓度,即可作出蛋白质的溶解度曲线(S-P 曲线),如图 2.5 所示。

从图 2.5 可见,当蛋白质溶液体系达到一定的盐浓度时,蛋白质才开始沉淀。在此之前,无论如何增加盐浓度均不会发生蛋白质的沉淀现象,但是,一旦蛋白质开始沉淀,则蛋白质溶解度将很快下降,沉淀大量产生。蛋白质沉淀的速度可用该曲线的斜率($-dS/dP$)对盐饱和度 P 作图来表示。此时,图 2.5 可转变为图 2.6 的形式。

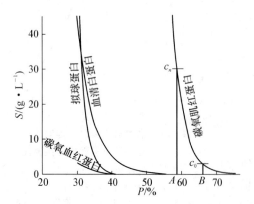

图 2.5　不同蛋白质的溶解度曲线

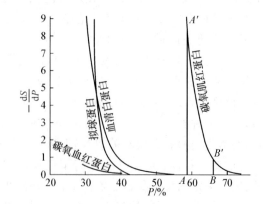

图 2.6　蛋白质的盐析分布曲线

从图 2.6 可见,蛋白质沉淀的速率开始时十分迅速,然后逐渐变慢,因此,从起始沉淀到沉淀结束,形成了具有尖峰的曲线,这就是蛋白质的盐析分布曲线。该曲线的峰宽由 Cohn 经验式中的 K_s 决定。而峰在横轴上的位置则由 β 值和蛋白质起始浓度决定。利用不同蛋白质盐析分布曲线在横轴上的位置不同,可采取先后加入不同量无机盐的办法来分级沉淀蛋白质,以达到分离目的。

图 2.7(a)和(b)分别表示相等浓度(30 g/L)血清白蛋白和碳氧肌红蛋白的溶解度曲线和盐析分布曲线,可见两个蛋白质盐析分布曲线尖峰的位置分得很开,沉淀发生在两个不同的阶段,血清蛋白在碳氧肌红蛋白出现沉淀以前就已完全地沉淀出来,因此这两种蛋白质能得到很快分离。

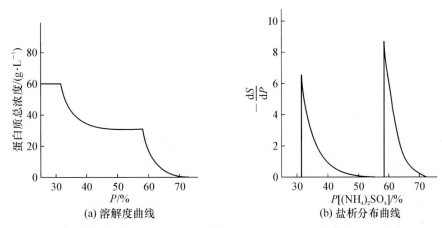

图 2.7　等浓度血清白蛋白和碳氧肌红蛋白的溶解度曲线和盐析分布曲线

但是,有时候各种具有不同的 β 和 K_s 值的蛋白质(图 2.8)混杂在某一体系中,若欲从该体系中分离纯化各蛋白质就不是那么容易了,必须组合采取 K_s 盐析、β 盐析和二次盐析的方法予以解决。

3)盐析的主要影响因素

从图 2.8 可见,不同蛋白质对盐析的影响反映在 Cohn 方程中就是对 β 和 K_s 的影响,不同蛋白质的 β 值不同;K_s 值随蛋白质相对分子质量的增大或分子不对称性的增强而增大,即盐析沉淀结构不对称的高相对分子质量蛋白质所需的盐浓度较低。对于特定的蛋白质,影响蛋白质盐析的主要因素有无机盐的种类、浓度、温度和 pH 值。

如图 2.8 所示的蛋白质溶液体系,可以先采用 K_s 盐析方式进行各种蛋白质的粗分离,即在一定的 pH 及温度条件下,改变盐浓度(即离子强度 I)达到分别沉淀蛋白质的目的,先把盐析分布曲线与其他蛋白质明显隔离的纤维蛋白原和肌红蛋白分离出来,把盐析分布曲线互相重叠的血红蛋白、假球蛋白和血清白蛋白打包在一起;然后对血红蛋白、假球蛋白和血清白蛋白进行二次盐析分离,即将血红蛋白、假球蛋白和血清白蛋白溶液适当稀释,使重叠的曲线拉开距离而达到沉淀假球蛋白的目的;而血红蛋白和血清白蛋白的盐析分布曲线是相互平行的,采用二次盐析无法分开。此时可采用 β 盐析对其进行精制、纯化,即在一定的离子强度下,改变溶液的 pH 及温度达到分级沉淀血红蛋白和血清白蛋白的目的。

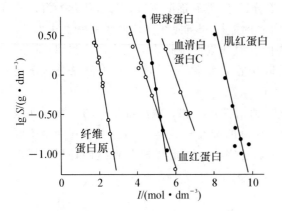

图 2.8　不同蛋白质的溶解度与硫酸铵浓度关系

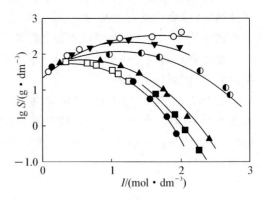

图 2.9　不同盐溶液中碳氧血红蛋白的溶解度与
离子强度的关系(25℃)

○—NaCl；▼—KCl；◐—MgSO₄；▲—(NH₄)₂SO₄；
●—Na₂SO₄；□—K₂SO₄；■—柠檬酸三钠

（1）盐析剂种类的影响

在相同的离子强度下，不同种类的盐对蛋白质的盐析效果不同。从不同种类的盐对碳氧血红蛋白溶解度的影响(图 2.9)可见，盐的种类主要影响 Cohn 方程中的盐析常数 K_s(即曲线的斜率)。

因此，在选择盐析剂时，要考虑不同种类离子的盐析效果，常见阴离子的盐析效果顺序为 $PO_4^{3-} > SO_4^{2-} > CH_3COO^- > Cl^- > NO_3^- > ClO_4^- > I^- > SCN^-$；常见阳离子的盐析作用的顺序为 $NH_4^+ > K^+ > Na^+ > Mg^{2+}$。

除此之外，还要求：①盐析剂溶解度大，能配制高离子强度的盐溶液；②盐析剂溶解度受温度影响较小；③盐析剂溶液密度不高，以便蛋白质沉淀的沉降或离心分离。表 2.8 所示为生物分离领域常用的盐析剂对碳氧血红蛋白的盐析效果的比较。

表 2.8　常用的盐析剂对碳氧血红蛋白的盐析效果比较

	硫酸铵	硫酸钠	硫酸镁	磷酸钾	柠檬酸钠
β	3.09	2.53	3.23	3.01	2.60
K_s	0.71	0.76	0.33	1.00	0.69

由于硫酸铵价格便宜，溶解度大、受温度影响很小且具有稳定蛋白质(酶)的作用，因此是最普遍使用的盐析剂。但硫酸铵有如下缺点：硫酸铵为强酸弱碱盐，水解后使溶液 pH 降低，在高 pH 下释放氨，硫酸铵的腐蚀性强，后处理困难；残留在食品中的少量的硫酸铵可被人味觉感知，影响食品风味；临床医疗有毒性，因此在最终产品中必须完全除去。

（2）温度和 pH 的影响

除盐析剂的种类外，盐析操作的温度和 pH 是影响盐析效果的另外两种重要参数。温度和 pH 对蛋白质溶解度的影响反映在 Cohn 方程式中是对 β 值(即曲线的截距)的影响。在低离子强度溶液或纯水中，蛋白质的溶解度在一定温度范围内一般随温度升高而增大，但在高离子强度溶液中，升高温度有利于某些蛋白质的失水，蛋白质的溶解度反而下降。

β 随 pH 的变化很大。由于在 pH 接近蛋白质等电点的溶液中蛋白质的溶解度最小(即 β 值最小),所以调节溶液 pH 在等电点附近有利于提高盐析效果。例如,在等电点 $pI=6.5$ 时,碳氧血红蛋白的 β 最小值约 2.8;在 $pI=4.8$ 时,卵清蛋白的 β 最小值约 6.0。

因此,蛋白质的盐析沉淀操作常需优化组合合适的 pH 和温度,使蛋白质的溶解度较小。同时,盐析操作条件要温和,需在较低温度下进行,不能引起目标蛋白质的变性。

(3) 蛋白质起始浓度的影响

蛋白质起始浓度不同,沉淀所需无机盐用量也不同。提高蛋白质起始浓度可减少盐用量。图 2.10 示出两种不同浓度的碳氧肌红蛋白盐析分布曲线的变化。当浓度为 30 g/L 时,使蛋白沉淀的 $(NH_4)_2SO_4$ 饱和度约 $58\%\sim65\%$,但若稀释 10 倍,在此饱和度范围内并无沉淀,而在 $(NH_4)_2SO_4$ 饱和度约为 66% 时才开始出现沉淀,其沉淀范围变为 $60\%\sim73\%$。

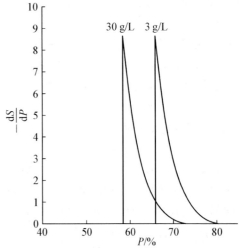

图 2.10 不同浓度碳氧肌红蛋白盐析分布曲线

由此可见,每一种特定蛋白质的溶解度曲线是唯一的,但蛋白的盐析曲线并非唯一的,却是一簇相似的平行线,这点与小分子物质的结晶操作曲线有很相似的地方。也就是说,发生蛋白质沉淀的盐析剂浓度范围不是固定的,而是与蛋白质的起始浓度有关。在实际操作中,如要将盐析分布曲线互相重叠的两个蛋白质分级沉淀,则可将该溶液适当稀释,就可能使重叠的曲线拉开距离而达到分级目的,这就是所谓的二次盐析沉淀。

但是,若沉淀的目的不是为了分离蛋白质,而是制取成品,那么料液中蛋白质浓度适当提高会使盐析收率提高和耗盐量减少,但过高的蛋白浓度会导致沉淀中夹带的杂质增多。通常,不同的盐析剂的加入方式将明显影响到盐析剂的用量、沉淀物的纯度和颗粒大小。比如盐析剂以间歇或连续方式加入或以饱和溶液或固体方式加入,沉淀的效果均有一定程度的差别。因此,在实际应用时,一定要视料液的组成、浓度和性质等情况进行合理选择,才能达到事半功倍的效果。

(4) 盐析沉淀的通用操作程序

在实际料液体系中,进行目标蛋白的盐析沉淀操作之前,所需的硫酸铵浓度或饱和度可通过实验进行确定。现以硫酸铵为盐析剂,介绍蛋白质盐析沉淀操作的经典设计方法和步骤,其操作程序如下(假设操作温度为 4℃):①取一部分料液,将其分成等体积的数份,冷却至 4℃;②计算饱和度达到某设计值(如 $10\%\sim90\%$)所需加入的硫酸铵用量,并在特定搅拌条件下(2 000 g)分别加到料液中,继续搅拌 60 min 以上,同时保持温度在 4℃;③3 000 g 下离心 30 min 后,将沉淀溶于 2 倍体积的缓冲溶液中,测定其中总蛋白和目标蛋白的浓度(如有不溶物,可离心除去);④分别测上清液中总蛋白和目标蛋白的浓度,比较沉淀前后蛋白质是否保持物料守恒,检验分析结果的可信度;⑤以饱和度为横坐标,上清液中总蛋白和目标蛋白浓度为纵坐标作图。

下面以酵母扁桃酸脱氢酶提取为实例:取酵母细胞破碎后的混合液,离心去除细胞碎片,将上清液分成等体积的数份。在充分搅拌和 45℃条件下,分别逐步加入所需的硫酸铵,使硫酸铵终浓度达 0～80％，12 000 g 下离心 10 min，取上清液。测定上清液中总蛋白含量和扁桃酸脱氢酶活力，如图 2.11 所示，图中纵坐标为上清液中蛋白质的相对浓度（与原料液浓度之比）。实验结果表明扁桃酸脱氢酶沉淀所选择的硫酸铵饱和度范围为30％～55％，若采用 35％～50％硫酸铵分级沉淀，可得纯度较高的扁桃酸脱氢酶沉淀物。

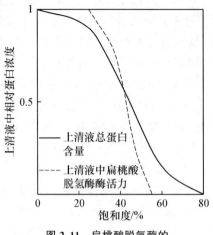

图 2.11 扁桃酸脱氢酶的硫酸铵沉淀曲线

2.2.2 等电点沉淀

较低离子强度的溶液中蛋白质的溶解度较小，蛋白质在 pH 为其等电点的溶液中净电荷为零，蛋白质之间静电排斥力最小，溶解度最低。利用蛋白质在 pH 等于其等电点的溶液中溶解度最低的原理进行沉淀的方法称为等电点沉淀法。

等电点沉淀法一般适用于疏水性较大的蛋白质（如酪蛋白），而对于亲水性很强的蛋白质（如明胶），由于在水中溶解度较大，在等电点的 pH 下不易产生沉淀。虽然等电点沉淀法不如盐析沉淀法应用广泛，但与盐析法相比，等电点沉淀无须后继的脱盐操作，可直接转入后续的纯化阶段。

等电点沉淀操作需在低离子强度下调整溶液 pH 至等电点使蛋白质沉淀，由于一般蛋白质的等电点多在偏酸性范围内，故等电点沉淀操作中，多通过加入盐酸、磷酸和硫酸等无机酸调节 pH。下面就以两个实例说明这一技术的应用。

（1）从猪胰脏中提取胰蛋白酶原实例 猪胰脏中提取胰蛋白酶原的 $pI = 8.9$，可先于 $pH = 3.0$ 左右进行等电点沉淀，除去共存的许多酸性蛋白质。工业生产胰岛素（$pI = 5.3$）时，先调 $pH = 8.0$ 除去碱性蛋白质，再调 $pH = 3.0$ 除去酸性蛋白质（同时加入一定浓度的有机溶剂以提高沉淀效果）。

（2）等电点沉淀提取碱性磷酸酯酶实例 调节发酵液 $pH = 4.0$，出现含碱性磷酸酯酶的沉淀物，离心收集沉淀物。用 $pH = 9.0$ 的 0.1 mol/L Tris-HCl 缓冲液重新溶解，加入20％～40％饱和度的硫酸铵分级，离心收集的沉淀用 Tris-HCl 缓冲液再次沉淀，即得较纯的碱性磷酸酯酶。

2.2.3 有机溶剂沉淀

用和水互溶的有机溶剂使蛋白质沉淀的方法很早就用来纯化蛋白质。有机溶剂沉淀是指在蛋白质溶液中，加入与水互溶的有机溶剂，显著地减小蛋白质的溶解度而发生沉淀的现象。有机溶剂沉淀法常适用于蛋白质、酶、核酸、多糖等物质的提取。由于本法的机理和盐析法不同，可作为盐析法的补充。

有机溶剂沉淀是由于加入有机溶剂于蛋白质溶液中能产生多种效应，这些效应结合起来，使蛋白质发生沉淀。尤其是水的活度的降低。当有机溶剂浓度增大时，水对蛋白质分子表面上荷电基团或亲水基团的水化程度降低，或者说溶剂的介电常数降低，因而静电吸力增大;同时在憎水区域附近有序排列的水分子可以为有机溶剂所取代,使该区域在有机溶剂中的溶解度提高,发生聚集而沉淀。

一般来说,在低离子强度和等电点附近,沉淀易于生成,所需有机溶剂的量较少。蛋白质的相对分子质量越大,有机溶剂沉淀越容易,所需加入的有机溶剂量也越少。与盐析法相比,有机溶剂密度较低,易于沉淀分离,沉淀产品不需脱盐处理。但该法和等电点沉淀一样容易引起蛋白质变性,必须在低温下进行。

例如,酪蛋白是牛乳中主要蛋白质,是一组含磷蛋白混合物,其等电点为 4.8,且不溶于乙醇。可结合 pI 沉淀和有机溶剂沉淀的方法进行制备。等电点沉淀制备酪蛋白工艺如下:将牛乳加热到 40℃,搅拌下调节 pH＝4.8,静止 15 min 后过滤,收集沉淀即为酪蛋白粗品。粗品用少量水洗涤后悬浮于乙醇中使成 10％终浓度,抽滤去除脂类溶质,滤饼再用乙醇-乙醚混合液洗涤 2 次后抽滤、烘干,即得酪蛋白纯品。

再如,多糖类药物主要来源于动物、植物、微生物和海洋生物,可分为低聚糖、均多糖和杂多糖等三种。目前,动物来源的肝素、鲨鱼骨黏多糖、甲壳素、硫酸软骨素和透明质酸等杂多糖仍主要是从动物材料中提取、纯化获得,提取时主要采用碱解和酶解方法,而多糖纯化则可采用乙醇分级沉淀、季铵盐结合沉淀和离子交换层析等方法。

以猪肠黏膜为原料,酶解-树脂法提取肝素工艺(图 2.12)包括肠黏膜胰酶酶解、大孔树脂吸附和分级洗脱、乙醇沉淀、脱水、干燥得粗品、高锰酸钾氧化脱色、乙醇二次沉淀、干燥成粉。

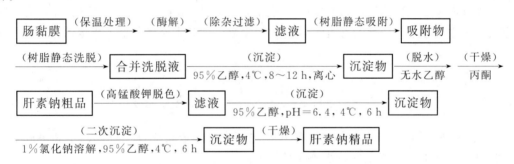

图 2.12　采用酶解-树脂法从猪肠黏膜中提取肝素工艺流程图

2.2.4　选择性热变性沉淀

在较高温度下,热稳定性差的蛋白质将发生变性沉淀,利用这一现象,可根据蛋白质间的热稳定性的差别进行蛋白质的选择性热变性沉淀,来分离纯化热稳定性高的目标产物。例如,酵母醇脱氢酶和 Taq 酶的制备。

与前述的各种沉淀方法不同,热沉淀是基于蛋白质的变性动力学。其过程可用阿伦尼乌斯(Arrhenius)方程表示:

$$K_D = Z\exp[-E/(RT)]$$

式中,Z 为频率因子;E 为变性活化能;R 为摩尔气体常数;T 为绝对温度。

从上式可以看出,若频率因子 Z 值相差较小,变性活化能小的蛋白质热敏性高,在较高温度下变性速率快。因此,变性活化能差别较大的蛋白质可利用选择性热变性沉淀法分离。

由于变性活化能可通过调节 pH 或添加有机溶剂改变,故调节 pH 或添加有机溶剂也是诱使杂蛋白变性沉淀的重要手段。例如,纯化红细胞酶可采用添加氯仿振荡的方法除去血红蛋白杂质。

必须强调的是,选择性热变性沉淀是一种变性分离法,使用时需对目标产物和共存杂蛋白的热稳定性有充分的了解才可。

选择性热变性沉淀提取醇脱氢酶实例:酵母干粉中加入 0.066 mol/L 磷酸氢二钠溶液,37℃水浴保温 2 h,室温搅拌 3 h,离心收集上清液,升温至 55℃,保温 20 min 后迅速冷却离心去除热变性蛋白,上清液中多为热稳定性较高的醇脱氢酶。

选择性变性沉淀提取 Taq 酶实例:基因工程操作中常用的 Taq 酶具有耐高温特性,在高温(60℃)条件下一步处理,即可去除大部分杂质蛋白,得到纯度较高的 Taq 酶产品。

2.2.5　凝聚技术

凝聚指在中性盐的作用下,由于双电层排斥电位的降低而使胶体体系不稳定的现象。通常发酵液中细胞或菌体带有负电荷,由于静电引力的作用使溶液中的正离子被吸附在其周围,在界面上形成了双电层,但这些正离子还受到使它们均匀分布开去的运动的影响,具有离开胶粒表面的趋势,在这两种相反作用的影响下,双电层就分裂成两部分:吸附层和扩散层,这样就形成了扩散双电层的结构模型。

电动电位 ξ 是控制胶粒间电排斥作用的电位,可用来表征双电层的特征,并作为研究絮凝机理的重要参数,ξ 在实际中是可测的。根据静电学基本原理可推导出电动电位 ξ 的基本公式:

$$\xi = 4\pi q \delta / D$$
$$\delta = \left[1\,000 \cdot D \cdot k \cdot T / (4\pi N \cdot e^2 \cdot \sum c_i \cdot Z_i^2) \right]^{\frac{1}{2}}$$

从公式中可见,ξ 与扩散层厚度 δ、电动电荷密度 q 成正比,而与价数 Z_i 和溶液中的粒子浓度 c_i 成反比。一般的 ξ 越小则越易凝聚。

胶粒保持分散状态的主要原因有:①由于带有相同的电荷和扩散双电层的结构。②由于胶粒表面的水化作用,形成了包围于粒子周围的水化层,阻碍了胶粒间的直接聚集。但一旦 ξ 电位降低,水化层也随之减弱。发酵液中加入高价阳离子导致凝聚作用的原因是降低电动电位 ξ 和脱除了胶粒表面的水化膜,从而导致凝聚现象的发生。

表示电解质凝聚能力的参数是凝聚值,是指使胶粒发生凝聚作用的最小电解质浓度。一般的反离子价数越高,则该值越小,其凝聚能力越强。阳离子对负电荷的胶粒凝聚能力次序为:$Al^{3+} > Fe^{3+} > H^+ > Ca^{2+} > Mg^{2+} > K^+ > Na^+ > Li^+$;常用的凝聚剂有 $Al_2(SO_4)_3 \cdot 18H_2O$(明矾)、$AlCl_3 \cdot 6H_2O$、$FeCl_3$、$ZnSO_4$、$MgCO_3$。

金属离子沉淀法与电解质凝聚作用有类似之处,是利用某些金属离子与蛋白质分子上的某些残基发生相互作用而使蛋白质沉淀。例如,Ca^{2+} 和 Mg^{2+} 能与羧基结合,Mn^{2+} 和 Zn^{2+} 能与羧基、胺类化合物和杂环化合物结合。金属离子沉淀法的优点是可使浓度很低的蛋白质沉淀,沉淀产物中的重金属离子可用离子交换树脂或螯合剂除去。

2.2.6　絮凝技术

絮凝是指在某些水溶性高分子絮凝剂的存在下,基于架桥作用,使胶粒形成粗大的絮凝团的过程,是一种以物理集合为主的过程。其机理是通过静电引力、范德瓦尔斯力和氢键力的作用,使水溶性高分子聚合物强烈地吸附在胶粒表面,产生了架桥连接,生成粗大的絮团。

常用絮凝剂有聚丙烯酰胺衍生物、苯乙烯类衍生物及其无机高分子聚合物絮凝剂、天然有机高分子絮凝剂等。其中天然有机高分子絮凝剂主要有明胶、海藻酸钠、骨胶、壳聚糖等。

聚电解质对蛋白质的沉淀作用机理与絮凝作用类似,同时还兼有一些盐析和降低水化等作用,因此,在食品工业常利用聚电解质沉淀方法回收酶和蛋白质,其缺点是易使蛋白质结构发生改变。常用于回收食用蛋白的聚电解质有酸性多糖和羧甲基纤维素、海藻酸盐、果胶酸盐和卡拉胶等。

2.2.7　沉淀技术的组合应用

不管是盐析法、有机溶剂沉淀法、选择性变性沉淀法,还是等电点沉淀法,各种方法都有自身的局限性。在实际应用时,多种沉淀方法相结合是一个发展方向。如前文所述的结合等电点沉淀和有机溶剂沉淀的方法制备酪蛋白就是很好的例子。这方面的例子还有很多:

(1) 溶菌酶的分离纯化就综合使用了盐析沉淀、等电点沉淀等方法。

室温下鲜鸡蛋清搅拌 5 min 后,过滤去除脐带块,100 r/min 搅拌条件下,缓慢加入鸡蛋清体积 5% 的 NaCl 粉末,溶解混匀后,滴加 1 mol/L NaOH 调 pH 值到 10 左右,加入少量溶菌酶纯品作晶种,于 4℃ 冰箱中冷却结晶。必要时可把结晶粗品重新溶于 pH＝4～6 溶液中,重复上述步骤进行重结晶。

(2) 胸腺素的分离纯化就综合使用了盐析沉淀、等电点沉淀、有机溶剂沉淀和选择性变性沉淀等方法。

胸腺素是由 80℃ 热稳定的多种活性多肽组成的混合物,相对分子质量在 1 000～15 000 之间,pI 为 3.5～9.5。国内提取猪胸腺素的工艺(图 2.13)一般包括猪胸腺匀浆、酸性生理盐水提取、热变性沉淀去除杂蛋白、丙酮沉淀制备粗提物、硫酸铵分段盐析富集胸腺素、超滤纯化目标多肽、凝胶过滤除盐、冷冻干燥成粉。

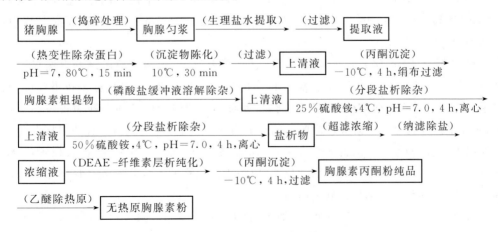

图 2.13　采用猪胸腺提取胸腺素的工艺流程图

（3）猪血 Cu·Zn‐SOD 的分离纯化就综合使用了有机溶剂沉淀和选择性热变性沉淀等方法。

超氧化歧化酶是一种含有 Cu、Mn 或 Fe 的热稳定性较高的金属酶，是一种重要的超氧阴离子自由基清除剂，临床上广泛用于防治自身免疫性疾病、抗肿瘤、抗衰老、抗辐射、治疗氧中毒和心脑血管疾病等。目前主要从猪血中提取 Cu‐SOD、Zn‐SOD（图 2.14），从肝脏中提取 Mn‐SOD，从大肠杆菌中提取 Fe‐SOD。猪血 Cu·Zn‐SOD 相对分子质量为 31 600，pH=7.6～9.0 时稳定，pH=6.0 以下和 pH=12.0 以上不稳定，具有较强的抗胃蛋白酶和胰蛋白酶水解的能力，但 80℃ 热稳定性不如 Cu·Zn‐SOD。

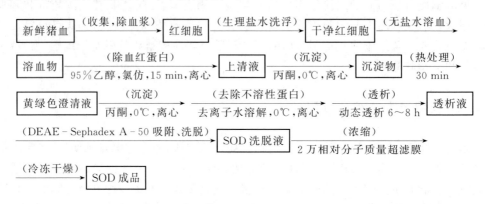

图 2.14　以猪血为原料提取 Cu‐SOD、Zn‐SOD 的工艺流程图

（4）絮凝技术在中药水提液精制中的应用

在混悬的中药水提液或浓缩液中加入少量絮凝剂，以吸附的方式除去溶液中的胶体颗粒，如蛋白质、果胶等，经过滤后达到精制和提高制剂成品质量的目的。絮凝法的基本原理：中药水提液中的杂质含有黏液质、蛋白质、淀粉、果胶、鞣质、色素、树胶、无机盐等复杂成分，这些物质一起共同形成 1～100 nm 的胶体分散体系。胶体分散体系具有大的表面能，为热力学不稳定体系。当加入絮凝剂后，可通过吸附架桥和电中和等作用沉降除去溶液中的粗粒子，以达到精制的目的。采用该法具有以下特点：原料消耗少，设备简单，可在原醇法工艺上改进，大大降低了成本；生产周期短；絮凝过程只需 3～6 h，一般生产周期在 2 d 左右，缩短了近一半的生产时间；产品质量好，可提高有效成分含量，保证制剂的疗效。液体制剂的稳定性好，不易产生沉淀；由于絮凝剂具有络合金属离子的特性，在中药絮凝精制过程中，可减少药液中的重金属离子，特别是铅离子的含量。

目前虽有大量的研究者对实现絮凝工艺非常感兴趣，正陆续使用这种方法进行新药的开发，有的工厂甚至已经把絮凝技术应用于生产，但是由于技术不规范，设备不标准，使得很多单位在应用过程中遇到很多问题。例如，絮凝剂的研究与生产尚不能满足新药开发的需求；研究单位在药品研发阶段选用的是尚未获得正式注册批准的辅料；有些单位在药物制剂的申报中，提供的絮凝剂的资料不完全，如未提供来源证明、质量标准、检验报告，未说明辅料选用的依据等，影响了相关制剂的技术审评；工艺过程的设计问题等。这些大大限制了这种技术的推广应用，特别是影响了新药的审批。

目前，有多种中药用絮凝剂问世，如上海伟康生物制品有限公司聚凝净、广州有利科技开发有限公司生产的 CT‐211 吸附澄清剂、天津大学博大科技公司生产的 BD 系列澄清剂、南开大学研制的 ZTC1＋1 天然澄清剂(采用食品添加剂人工合成聚合铝和聚丙烯酰胺复合)、上海沃逊生物工程有限公司生产的 101 果汁澄清剂。另外还有鞣酸、明胶、蛋清等作为絮凝剂得以应用。

101 果汁澄清剂为水溶性胶状物质,安全无毒,不引入杂质并可随沉淀后的不溶物杂质一起除去,通常配成 5％水溶液使用,提取液中的添加量一般是药液的 2％～20％。郭美雅等用它澄清黄芪、茯苓药液,通过对树脂酸、有机酸以及总酸等含量测定,结果表明,可完整地保留药液成分及口味。吕武清等将 101 果汁澄清剂用于玉屏风口服液的澄清,经与醇沉法比较了氨基酸、多糖、黄芪甲苷、总固体的量,前者能更好地保留有效成分,降低生产成本和周期。

ZTC1＋1 澄清剂是人工合成絮凝剂。絮凝机理是聚合铝加入后,在不同的可溶性大分子之间架桥连接使分子迅速增大,聚丙烯酰胺在聚合铝所形成的复合物的基础上再架桥,使絮状物尽快形成沉淀被除去。一般聚合铝的使用量是聚丙烯酰胺的两倍。卞益民等用于八珍口服液的制备,并与醇沉法比较,结果表明可较好地保留中草药的指标成分。

中药药液精制所用的絮凝剂必须安全无毒。壳聚糖由于良好的安全性和絮凝能力,在中药药液的精制工艺中的应用越来越广泛。壳聚糖是高分子的线性多糖,其学名为聚氨基葡萄糖,结构式如下图所示:

倪键等用壳聚糖澄清单味白芍提取液,能很好地保留其中芍药苷。用壳聚糖絮凝法制备而成的丹参口服液(张文清等)、黄芪口服液(储秋萍等)、平疣口服液(李汉保等)、抗感颗粒(周昕等)等在保留指标成分及制剂稳定性方面均取得良好的效果,其疗效优于醇沉。用此法制成的鼻炎糖浆,液体澄明、色泽棕红,具有清香,室温放置 14 d,基本无沉淀。华东理工大学与上海中医药大学合作考察 80 味不同成分、不同药用部位药材的澄清范围,对其中部分单味药材进行 TLC 鉴别及含量测定,并将絮凝液与水煎液、醇沉液作比较,结果表明壳聚糖絮凝剂用于大部分单味中药浸提液均能起到一定澄清作用,保留其中大部分有效成分,并能明显提高多糖和有机酸的转移率。同时对壳聚糖的吸附性能作了进一步研究,探讨了用絮凝沉淀法制备丹参口服液时,壳聚糖的用量、pH、搅拌工艺等条件与其絮凝效果的关系,壳聚糖的吸附容量随时间变化的关系及饱和容量等问题。探讨了壳聚糖用于中药水提液时对锌、锰、钙及重金属元素铅的影响。与水醇法相比,壳聚糖澄清工艺能明显提高锌、锰、钙等元素的转移率,同时对重金属元素铅有一定的去除作用。

苗青等用鞣酸和明胶精制小儿抗炎清热剂水提液,成品稳定性好,色泽棕红,澄明度好,室温存放 2 d,无明显沉淀出现,且临床使用观察疗效优于原汤剂。黄兰珍等用明胶-丹宁絮凝剂与负电荷杂质如树胶、果胶、纤维片等在酸性下凝结沉淀,可使药液澄清。史克莉等加入蛋清絮凝剂沉降药酒中的胶体微粒和大分子物质,可减少药酒中沉淀物的出现,从而提高药酒的澄明度。淀粉较多的药液直接采用壳聚糖为澄清剂时,药液澄清度不理想。

思 考 题

1. 名词解释:盐析法,有机溶剂沉淀法,选择性变性沉淀法,等电点沉淀法,盐溶,盐析,β盐析,K_s盐析,二次盐析,凝聚,凝聚值,絮凝,蛋白质的沉淀作用,蛋白质的等电点(pI),蛋白质的变性作用,蛋白质的水化作用。

2. 请你尝试用图示的方式比较蛋白质的盐析分布曲线和蛋白质溶解度曲线的异同点。

3. 为什么明矾能用于饮用水的净化,而水溶性壳聚糖可用于发酵液的预处理?请比较两者原理的异同点。

4. 为什么可以采用甲醇沉淀硫酸卡那霉素?试述其机理。

5. 当对动物蛋白质进行沉淀处理时,可能采用盐析、有机溶剂沉淀、等电点沉淀和选择性热变性沉淀等方法,请对其原理和适用性作个比较。

6. 经查文献,有若干蛋白质的盐析曲线如图2.15所示,目前某研究所拟从存在上述几种蛋白质的混合体系中分离各种蛋白质,请采用合理、经济的方式把几种蛋白质分离开来,并说明所设计方案的根据和目的。

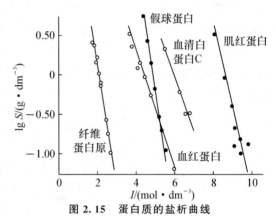

图 2.15 蛋白质的盐析曲线

7. 进行氢氧化物沉淀分离时,为什么不能完全根据氢氧化物的K_{sp}来选择和控制溶液的 pH 值?

8. 为什么难溶化合物的悬浊液可以控制溶液的 pH 值?试计算 MgO 悬浊液所能控制的溶液 pH 值[Mg(OH)$_2$ 的 $K_{sp} = 5 \times 10^{-12}$]。

9. 举例说明均相沉淀法的各种沉淀途径。

10. 举例说明无机共沉淀剂和有机共沉淀剂的作用机理。

参 考 文 献

［1］ 严希康.生化分离技术.上海:华东理工大学出版社,1996.

［2］ 刘国诠.生物工程下游技术.2 版.北京:化学工业出版社,2003.

［3］ 孙彦.生物分离工程.北京:化学工业出版社,2002.

［4］ 俞俊棠,唐孝宣.生物工艺学(上).上海:华东理工大学出版社,1994.

［5］ 顾觉奋.分离纯化工艺原理.北京:中国医药科技出版社,2000.

［6］ 欧阳平凯,胡永红.生物分离原理及技术.北京:化学工业出版社,2001.

［7］ Paul A. Belter, et al. BIOSEPARATIONS-Downstream Processing for Biotechnology. New York:John Wiley & Sons, 1988.

［8］ Antonio A.Garcia, et al. Bioseparation Process Science. Oxford:Blackwell Science, 1999.

［9］ 郭养浩.药物生物技术.北京:高等教育出版社,2005.

［10］ 齐香君,等.现代生物制药工艺学.北京:化学工业出版社,2004.

［11］ 俞俊棠,唐孝宣,邬行彦,等.新编生物工艺学(下).北京:化学工业出版社,2003.

［12］　陈光义,黄冬,卞益民,等.中药材,2003,26(6):437.

［13］　张文清,金鑫荣.华东理工大学学报,1996,22(1):108.

［14］　储秋萍.中成药,1998,20(12):2.

［15］　李汉保,谢虞升,任海祥,等.中草药,1998,29(2):95.

［16］　周昕,徐莲英.中成药,1992,21(4):167.

［17］　张彤,徐莲英,陶健生,等.中草药,2003,26(2):113.

［18］　张彤,徐莲英,蔡贞贞.中成药,2001,23(4):243.

第 3 章

萃 取 分 离 法

3.1 引言

萃取分离法是将样品中的目标化合物选择性地转移到另一相中或选择性地保留在原来的相中,从而使目标化合物与原来的复杂基体相互分离的方法。

溶剂萃取化学属于分离科学的范畴,但值得强调的是,其功能并不仅限于分离这一种作用,而是集分离(复杂物质)与富集(微、痕量成分)于一体,具双重功能的方法,因此占有重要地位。关键在于如何科学地研究它,巧妙地运用它,不断地发展它。分离操作分为机械分离和传质分离,机械分离是针对非均相物系,如沉淀过滤。传质分离分为输送分离和扩散分离两种。例如,电泳分离属于输送分离,传质推动力是电位梯度,被分离物依移动速度的差异实现分离;溶剂萃取属于扩散分离,它是依溶质在两相中分配平衡状态的差异实现分离,传质推动力为偏离平衡态的浓度差。构成溶剂萃取两相的两溶剂的互溶度要低,否则在相比太高太低时,无法分相实现选择性分离的作用。

溶剂萃取化学主要研究溶剂萃取分离法的基本原理、萃取过程的化学反应及其规律性、萃取剂的萃取性能及其与萃取剂结构的关系、萃取方式、操作方法等。

萃取现象广泛存在,如用亚砜从石油馏分中提取芳烃,用四氯化碳从水中提取碘。使用萃取剂的溶剂萃取常用于无机物的提取和分离,如分离铌与钽、锆与铪。溶剂萃取法与沉淀法比较,具有设备简单、溶剂耗量少、分离效果好的优点。优秀萃取剂的问世,对推动溶剂萃取的工业规模的应用作用很大。例如,酮肟类萃取剂,由于它是一类萃取铜的高效试剂,使溶剂萃取在铜的湿法冶金中获得了广泛应用,世界各地已先后建成许多大型铜萃取冶金工厂。这些都说明了萃取方法的重要性。随着各学科的发展,一些新的萃取方法如双水相萃取法、反胶团萃取法、超临界流体萃取法,新型分离技术如微波协助萃取(microwave radiation assisted extraction,MWRAE)、超声协助萃取(supersonic wave assisted extraction,SWAE)、加速溶剂萃取(accelerated solvent extraction,ASE)或加压流体萃取(pressurized fluid extraction,PFE)涌现,使得萃取方法可分离对象更广:从无机物到有机物、生物活性物,萃取选择性更高,提取效率更高、更快。

按萃取的目的,萃取方法可大致分为两类:一类称"完全萃取",它是要将一个样品中的某个物质全部萃取出,这种萃取常称为提取,如用大量的溶解度高的二甲基甲酰胺从橘皮中提取出橙皮苷而使溶解性极差的细胞壁物质残留。提取常指在固态样品中将某固体物质或某液体物质全部萃取出,然后供下一步的分析测定用或者是作为粗分离物质原料,供下一步的提纯,制作标准品用。例如,测定食物中某营养物质的含量;从中药材中提取有效成分;木脂素在植物体内常与大量树脂状物共存,宜先用乙醇亲水溶剂提取得浸膏再以氯仿萃取分离木脂素。有时,这种对液体样品的粗分离操作也称为提取。例如,从渣油脱沥青;有机合成反应产物从溶剂中的分离,供后继的制备型高效液相色谱再分离除去性质很相似的副产物,得目标产物,计算产率。另一类称为选择性萃取,它是用于比较困难的分离过程。如金属离子混合物的分离;化学标准品如光谱纯试剂的纯化制备。对于分析化学而言,如果使用的检测方法选择性欠佳,被分析物在被提取后还需采用液液萃取方法或其他的如色谱法进一步纯化。萃取剂的选择、萃取操作方法(如多次逆流萃取)的选择,对提高萃取的选择性有重要意义。

3.2　分子间的相互作用与溶剂特性

萃取分离过程中,样品是以溶液状态被转移的,其溶解过程与分子之间的作用力有直接关系。分子间作用力的大小与分子的极性有关,一般顺序为:非极性物质<极性物质<氢键物质<离子型物质。当外界给予的能量足以破坏这种分子间的作用力,使物质以单个质点存在时,那么这种物质则可溶解。当物质溶解时,溶质结构与溶剂结构相似,溶质-溶质间的作用力与溶剂-溶剂间的作用力相似时溶解则容易进行,此为"相似相溶"原理。

3.2.1　分子间的相互作用

分子间的相互作用是联系物质结构与性质的桥梁。在分离中所涉及的分子间相互作用的范围很广泛,包括带相反电荷的离子间的静电相互作用、离子与偶极分子间的相互作用、范德瓦尔斯力、氢键和电荷转移相互作用等。

分子间的相互作用是介于物理相互作用和化学相互作用之间的一种作用力。物理相互作用比较弱,作用能通常在 $0 \sim 15$ kJ/mol,没有方向性和饱和性;化学相互作用(主要指共价键)比较强,作用能通常在 $200 \sim 400$ kJ/mol,具有方向性和饱和性。而分子间的相互作用通常在数十千焦每摩尔,如氢键强度为 $8 \sim 40$ kJ/mol,电荷转移相互作用能为 $5 \sim 40$ kJ/mol。

离子-偶极力为离子对附近的极性分子产生的力,电解质与极性溶剂的作用,溶剂极性越大,它们之间的作用力越强。

离子-诱导偶极力为离子对吸引它附近的非极性分子,并使非极性分子产生诱导偶极。

范德瓦尔斯力为普遍存在于原子与分子间的一种分子间力,包括色散力、诱导力和定向力。色散力是存在于非极性分子间的作用力,是由于电子的不断运动和原子核的不断振动而产生的瞬间偶极之间的分子间作用力。色散力的大小主要决定于分子的变形性。分子的半径越大,最外层的电子离原子核越远,核对其吸引力越弱,分子的变形性就越大。同时分子的相对分子质量越大,分子所含的电子就越多,变形性越大,色散力越强。诱导力是极性分子与非极性分子间的作用力,是由于非极性分子受极性分子电场的影响而产生诱导偶极,这种诱导偶极与极性分子固有偶极之间所产生的作用力叫作诱导力。诱导力的大小随极性分子的极性增大而增加,与被诱导的分子的变形性成正比。定向力为极性分子间的作用力,是由于极性分子固有偶极之间的取向而引起的分子间作用力。定向力取决于分子极性的大小,分子极性越大,定向力越大。

氢键是偶极-偶极作用力之一,由含氢原子和含有强负电性原子如 F、O、N 的分子间相互作用而形成。能形成分子间氢键缔合的化合物,也多能与极性溶剂形成异分子间氢键,而增大在极性溶剂中的溶解度。形成分子内氢键时,不易与极性溶剂形成异分子间氢键,从而较易溶于非极性溶剂中。

电荷转移相互作用为电性差别比较大的两个分子间,多电子的分子向缺电子的分子转移电子(或迁移负电荷)而产生的电荷迁移力。这两种力结合而成的分子配合物叫作电荷迁移配合物。电荷迁移配合物在液-液萃取中可作为萃取剂选择性萃取某些溶质。

3.2.2　物质的溶解与溶剂极性

多数样品的溶解是在溶液状态下进行分离的。在使用溶剂的分离方法中,溶剂不仅提供分离所需的介质,而且往往参与分离过程。物质的溶解过程可看作溶质与溶剂间的特殊反应,也就是两者间的相互作用,即分子间力,如果溶质间作用力大于溶质与其溶剂间的作用力,则溶解度就低,反之则溶解度就高。

溶质在一般溶剂中的溶解遵从"相似相溶"的规律。它是从溶质分子与溶剂分子化学结构的类似程度和极性接近程度做出判断,包括分子组成、官能团、形态结构的相似,即溶质易溶于与之结构和极性相近的溶剂中。

溶解过程中溶质与溶剂的相似程度越大,则越易溶解,这一过程实质是分子之间相互作用的变化。溶质-溶剂间的作用力与溶质-溶质间的作用力大小相似或前者略大,则溶质能溶解在溶剂中。

液-液萃取的关键是萃取溶剂的选择,选择的主要依据是"相似相溶"的原则,也就是选择与溶质极性相似的萃取溶剂。溶剂的极性可以用偶极距、介电常数、溶解度参数和罗氏极性参数来表达。

3.3　溶剂萃取

溶剂萃取是利用不同物质在互不相溶的两相(水相和有机相)间的分配系数的差异,使目标物质与基体物质相互分离的方法。因为两相都是液体,所以溶剂萃取也称为液-液萃取。溶剂萃取既可用于有机物的分离,也可用于无机物的分离。本节所讨论的溶剂萃取体系仅限于由水和与水互不相溶的有机溶剂所组成的体系,重点讨论不同萃取模式对无机物(金属离子)的萃取。

3.3.1　萃取剂、萃取溶剂和反萃取的定义

1) 萃取剂和萃取溶剂

溶剂萃取按萃取原理的不同,可分为两类:一类为物理萃取,如酸性条件下,青霉素在醋酸戊酯中被萃取;碱性条件下,红霉素在醋酸戊酯中被萃取。水/丁二酸-2-乙基己基酯磺酸钠(AOT)/乙基辛烷体系,在 pH=9 时分离核糖核酸酶、细胞色素 c、溶菌酶混合物水溶液,细胞色素 c、溶菌酶被提取到反相胶团,而与核糖核酸酶水相分离,然后用含 KCl 浓度为

0.5 mol/L 的盐将离子强度增加了的纯水溶液,可萃取出细胞色素 c,从而三种物质得到分离。这些萃取是基于被萃取物在水相与有机相(或反相胶团)中溶解度不同来实现的(如青霉素在醋酸戊酯中的溶解度比在水中的大 45 倍),可认为不涉及化学反应过程。另一类为化学萃取,如青霉素钠盐可以用四丁胺的氯仿溶液以离子合物形式被萃取到有机相;柠檬酸在弱的酸性条件下可与磷酸三丁酯形成中性络合物而被萃取进入有机相。

因此,溶剂萃取的有机相涉及两个概念:萃取剂、萃取溶剂。

萃取剂是指与被萃物有化学反应,而能使被萃物被萃入有机相的试剂。而用于稀释萃取剂的有机相溶剂被称为萃取溶剂(准确称为稀释剂)。因为如果萃取剂为固体或黏稠的液体,萃取溶剂是构成有机相的必不可少的部分。只有少数萃取剂,如磷酸三丁酯、甲基异丁基酮等可不使用稀释剂,直接用作有机相萃取。

在分析化学中选择萃取剂的原则是:

(1) 对被萃取物有高的分配比,以保证尽可能完全地萃取出被萃取物;

(2) 萃取剂对被萃取物的选择性要好,即对需分离的共存物具足够大的分离因子;

(3) 萃取剂对后面的分析测定没有影响,否则需要反萃除去;

(4) 毒性小,容易制备。

对于上述第 3 条要求,在萃取光度法中可不予考虑。即如果被萃取物在萃取步骤与萃取剂生成的化合物有色,可以不用反萃步骤,而将溶剂萃取步骤直接与分光光度测定结合在一个步骤中完成,在有机相中直接进行光度测定。这种分光光度法不仅简化了很多操作步骤,且大大提高了分析的灵敏度。

2) 反萃

所谓反萃,是指在溶剂萃取中常不可缺少的一后处理步骤。这是由于为了分离使用了萃取剂,萃取剂的共存可能是不需要的。反萃即是使用在萃取步骤时,被萃取物最不易被萃取的这种条件,将被萃取物萃取回纯的水相,而与萃取剂分离。

在溶剂萃取中,要求萃取溶剂易溶解萃取剂,萃取溶剂的选择可按照相似相溶的原则。亦要求萃取溶剂密度远小于水、黏度低、表面张力大,以易于分相;挥发性小、闪点高,以易于使用、保证安全。并要求萃取溶剂毒性要小,保证操作者健康。

3) 常用萃取剂和萃取溶剂

(1) 常用萃取溶剂

常用萃取溶剂物理常数见表 3.1。

表 3.1 常用萃取溶剂物理常数

名　称	密度/(g·mL^{-1})	沸点/℃	介电常数	在水中溶解度/(10^{-2} g·g^{-1})
庚　烷	15℃	0.687 9	98.4	1.924	0.005(15℃)
环己烷		0.783 1	80.7	2.0	0.01(20℃)
硝基苯		1.208 4	210.8	34.82	0.206(30℃)
丁　醇		0.813 4	117.7	17.1	7.8(20℃)
乙　醚		0.719 3	34.5	4.335	7.24(20℃)
环己酮		0.951 0	155.65	18.3	2.3(20℃)

名　　称	密度/(g·mL⁻¹)	沸点/℃	介电常数	在水中溶解度/(10⁻² g·g⁻¹)
己　烷		0.659 4	69.0	1.9	0.013 8(20℃)
十二烷		0.749 3	216.3	—	—
邻二甲苯		0.874 5	144	2.6	—
对二甲苯	20℃	0.861 1	138.5	2.3	—
氯　仿		1.489 2	61.3	4.860 6	0.822(20℃)
四氯化碳		1.595	76.8	2.238	0.077(20℃)
氯　苯		1.106 3	131.7	5.621	0.048 8(30℃)
戊　醇		0.814 4	138.1	13.9	2.19(25℃)
己　醇		0.822 4	157.5	13.3	0.706(20℃)
辛　醇		0.825 6	194.5	10.34	0.053 8(25℃)
2-辛醇		0.819 3	178.5	8.2	—
2-乙基己醇	20℃	0.834 0	183.5	—	0.1(20℃)
异丙醚		0.728 1	68.27	3.88	0.48
甲基异丁基酮		0.800 6	115.8	13.1	2.0(20℃)
乙酸乙酯		0.900 6	77.11	6.02	8.08(25℃)
环己醇		0.968 4	161.1	15.0	3.75
辛　烷		0.698 5	125.7	1.948	0.014 2
苯		0.873 7	80.1	2.3	—
甲　苯		0.862 3	110.8	2.4	—
间二甲苯	25℃	0.859 9	138.8	2.4	—
二乙醚				4.34	
戊　醇				20.1	
甲　酸				59	
水				78.54	
磷酸三丁酯	27℃	0.972 7	289	8.0	0.4
煤　油		0.8		2.0～2.2	0.007(23℃)

　　表 3.1 的溶剂按极性大小,可被分类如表 3.2 所示。

表 3.2　溶剂特性(溶剂极性分类)

特　　征		举　　例
质子给予体基团	电子给予体基团	
＋	－	氯乙烷、氯仿等
－	＋	酮、醛、醚、醇、酯、叔胺、烯烃
＋	＋	水、醇、羧酸、酯、伯胺和仲胺
－	－	饱和碳氢化合物、CS_2、CCl_4

(2) 常用萃取剂

在萃取剂方面,按萃取剂反应类型的不同,萃取剂可分如下几类:

中性萃取剂　如醇、醚、酮、羧酸酯、磷(膦)酸酯、酰胺、硫醚、亚砜和冠醚等。

酸性萃取剂　如羧酸、磺酸、磷酸等。

碱性萃取剂　如伯胺、仲胺、叔胺等。

螯合萃取剂　这是一类分子中同时含有两个或两个以上配位原子,可与被萃取物中心离子形成螯环的有机化合物。

上述化合物或因含有能与金属离子形成共价键的给电子基团,如＝O、—O—、＝N、—NH$_2$、＝NOH、＝S、—S—等;或含有与金属离子形成电价键的带电荷基团—OH、—COOH、—SO$_3$H、＝NOH、＝NH、—NH$_2$、—SH—、—AsO$_3$H$_2$、—PO$_3$H$_2$ 等,能与被萃取物形成络合物(包括螯合物)而萃入有机相,或因能与被萃取物形成离子缔合物而萃入有机相。

在中性萃取剂中,酮、酯中的碳氧键是由 σ 键和 π 键组成的,由于电子云流动性大和氧的强电负性,酮(在酯 R—CO—OR 中由于—OR 的吸电子效应,其羰基的电荷密度相对小一些)的给电子能力强于醚、醇。对于酰胺,分子中氮原子孤电子对与＝C＝O 中的 π 电子形成了 p-π 共轭,加之氧的电负性很大,从而使氮原子的电荷密度降低(酰胺是中性化合物),而羰基氧原子的电荷密度升高。中性萃取剂的萃取能力按以下顺序:硫醚、醚、醇、酮、羧酸、酯、酰胺、磷(膦)酸酯、亚砜、膦氧化物、R$_3$As ＝O、R$_3$N ＝O 增大。冠醚由于含多个醚氧键以及其孔穴结构,可选择性地萃取碱金属离子。中性萃取剂是强疏水性的,引入被萃取物,使所生成物易被萃取进入有机相。

酸性萃取剂,如羧酸、磷(膦)酸,由于与金属离子络合时,中和金属离子所带电荷增大疏水性,而使其萃入有机相。

螯合萃取剂有 8-羟基喹啉、铜铁试剂等。螯合试剂配体常能满足金属离子的高配位数,从而使之去水合,易溶于有机相。

离子缔合物是由于大的阴离子和阳离子间比较小的阴离子和阳离子间更易于结合,不易水化而溶于有机相。胺类化合物在酸性条件下可形成阳离子,而易与有机酸根、金属阴离子形成缔合物,萃取有机酸、金属离子。季胺较叔胺、仲胺、伯胺萃取能力强。

(3) 萃取溶剂和萃取剂的关系

极性溶剂对能形成聚合物的萃取剂的萃取能力的影响是较显著的,因为溶剂的极性、形成氢键力可使萃取剂解聚,有效浓度增大;溶剂的极性大,可与萃取剂结合,使萃取剂有效浓度减小,萃取能力下降。惰性溶剂只起稀释的作用,对萃取剂没有协同作用。萃取溶剂和萃取剂没有十分严格的区分,相似相溶原则的"相似"包括两方面:一是分子结构相似;二是指分子间相互作用力相似,有一定的相互作用。

在表3.3中列出了用作发酵产物羧酸的一些萃取剂特性。

表3.3 用作发酵产物羧酸的萃取剂特性

溶 剂	分配系数 K_d	分离系数 β	溶 剂	分配系数 K_d	分离系数 β
乙醇	0.3~40	10~40	氯代烷	0.015~0.1	50~150
醚	0.01~1.8		芳香族化合物	0.03~0.05	40~120
酮	0.04~3.0	10~40	烷烃	0.000 5~0.10	最大到300
胺	0.1~4.0	5			

3.3.2 萃取分离的基本参数

(1) 分配系数和分配比

被萃取物在水相与有机相之间的转移是一可逆过程,进行到一定程度便达到平衡状态。在一定温度下,其在两相间的浓度之比为常数,称为被萃取物 A 的分配系数 K_d,如下式:

$$K_d = [A]_o / [A]_w$$

式中,$[A]_o$、$[A]_w$ 分别是被萃取物 A 在有机相与水相中的平衡浓度。

一些物质的分配系数见表3.4。

表3.4 物质的分配系数

溶 质	溶剂-水	K_d	温度/℃
I_2	CCl_4	85	25
甘氨酸	正丁醇	0.01	25
赖氨酸	正丁醇	0.2	25
天青霉素	正丁醇	110	25
红霉素	正丁醇	120	25
短杆菌肽	苯	0.6	25
过氧化氢酶	PEG/粗葡萄糖	3	4

但是分配系数 K_d 只有在一定温度下,溶液中溶质的浓度很低,以及溶质在两相中的存在形式相同时才是个常数值。比如,稀溶液中的弱酸,当 pH 远低于 pK_a 时,其分配系数在大范围内为常数。在强碱性时此分配系数值要变化。极性化合物在惰性溶剂中由于氢键作用会自聚,在其高浓度时自聚物的分配系数不同于其低浓度时呈单分子时的分配系数,不能用一个常数值来计算表征该极性化合物在两相的分配是属于较疏水的还是较亲水的。

总之,有许多因素要影响同一物质的分配系数值,只在有限的情况下为常数。另一方面,分析工作者主要关心的是萃取达到平衡后存在于两相中的溶质的总量,因此引入一个表示萃取物 A 在有机相中各种型体的总浓度与水相中各种型体的总浓度的比值,即分配比"D"。

$$D = ([A_1]_o + [A_2]_o + \cdots + [A_i]_o)/([A_1]_w + [A_2]_w + \cdots + [A_j]_w)$$

例如,醋酸在苯和水中的分配过程可表示为

$$HAc_{(w)} \rightleftharpoons HAc_{(o)} \qquad K_d = \frac{[HAc]_o}{[HAc]_w} \qquad (3-1)$$

醋酸在水溶液中存在着电离过程:

$$HAc_{(w)} \rightleftharpoons H^+ + Ac^- \qquad K_a = \frac{[H^+][Ac^-]}{[HAc]_w} \qquad (3-2)$$

而醋酸在苯中又部分地聚合成二聚体:

$$2HAc_{(o)} \rightleftharpoons (HAc)_{2(o)} \qquad K_p = \frac{[(HAc)_2]_o}{[HAc]_o^2} \qquad (3-3)$$

故在两相间的分配比 D:

$$D = \frac{[HAc]_o + 2[(HAc)_2]_o}{[HAc]_w + [Ac^-]} \qquad (3-4)$$

将式(3-1)、式(3-2)、式(3-3)代入式(3-4),则得:

$$D = \frac{K_d + 2K_pK_d[HAc]_o}{1 + K_a[H^+]} \qquad (3-5)$$

由上述可见,醋酸的分配比只在酸度、醋酸浓度确定时才为常数,酸度、醋酸浓度要影响其大小。酸度、醋酸浓度确定时,分别测定有机相、水相中被萃取物的各种形态的总浓度,可实验测得分配比。

分配比的另一作用是由于萃取物 A 是以几种形式分配在两相的,只有分配比能反映它被萃入有机相的量的多少。

(2)萃取率

当某一物质 A 的水溶液,用有机溶剂萃取时,则萃取率 E 应该等于:

$$E(\%) = \frac{有机相中被萃取物的量}{两相中被萃取物的量} \times 100\%$$

萃取率反映了物质被萃取的完全程度。

设 $R = V_o/V_w$,R 为有机相体积和水相体积之比(称相比),由定义得:

$$E(\%) = \frac{D}{D + R^{-1}} \times 100\% \qquad (3-6)$$

从上式可以看出,萃取率由分配比 D 和体积比 R 决定。D 越大,R 越大,则萃取率越高。在分析工作中,一般常用等体积的溶剂来进行萃取即 $V_o = V_w$,此时萃取率:

$$E(\%) = \frac{D}{D + 1} \times 100\% \qquad (3-7)$$

当分配比 D 不断增大时,萃取率 E 也不断增大,萃取就进行完全。当 $D=1\,000$ 时,$E=99.9\%$,可以认为一次萃取完全;当 $D=10$ 时,$E=90\%$,一次萃取不能认为定量完全。

从式(3-6)可看出,要提高萃取率也可以改变 R,增加有机溶剂的用量。但当有机溶剂体积增大时,所得有机溶剂层溶质的浓度降低,给进一步在溶剂层中测定溶质增加了困难。

如果分配比 D 较小或需用较少量的有机溶剂萃取,可改用连续萃取多次的方法。

在分配比为 D 的萃取体系中,在原来水溶液中溶质 A 的总量为 m_0,溶液体积为 V_w。用 V_o 有机溶剂萃取之,达到平衡后水溶液中及溶剂层中 A 的总量分别等于 m_1 及 m_1'。在萃取一次时:

$$D=\frac{[A]_o}{[A]_w}=\frac{(m_0-m_1)/V_o}{m_1/V_w}$$

$$m_1=m_0\left(\frac{V_w}{DV_o+V_w}\right)$$

萃取二次后,可按同样方法计算得到:

$$m_2=m_1\left(\frac{V_w}{DV_o+V_w}\right)=m_0\left(\frac{V_w}{DV_o+V_w}\right)^2$$

连续萃取 n 次后

$$m_n=m_0\left(\frac{V_w}{DV_o+V_w}\right)^n$$

例如,已知 $D=10$,当 $V_w=V_o$ 时连续萃取三次,$m_3=m_0\left(\frac{1}{1\,331}\right)$,即用有机溶剂的总体积为 $3V_w$ 时,萃取已定量完成。假如不用连续萃取的办法,而是用增加有机溶剂的用量的办法,使 $V_o=10V_w$,则 $m_1=m_0\left(\frac{1}{101}\right)$,虽然消耗的有机溶剂比前一种办法多得多,但效果却不及前者。

(3)分离系数

在分析化学中,为了达到分离的目的,不仅要求被萃取物质的分配比大,萃取率高,而且还要求溶液中共存组分间的分离效果好。分离系数是衡量萃取分离两种物质难易程度的参数。

$$\beta=D_a/D_b$$

β 值如果为 1,表明:

$$[a]_o/[a]_w=[b]_o/[b]_w,即[a]_o/[b]_o=[a]_w/[b]_w$$

这意味着在达到平衡时 a、b 两物质在有机相浓度之比和水相浓度之比相等,故没有分离效果。

上述参数的关系表明:若为了将一组分萃取完全,就用萃取率 E 衡量;若是为了将两组分分开,则用分离系数 β 衡量;若既要使两组分分开,又使分离完全,则两者都要用。

连续萃取可得高的萃取率(如 Soxhlex 萃取器是一种用于可挥发溶剂萃取固体试样的连续萃取器),逆流萃取可得高的萃取选择性。

3.3.3　几类重要的萃取体系

在水相中不离解的、非极性的共价化合物分子,如 $HgCl_2$、$HgBr_2$、HgI_2、$GeCl_4$、$AsCl_3$、$AsBr_3$、AsI_3、SbI_3 等可以用有机溶剂直接萃取,I_2 和 Br_2 的萃取也属于这一类。它们的萃取过程遵循相似相溶原则,它们与溶剂间的作用是由扩散力引起的。

在水溶液中,在水分子偶极矩的作用下电离成离子、并与水分子结合形成水合离子的物质,必须首先使欲萃取的亲水性组分转变为疏水性的易溶于有机溶剂的分子,然后才能从水相中转入有机溶剂相中,而被有机溶剂所萃取。

根据所形成的被萃取物质的不同,可把萃取体系分成以下几类:螯合物萃取体系、离子缔合物萃取体系、三元络合物萃取体系、共萃取体系、酸性磷类萃取体系等。以下主要讨论常用的前三种萃取体系。

1) 形成螯合物的萃取体系

乙酰基丙酮、噻吩甲酰三氟丙酮(TTA)、二乙基胺二硫代甲酸钠(又称二乙基胺磺酸钠,DDTC)、丁二酮肟等是常用的形成螯合物的萃取剂,一般是有机弱酸,可用 HR 表示之。在这类萃取体系中,被萃取的金属离子与萃取剂形成具有四元环、五元环或六元环的稳定的螯合物。这时亲水性基团与金属离子螯合后位于螯合物的内部,其外围则是疏水性的基团,因而螯合物难溶于水,而易溶于有机溶剂中。这些螯合物在有机溶剂中的溶解度的绝对值并不大,但分配系数一般是较大的,因此适宜于分离少量元素,即从稀溶液中萃取分离某些元素效果较好,在分析化学中的实用价值较大。

(1) 萃取平衡

萃取体系的整个萃取平衡,可用萃取方程式简单表示如下:

$$Me^{n+} + nHR_{水} \Longrightarrow MeR_{n有} + nH^+$$

但是仔细分析一下这个萃取平衡,可看出它至少包括四个平衡过程在内,这些平衡过程是:(a)萃取剂在水相中的电离平衡;(b)萃取剂在水相和溶剂相中的分配平衡;(c)被萃取离子和萃取剂的螯合平衡;(d)生成的螯合物在水相和溶剂相中的分配平衡。这些平衡可以表示如下:

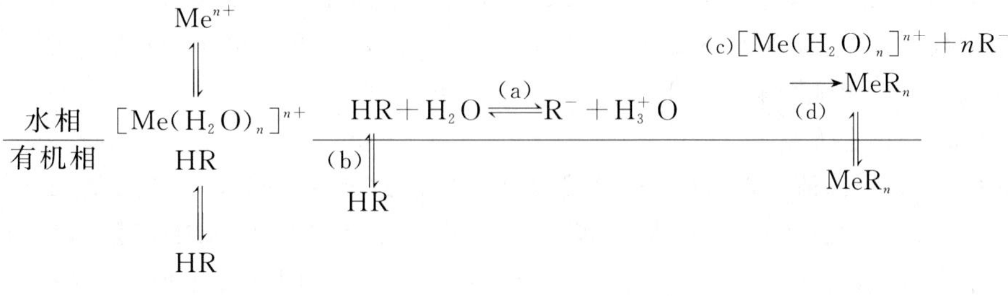

每一种平衡,分别适用各自的平衡常数。又假定溶液中的浓度不高,可用浓度而不必用活度。

萃取剂的电离平衡:

$$K_i = \frac{[H^+][R^-]}{[HR]_{\text{水}}}$$

萃取剂的分配平衡：

$$K_{DR} = [HR]_{\text{有}} / [HR]_{\text{水}}$$

被萃取离子与萃取剂的络合平衡：

$$K_f = \frac{[MeR_n]_{\text{水}}}{[Me^{n+}][R^-]^n}$$

内络盐在水相和溶剂相中的分配平衡：

$$K_{DX} = [MeR_n]_{\text{有}} / [MeR_n]_{\text{水}}$$

在萃取过程达到平衡后，整个萃取过程的分配比 D 等于

$$D = \frac{\text{有机溶剂中 } Me^{n+} \text{ 的总浓度}}{\text{水溶液中 } Me^{n+} \text{ 的总浓度}}$$

$$= \frac{[MeR_n]_{\text{有}}}{[Me^{n+}] + [MeR_n]_{\text{水}}}$$

$$= \frac{K_{DX} \cdot K_f \cdot [R^-]^n}{1 + [R^-]^n \cdot K_f}$$

代入 $\qquad [R^-] = K_i \cdot \dfrac{[HR]_{\text{水}}}{[H^+]}$，$K_f K_i^n$ 可忽略，得

$$D = \frac{K_{DX} \cdot K_f \cdot K_i^n}{K_{DR}^n} \left(\frac{[HR]_{\text{有}}}{[H^+]} \right)^n \qquad\qquad (3-19)$$

从上式可见，分配比与萃取组分的浓度无关，因而溶剂萃取既适用于痕量组分的分离，也适用于常量组分的分离。

从上式还可以看出，对于同一种被萃取离子，同一种溶剂和萃取剂，K_{DX}，K_f 和 K_i 及 K_{DR} 都是一定值，于是式(3-19)可以简化为

$$D = K^{*\prime}[H^+]^{-n} \qquad\qquad (3-20)$$

这个萃取平衡的讨论，从式(3-19)可以清楚地看出来，在形成螯合物的萃取过程中，分配比 D 是由许多因素决定的，这些因素包括萃取剂的电离常数 K_i 和分配系数 K_{DR}，被萃取螯合物的稳定常数 K_f 和分配系数 K_{DX}，以及水溶液中的 H^+ 浓度和有机相中萃取剂的浓度。这就是说萃取条件严重地影响着萃取平衡。

(2) 萃取剂的选择

从式(3-19)可以清楚地看出来，形成的螯合物越稳定，K_f 越大；它越易溶于有机溶剂中，即 K_{DX} 越大，这时分配比 D 越大，被萃取分数越高；所用的萃取剂酸性越强，K_i 越大；它越易溶于水中，即 K_{DR} 越小，分配比 D 越大，对萃取越有利。因此在选择萃取剂时，应选用酸性较强的，较易电离和较易溶于水的；而被萃取的离子螯合物，则应是稳定性较好，容易溶于有机溶剂。但是一般讲来，酸性较弱的萃取剂所形成的螯合物稳定性较好，因此对这两个因素必须结合起来加以考虑。如果某种萃取剂，它的电离常数 K_i 的增加，比相应的稳定常

数 K_f 的减小更显著些,则由于 K_i 的增加,K_i^n 与 K_f 的乘积还是增加了,这时选用这种萃取剂还是有利于萃取平衡的。

在分析化学中,为了达到分离目的,不仅要求萃取完全,而且要求共存组分间有较好的分离效果。这就是说,在选择萃取剂时,还应使各被分离组分的分配比有较大的差距(即分离因数 β 为一较大值),从而使各组分可以分离。

另外,对于某种一定的萃取剂和一定的螯合物来说,增加有机溶剂相中萃取剂的浓度和降低水相中的 H^+ 浓度,都将使分配比 D 值增加,这两者对于分配比的影响程度,和 pH 值增加一个单位时的影响相同。因此适当增加萃取剂的浓度,可使分配比 D 值增加,被萃取百分数提高,使萃取可在酸度较高的溶液中进行。这对于萃取那些易于水解的金属离子尤其有利。但实际上,萃取剂在有机相中的溶解度往往不很大;而且有机相中存在过多的萃取剂,可能对以后的测定发生干扰。因此萃取剂过量太多,是不适宜的,而且也是受到限制的。

(3) 酸度的选择

从式(3-19)、式(3-20)可知,水溶液中 H^+ 浓度对于金属离子的萃取有很大的影响。式(3-20)更清楚地表明,当用同一种溶剂和同一种萃取剂萃取某一种金属离子时,如果萃取剂的浓度保持恒定,则分配比 D 直接和 $[H^+]$ 成反比。这表示溶液的 pH 值每增加一个单位时,一价离子的分配比增加 10 倍、二价离子的分配比增加 100 倍、3 价离子的分配比增加 1 000 倍,这就为高价离子的萃取提供较为有利的条件。

萃取率和分配比直接有关,如式(3-7)所示。如果从式(3-7)解出 D,并和式(3-20)合并,则得

$$D = \frac{E}{100-E} = K^{*\prime}[H^+]^{-n}$$

将上式取对数:

$$\lg D = \lg E - \lg(100-E) = \lg K^{*\prime} + n\,\mathrm{pH} \qquad (3-21)$$

从上式可以看出萃取率和溶液 pH 值间的关系。如果以萃取率 E 为纵坐标,pH 值为横坐标,可得萃取曲线。

图 3.1 是各种价数阳离子,用双硫腙为萃取剂,氯仿为溶剂时所得的萃取曲线。从图中可看出三价阳离子的萃取曲线斜率最大、二价的次之、一价的最小。因此为了达到分离的目的,对于不同价数的阳离子,pH 值的选择和控制的要求也是不相同的。

一般用 $E = 50\%$ 的 pH 值来表征萃取曲线,这时的 pH 值用 $\mathrm{pH}^{1/2}$ 表示。由式(3-21)可知 $\lg K^{*\prime} = -n\,\mathrm{pH}^{1/2}$,各种

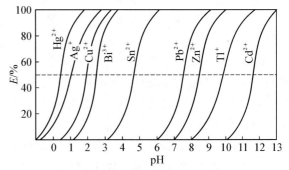

图 3.1　各种双硫腙螯合物的萃取曲线

不同离子由于 $K^{*\prime}$ 的不同,$\mathrm{pH}^{1/2}$ 值也就不同,如图 3.1 所示。

如果第一种离子的萃取率 $\geqslant 99\%$(即 $E_A \geqslant 99\%$),第二种离子的萃取率 $\leqslant 1\%$(即 $E_B \leqslant 1\%$),分离算是完全,那么就可以根据这两种离子的 $\mathrm{pH}^{1/2}$ 值及式(3-21),计算出分离完全

时 pH 范围。

(4) 络合掩蔽剂的应用

在萃取分离中,如果某些金属螯合物的 $pH^{1/2}$ 值相差不多,它们的萃取曲线比较接近,如图 3−3 中的 Hg^{2+}、Ag^+、Cu^{2+}、Bi^{3+} 等离子,单独用调节和控制溶液酸度的办法,不能达到分离目的,则可以结合采用络合掩蔽的办法。例如在 Hg^{2+}、Ag^+、Cu^{2+}、Bi^{3+} 的混合溶液中,加入 KCN,由于除了 Bi^{3+} 以外,其余的三种阳离子都可以和 CN^- 形成稳定的络合物,从而使它们的萃取平衡发生改变,分配比大为降低,萃取曲线的 $pH^{1/2}$ 值就大为升高,以致比 Bi^{3+} 的 $pH^{1/2}$ 值高出很多。于是就可以在这些离子存在时直接萃取 Bi^{3+}。如果在上述混合溶液中改为加入 EDTA,由于 EDTA 与各种阳离子都能形成很稳定的络离子,只有 Ag^+ 是例外,于是除 Ag^+ 以外,其余各种阳离子萃取曲线的 $pH^{1/2}$ 值就显著地增大,从而就可以在混合溶液中直接萃取分离 Ag^+。此外,柠檬酸、酒石酸等也是常用的络合掩蔽剂。但如果所采用的络合剂和待分离的离子都能形成络离子,而它们的稳定性又相差不多时,往往就达不到分离的目的。

由于在萃取过程中溶液里存在着多种平衡,因此影响萃取效率或分配比的因素是比较复杂的。在上面的讨论中已采取了不少简化措施,例如金属离子的水化和水解反应,金属离子和其他阴离子(如卤素离子、NO_3^- 等)的络合反应都未加考虑;金属离子和萃取剂之间螯合反应假定是一步完成的,忽略了中间产物的存在,又忽略了螯合物在水溶液中的溶解度;而在有机相中又假定仅存在着螯合物 MeR_n 等,这和实际情况是略有出入的,但影响不大。

2) 形成离子缔合物的萃取体系

带有不同电荷的离子,由于静电引力,互相缔合形成不带电荷的、易溶于有机溶剂分子。属于这一类的又可分成两种情况:

(1) 被萃取的阴离子或阳离子,与大体积的有机阳离子或阴离子缔合成中性分子,在这种中性分子中含有大的疏水性的有机基团,因而能被有机溶剂所萃取。例如 ReO_4^-、MnO_4^-、IO_4^-、$HgCl_4^{2-}$、$SnCl_6^{2-}$、$CdCl_4^{2-}$ 和 $ZnCl_4^{2-}$ 等阴离子的萃取,可用氯化四苯胂作萃取剂,这时阳离子与被萃取的阴离子缔合,例如:

$$ReO_4^- + (C_6H_5)_4As^+ \longrightarrow (C_6H_5)_4As\,ReO_4$$

生成难溶于水、可溶于氯仿的分子,而用氯仿萃取之。

而 Fe^{2+} 可先与吡啶配位络合生成络阳离子,再与 SCN^- 缔合成中性分子,被三氯甲烷所萃取。

(2) 有机溶剂分子参加到缔合分子中去,形成易溶于有机溶剂的中性分子。例如用磷酸三丁酯,乙醚萃取硝酸铀酰时,溶剂分子参加到中性分子中去形成溶剂化分子 $UO_2S_6(NO_3)_2$,分子式中"S"代表溶剂分子。这种溶剂化分子易被有机溶剂所萃取。又如用含氧有机溶剂乙醚、异丙醚、乙酸乙酯、甲基异丁酮等,从浓盐酸溶液中萃取 $FeCl_4^-$ 时,由于溶剂分子中的氧原子上有两对未成键的电子,电荷密度较大,可与水合氢离子作用生成阳离子,这样的阳离子称为锌离子。若以 R_2O 表示乙醚,则形成锌离子的反应可表示为:

$$R_2O + H_3O^+ \longrightarrow R_2OH^+ + H_2O$$

$FeCl_4^-$ 在水溶液中成水合络阴离子 $Fe(H_2O)_2Cl_4^-$ 存在,当它接触溶剂乙醚时,就形成溶剂

化络阴离子 $Fe(R_2O)_2Cl_4^-$，再与镁离子缔合形成镁盐如下式：

$$R_2OH^+ + Fe(R_2O)_2Cl_4^- \longrightarrow R_2OH^+ \cdot Fe(R_2O)_2Cl_4^-$$

生成的镁盐中含有较多的溶剂分子，具有疏水性，易被乙醚萃取。Sb^{3+}、Sb^{5+}、As^{3+}、Sn^{4+}等可用同样方式萃取。

在这类体系中，溶剂与被萃取物质发生化学反应，形成可被萃取的物质，因此它既是萃取剂，又是溶剂，这样的溶剂为活性溶剂。

盐析作用问题　在形成离子缔合物，特别是有机溶剂分子参加到缔合物分子中去的萃取体系中，在溶液中加入高浓度的无机盐，可使多种金属络合物的分配比大为增加，从而显著地提高萃取效率，例如用乙醚或磷酸三丁酯(TBP)萃取硝酸铀酰时，如果在溶液中加入硝酸盐，则分配比就能始终保持相当大的数值，最后使萃取分离到达完全。这就是盐析作用，加入的硝酸盐为盐析剂。

盐析剂的存在会使分配比显著增大，萃取进行完全。一般认为是由于以下的原因：盐析剂的加入，使溶液中的阴离子浓度增加，产生同离子效应，从而使反应朝着有利于萃取作用的方向进行；盐析剂的用量一般是比较多的，在加入盐析剂后，溶液中离子浓度大为增加，各个离子都可能与水分子结合起来形成水合离子，因而水分子的浓度大为降低。这样就大大减少了水分子与被萃取金属离子的结合能力，从而使被萃取离子与有机溶剂形成溶剂化物，而溶于有机溶剂中；大量电解质的加入，使水的介电常数降低，水的偶极矩作用减弱，就有利于离子缔合物的形成和萃取作用的进行。

可用作盐析剂的无机盐为数不多。首先，盐析剂要易溶于水，而不溶于有机溶剂；其次，盐析剂与被萃取物及共存的其他盐类应不发生化学反应；最后，加入的盐析剂要对以后的分析没有干扰。

分析中最常用的盐析剂是铵盐，但有时盐析效率不高，因此也常采用其他金属盐类，但不能引入对以后测定有干扰的盐类。一般说来，高价离子盐类的盐析作用比低价离子盐类要大；离子的电荷相同时，离子半径越小，盐析作用越强。有时高价离子如 Al^{3+}、Ca^{2+} 等虽具有较强的盐析作用，但这些离子常常影响以后的分析，因此在分析化学中应用不多。分析中常用硝酸盐、硫氰酸盐、卤化物为盐析剂。

3）三元络合萃取体系

使被萃取物质形成三元络合物，然后进行萃取。三元络合萃取体系往往比螯合物、缔合物的二元萃取体系更为优越，它不但萃取效率高，萃取速度快，而且选择性好。这主要是由于三元络合物和二元络合物相比，往往亲水性更弱，疏水性更显著，即更易溶于有机溶剂，因而萃取效率高，萃取分离的灵敏度高。另外，三元络合物的形成要比二元络合物困难些，因为只有当被萃取离子和两种配位体络合能力的强弱相当时，才能形成三元络合物，否则只能形成二元络合物。因此，当各种被萃取离子与两种配位体在一起时，有的被萃取离子能形成三元络合物，有的则不能。这样，就可以通过三元络合物的形成与否来使被萃取离子萃取分离，即这种萃取分离的选择性较好。

三元络合萃取体系有几种不同的类型，现分别简单介绍如下。

（1）通过螯合、缔合形成三元络合物的萃取体系

如 Ag^+ 和 1，10－邻二氮杂菲(Phen)配位形成螯合阳离子，进一步与溴邻苯三酚红(BPR)染料的阴离子缔合成三元络合物，其反应如下式：

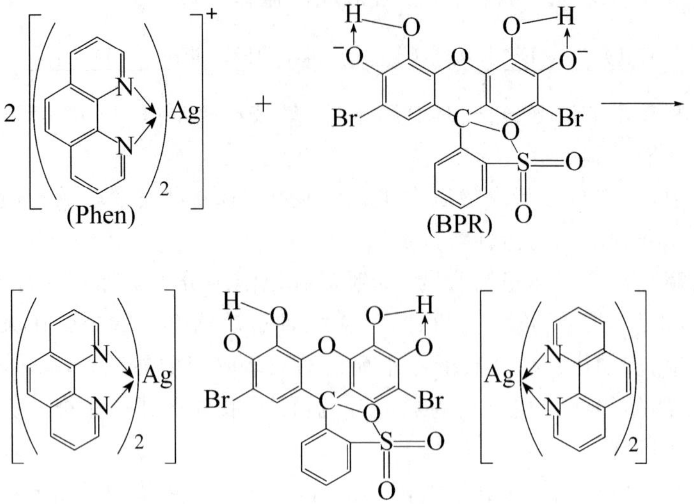

（三元络合物）

络合物在 pH＝7 的缓冲溶液中形成,可用硝基苯萃取之。这种络合物显蓝色,在溶剂相中 $\lambda_{max}=590\,nm$,可用光度法测定微量 Ag^+。灵敏度相当高,摩尔吸光系数为 $\varepsilon_{max}=3.20\times 10^4$,可测定 $10\sim 50\,\mu g$ 的 Ag^+。如果同时用 EDTA 和 Br^- 作络合掩蔽剂,萃取的选择性极好。

能与 1,10-邻二氮杂菲配位络合的阳离子,如 Cd^{2+}、Co^{2+}、Cu^{2+}、Mn^{2+}、Ni^{2+} 等都可以形成类似的三元络合物。如果与之缔合的染料改为四氯荧光素或四碘荧光红,则形成的三元络合物可用氯仿、乙酸乙酯等溶剂萃取。在溶剂相中用光度法测定时,其灵敏度比相对应的螯合物更高。

其他与吡啶、联吡啶、喹啉等螯合的阳离子也能形成类似的三元络合物。

某些有机碱类,如二苯胍、α-安息香肟、苯胺、吡啶等分子中的氮原子都可以和溶液中的 H^+ 结合成阳离子 RH^+,这类阳离子与络阴离子缔合成三元络合物,可用有机溶剂萃取,然后进行光度法测定。这类方法有很好选择性和灵敏度。例如 Ti^{4+} 和茜素-S 在 pH＝3.6 的溶液中,与二苯胍阳离子缔合成三元络合物如下式:

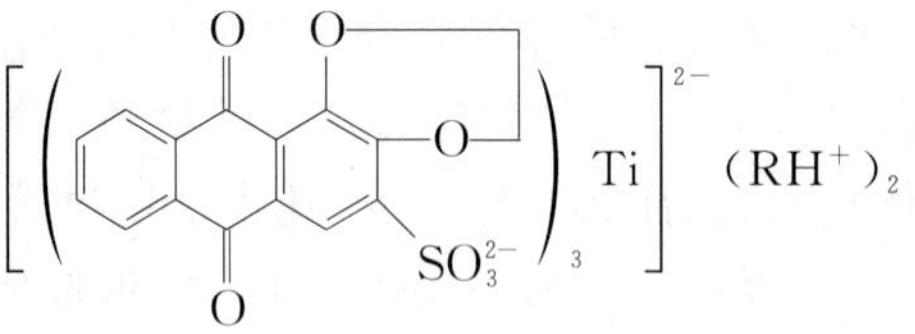

RH^+ 代表二苯胍的阳离子:

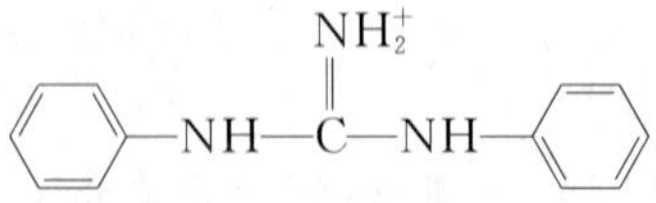

络合物的组成为:$n(Ti^{4+}):n(茜素-S):n(RH^+)=1:3:5$。可用氯仿和异戊醇(1:1)混合溶剂萃取后用光度法测定。对于钢中钛的测定,有较高的灵敏度。二苯胍的加入,使 Ti^{4+}-(茜素-S)络合物中的亲水基团硫酸基与二苯胍阳离子结合,从而大大降低了络合物的亲水

性,增强其疏水性,提高了萃取分离的灵敏度。

同样,Ti^{4+}在酸性溶液中与SCN^-络合成黄色水溶性络阴离子,当加入二苯胍时,就会发生离子缔合反应生成三元络合物:

$$Ti(SCN)_6^{2-} + 2RH^+ \rightleftharpoons (RH)_2[Ti(SCN)_6]$$

易被氯仿所萃取,然后进行光度法测定。

一般来讲,能与苯核上含有邻羟基或邻羟基偶氮基团的染料形成水溶性络阴离子的元素,当加入二苯胍、苯胺等上述有机碱时,容易形成难溶于水的易被萃取的三元络合物,萃取后用光度法测定,使灵敏度和选择性都有所提高。如稀土或铀与偶氮胂Ⅲ、稀土与铬黑T、铌与氯代磺酚C、锗与茜素红等络合物和二苯胍组成的三元络合物;钛与邻苯二酚、铀与邻苯三酚,铌与邻苯三酚等络合物和苯胺组成的三元络合物;以及钛、水杨酸与吡啶,钛、SCN^-和α-安息香肟等三元络合物都是属于这一类。

(2) 协同萃取体系

由于两种萃取剂同时使用,使萃取效率比单独使用时大为提高的现象称协同效应,这种萃取体系即协同萃取体系,简称协萃体系。

协同萃取体系实质上也是一种三元络合萃取体系,它是由被萃取物质与螯合剂及中性有机磷萃取剂组成的三元络合物萃取体系。在这种体系中螯合剂与被萃取的金属离子螯合,中和了金属离子上的电荷,生成螯合物。有机磷萃取剂进一步置换了螯合物中金属离子上残留的水合分子,于是形成疏水性的三元络合物,而为有机溶剂所萃取。形成这种体系的有机磷萃取剂必须是疏水性的,其络合能力必须比螯合剂弱一些。另外,中性离子的最高配位数和配位体的几何形状必须合适。例如UO_2^{2+}-TTA-TBPO都属于这一类。经研究,这一类络合物的结构有如下两种:

（Ⅰ） （Ⅱ）

在这两种络合物中,TTA可以是单配位基配位体,也可以是双配位基配位体,而UO_2^{2+}的配位数在结构（Ⅰ）中为4,在结构（Ⅱ）中为6。第二种络合物比第一种多了两个有机磷萃取分子。

协同萃取也可以是两种螯合剂与被萃取离子形成的三元络合物萃取体系。例如La^+与噻吩甲酰三氟丙酮(HTTA)形成的螯合物为$La(HTTA)_3(H_2O)_2$,由于螯合物中含有两个配位水分子,亲水性较高,萃取分配比小于1,萃取速度也很缓慢。如果在上述萃取体系中加入1,10-邻二氮杂菲或2,2-联吡啶等杂环萃取剂(以S表示),它可以置换上述螯合物中的水分子形成$La(HTTA)_3S$三元络合物,使生成的络合物疏水性大大增加,萃取效率显著增加,分配比达到 10^6,萃取速度也较快,产生明显的协同效应。又如钒与 N -羟基- N,N' -二芳基苯甲脒络合,如体系中有对甲氧基苯甲醛存在,形成绿蓝色的三元络合物,用氯仿萃取,有明显的协同效应。萃取后可用光度法测定微克级的钒。

有时用螯合物为萃取剂萃取某种金属离子时,形成的金属螯合物中含有螯合剂分子 HR,形成 $MeR_n \cdot xHR$。当加入中性萃取剂 S 后,S 取代了 HR,生成 $MeR_n \cdot xS$。由于 $MeR_n \cdot xS$ 较 $MeR_n \cdot xHR$ 更稳定、更易被萃取,从而使分配比增加,产生协同效应。例如用 8 -羟基喹啉(HOX)和 TOPO 的环己烷溶液萃取 UO_2^{2+} 时,产生如下的协同萃取反应:

$$UO_2^{2+}(OX)_2 \cdot HOX_{有} + TOPO_{有} \Longrightarrow UO_2^{2+}(OX)_2 TOPO_{有} + HOX$$

也有人认为协同萃取体系中有可能生成更复杂的四元络合物。

3.3.4 有机物的萃取

在有机物萃取分离中,"相似相溶"原则是十分有用的。一般来讲,极性有机化合物,包括形成氢键的有机化合物及其盐类,通常溶于水而不溶于非极性或弱极性的有机溶剂;非极性或弱极性的有机化合物不溶于水,但可溶于非极性和弱极性的溶剂,如苯、四氯化碳、氯仿等。因此根据"相似相溶"原则,选用适当的溶剂和萃取条件,常可以从混合物中萃取某些组分,以达到分离目的。

对于极性和非极性组分的萃取分离是比较容易进行的。例如从丙醇和溴丙烷的混合物中,可用水来萃取极性的丙醇而与溴丙烷分离。用非极性溶剂如乙醚可以从极性的三羟基丁烷中萃取出弱极性的酯。又如用非极性溶剂苯或二甲苯可以从马来酸酐和马来酸的混合物中萃取出马来酸酐,这就可以方便地测定马来酸酐中的游离酸,而不受马来酸酐的影响。

有时需要选择和控制适当的萃取条件,使混合物中各组分的极性发生改变,同时选用适当的溶剂,就可以达到萃取分离的目的。例如焦油废水中的酚的分离与测定,可先将试样的 pH 值调节到 12,这时酚成酚钠,以离子状态存在于废水溶液中,于是可用四氯化碳萃取分离油分;然后再调节废水溶液的 pH 值为 5,再以四氯化碳萃取分离酚,而后可以测定之。又如在含有羧酸、酚、胺和酮四种不同组分的混合试样中,欲分离各种组分,可加入弱碱性的 $NaHCO_3$ 溶液,并以乙醚萃取之。这时羧酸成钠盐留于水相,其余三种组分都被萃取进入乙醚层。然后在乙醚层中加入强碱性的 NaOH 溶液,这时酚成酚钠进入水相,其余两种组分留于乙醚层中。再在乙醚层中加入盐酸溶液,胺形成铵盐进入水相,这时只有酮仍留于乙醚层中,于是四种组分得以分离。

对于有机酸或有机碱,常常可借控制酸度来达到萃取分离目的。当两种有机酸的电离常数相差较大时,通过控制酸度来萃取分离它们是较为方便的。例如对羧酸($K_i \approx 10^{-5}$)和酚($K_i \approx 10^{-10}$),只要把溶液的 pH 值控制在 7 左右,用有机溶剂萃取之,就能使它们分离,因为这时羧酸电离成阴离子留在水溶液中,而酚仍以分子状态存在而被有机溶剂所萃取。

当两种有机酸的 K_i 值较为接近,K_D 值也相差不多时,要使它们分离,pH 值的适当选择就更为重要。从式(3-5)可知,用苯从水溶液中萃取醋酸时,分配比值和溶液的酸度及溶质的浓度有关。在酸性溶液中 pH 较低，$[H^+]$ 较高时，即 $\dfrac{K_i}{[H^+]} \ll 1$ 时，酸的电离常数 K_i 的改变，对分配比 D 的值影响不明显；同时 $[H^+]$ 的改变，对 D 值的影响也不显著，pH 值越低，越是这样。在 pH 值较高时，即 $\dfrac{K_i}{[H^+]} \gg 1$ 时，由于酸离解成离子状态，不被萃取，D 值很小。只有当 pH 值和 pK_i 值相接近时，或 pH 值在 pK_i+1 范围以内时，溶液酸度的改变，才能使有机酸的分配比值发生较为显著的改变。因此要分离 K_i 和 K_D 值都较为接近的两种有机酸时，必须把水溶液的 pH 值控制在 pK_i 值附近，这时才有可能利用两种酸的 pK_i 值的差值，适当改变 pH 值，从而改变 D 值，把它们分离。

对于有机碱的分离，也可以利用相类似的办法。

在萃取分离有机酸、碱时，由于从溶液中除去了有机酸或有机碱，溶液的 pH 值要发生改变，所以在溶液中加入缓冲剂控制酸度十分必要。不仅用间歇法萃取时需要加入缓冲剂，就是用逆流法萃取时，为了使分配比保持不变，加入缓冲剂也是必要的。但须注意，加入的缓冲剂应对以后的测定没有干扰。

3.3.5　乳化与去乳化

在液-液萃取中，有时会在两相界面产生乳化现象，这种现象不利于萃取的进行，给分离带来麻烦，因此必须设法破除。

乳化是指一种液体以细小液滴（分散相）的形式分散在另一不相溶的液体（连续相）中，这种现象称为乳化现象，生成的这种液体称为乳状液或乳浊液。

发生乳化的原因主要是：①萃取体系中含有蛋白质等胶体物质；②萃取体系中含有呈胶粒状态或极细微的颗粒或杂质；③有机相的理化性质，如有机相黏度过大、化学性质不稳定发生分解产生易发生乳化的物质等；④为了两相的充分混合，人们往往过度的搅拌而造成分散相液滴的过细分散而导致乳化。

去乳化的方法有很多种，常用的有过滤、离心分离、化学法和物理法等。破乳的方法有以下几种：①加入表面活性剂。表面活性剂可改变界面的表面张力，促使乳浊液转型而达到破乳的目的。②电解质中和法。加入电解质，中和乳浊液分散相所带的电荷，而促使其凝聚沉淀。常用的电解质如氯化钠、硫酸铵等。这种方法适用于小量乳浊液的处理或乳化不严重的乳浊液的处理。③吸附法破乳。当乳浊液经过一个多孔的介质时，由于该介质对油和水的吸附能力的差异，也可以引起破乳。例如，碳酸钙或无水碳酸钠易为水所润湿，但不能为有机溶剂所润湿，故将乳浊液通过碳酸钙或无水碳酸钠层时，其中水分被吸附。④稀释法。在乳状液中，加入连续相，可使乳化剂浓度降低而减轻乳化。在实验室的化学分析中有时用此法较为方便。⑤调节水相酸度。加酸往往可以达到破乳的目的，但这时需要考虑其他工艺条件的限制。⑥加热。温度升高，使乳状液液珠的布朗运动增加，絮凝速度加快，同时还能降低黏度，使聚结速度加快，有利于膜的破裂。⑦机械方法。产生乳化后，如果乳化现象不严重，可采用过滤或离心沉降的方法。分散相液滴在重力场或离心力场作用下会加速碰撞而聚合，适度搅拌也可以起同样的促聚作用。

3.4 反胶团萃取

3.4.1 概述

反胶团萃取也类似于水-有机溶剂的液液萃取,但它是利用了表面活性剂在有机相形成的反胶团水池的双电层与蛋白质的静电吸引作用,而将不同极性(等电点)、不同相对分子质量的蛋白质选择性地萃取到有机相,达到分离目的。利用调节 pH 使蛋白质选择性地萃取到有机相的液-液萃取方法,易使蛋白质变性,利用离子对试剂与蛋白质作用形成疏水性物质而萃取至有机相的办法,常因缔合物在有机相的分配系数太小(蛋白质带电荷多,亲水性强)而难以成功。

反胶团萃取具有不会使蛋白质类生物活性物失活,可直接从完整细胞中提取蛋白质和酶,萃取成本低的优点。将表面活性剂溶于水中,当其浓度超过临界胶束浓度时表面活性剂就会在水溶液中聚集在一起形成聚集体,称为胶束(表面活性剂在水中的临界胶束浓度见表 3.5)。而反胶束是表面活性剂分散于连续有机相中形成的纳米尺度的聚集体。

表 3.5 表面活性剂在水中的临界胶束浓度

表面活性剂	CMC/(mol・L^{-1})	表面活性剂	CMC/(mol・L^{-1})
R_8SO_4Na	0.136	$R_{12}COOK$	0.012 5
$R_{12}SO_4Na$	0.008 65	$R_{12}SO_3Na$	0.010
$R_{14}SO_4Na$	0.002 4	$R_{12}SO_4Na$	0.008 65
$R_{16}SO_4Na$	0.000 58	$R_{12}NH_3Cl$	0.014
$R_{18}SO_4Na$	0.000 165	$R_{12}N(CH_3)_3Br$	0.016
$R_8O(CH_2CH_2O)_6H$	0.009 9	$R_{12}O(CH_2CH_2O)_6H$	0.000 087
$R_{10}O(CH_2CH_2O)_6H$	0.000 9	$R_{12}O(CH_2CH_2O)_9H$	0.000 1
$R_{12}O(CH_2CH_2O)_6H$	0.000 087	$R_{12}O(CH_2CH_2O)_{12}H$	0.000 14
$R_{14}O(CH_2CH_2O)_6H$	0.000 05		
$R_{16}O(CH_2CH_2O)_6H$	0.000 001		
$C_8H_{17}CH_2COOK$	0.01	$R_{16}SO_4Na$	0.000 58
$C_8H_{17}CH(COOK)_2$	0.35	$R_{12}CH(SO_4Na)R_3$	0.001 72
$C_{10}H_{21}CH_2COOK$	0.025	$R_{10}CH(SO_4Na)R_5$	0.002 35
$C_{10}H_{21}CH(COOK)_2$	0.13	$R_8CH(SO_4Na)R_7$	0.004 25

注:R 代表烷烃基;下注数字代表碳原子数。

表面活性剂是由亲水憎油的极性基团和亲油憎水的非极性基团两部分组成的两性分子,可分为阴离子表面活性剂、阳离子表面活性剂、非离子表面活性剂,这三类都可用于形成反胶团。常用的构成反胶束的表面活性剂及其有机溶剂见表 3.6。

表 3.6 构成反胶束的表面活性剂及其有机溶剂

表面活性剂	有 机 溶 剂
AOT	n-烃类($C_6 \sim C_{10}$),异辛烷,环己烷,四氯化碳,苯
CTAB	己醇/异辛醇,己醇/辛烷,三氯甲烷/辛烷
TOMAC	环己烷
Brij 60	辛烷
Triton X	己醇/环己烷
磷脂酰胆碱	苯/庚烷
磷脂酰乙醇胺	苯/庚烷

形成反胶团的条件也是加入的表面活性剂在有机相中的浓度达临界胶束浓度值以上。表面活性剂反胶束(束)形成时,表面活性剂的非极性基团朝外与非极性的有机溶剂接触,而极性基团则排列在内形成一个极性核(图 3.2)。此极性核具有容纳极性物质于有机相的能力。

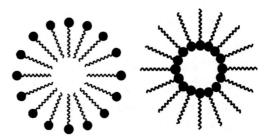

图 3.2 正相胶束(左)和反相胶束(右)示意图

当含有此种反胶团的有机溶剂与水溶液接触后,极性小分子水进入反胶团形成水池。从水相萃入有机相的蛋白质被封闭在水池中,表面存在一层水化层与胶束内表面分隔开,从而使蛋白质不与有机溶剂直接接触,避免了变性。水壳的存在有如下证据:似弹性光散射的研究证实在蛋白质分子周围至少存在一个单分子的水层;α-糜蛋白酶在反胶束中的荧光特性与在水中很相似;反胶团中酶所显示的动力学特性接近于在水中的动力学特性。

3.4.2 原理

一个由水、表面活性剂和非极性有机溶剂组成的三元系统,如水- AOT -异辛烷的相图见图 3.3。从图可见,能用于蛋白质反胶束萃取的仅是位于底部的两相区,在此区内的水、AOT、异辛烷混合物分为平衡的两相:一相是含有极少量表面活性剂、有机溶剂的水相,另一相是作为萃取剂的反胶束溶液。当表面活性剂浓度很大时,其在水中的分配量要增加,反胶束消失。

表面活性剂有在表面聚集的倾向,在宏观有机相和水相界面的表面活性剂层,同临近的蛋白质发生静电作用而变形,从而接着在两相界面形成了包含有蛋白质的反胶束,此反胶束扩散进入有机相,实现了蛋白质的萃取。反胶团萃取蛋白质的过程如图 3.4。

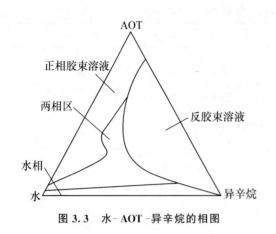

图 3.3　水－AOT－异辛烷的相图 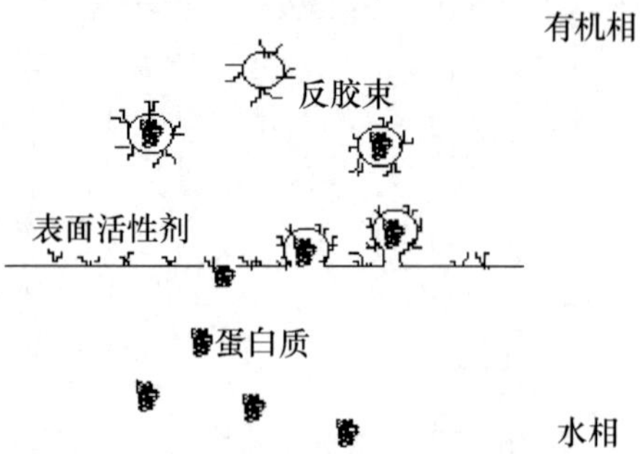　　　　图 3.4　反胶团萃取蛋白质的过程示意图

（1）静电作用

水池中的表面活性剂与蛋白质都是带电的分子,静电作用力是萃取过程的一种推动力。这可从萃取率 E 要受 pH 影响看到。对蛋白质,pH 值小于 pI 带正电, pH 值大于 pI 带负电,随着 pH 离等电点越远,带电量越大。pH 亦影响表面活性剂反向胶束内带电量的大小。如果静电作用力是萃取过程的一种推动力,对于阳离子表面活性剂形成的反胶束体系,萃取只发生在水溶液,而静电排斥将抑制蛋白质的萃取。

（2）空间位阻效应

反胶团水池的物理性能(大小形状等)会影响大分子如蛋白质的增溶或排斥,达到选择性萃取蛋白质到有机相的目的。这就是所谓位阻效应。反胶团形状多为球形或柱状,半径为 $10\sim100$ nm,故相对分子质量太大的蛋白质不适用于萃取。图 3.5 显示了蛋白质分配系数随相对分子质量变化曲线,实验是在各蛋白质等电点处进行的。

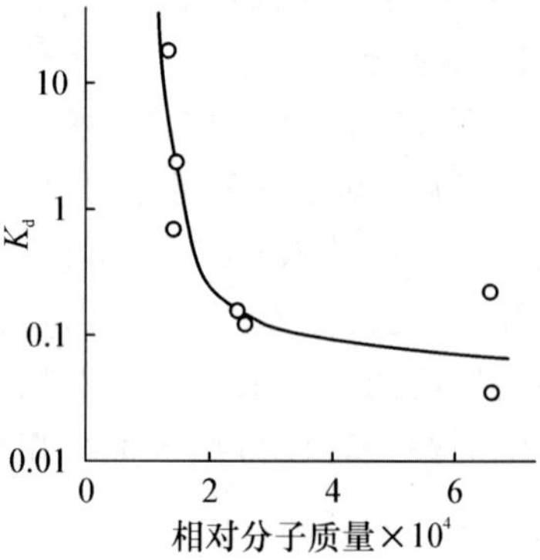

图 3.5　蛋白质分配系数与其相对分子质量的关系

3.4.3　影响萃取的因素

（1）溶液的 pH

pH 影响胶束双电层厚度,这种影响与阴离子表面活性剂的弱酸性、阳离子表面活性剂的弱碱性大小有关。也如前所述,溶液的 pH 影响蛋白质的带电性。如果 pH 的影响,使胶束水池双电层厚度越厚,蛋白质的带电量越大,则越易萃取。pH 对核糖核酸酶萃取率的影响见图 3.6。

（2）离子强度

这种影响主要是由于离子对于反相胶束表面电荷的屏蔽作用引起,离子强度增大,减弱了蛋白质与反相胶束的静电吸引,蛋白质在反相胶束中的溶解度要减小,离子强度对萃取率的影响如图 3.7,盐要改变胶束孔径的大小。

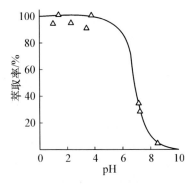

图 3.6　pH 对核糖核酸酶萃取率的影响

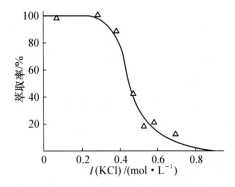

图 3.7　离子强度对核糖核酸酶萃取率的影响

（3）表面活性剂浓度

增加表面活性剂浓度可增加反胶束的数量，从而增大蛋白质的溶解度。但浓度过高，表面活性剂可能形成比较复杂的聚集体。

（4）离子种类

对于表面活性剂反胶束萃取体系，由于离子缔合作用，盐的种类对蛋白质的萃取率有影响。例如，水－AOT－异辛烷萃取体系，阳离子种类影响萃取率。表 3.7 为不同离子对于 AOT－异辛烷萃取几种蛋白质的影响。

表 3.7　不同离子对于 AOT－异辛烷萃取几种蛋白质的萃取率比较

盐　种　类	萃　取　率/%			
	核糖核酸酶	溶菌酶	胰蛋白酶	胃乳蛋白酶
$CaCl_2$，1 mol/L，pH＝5，10	15.7	100.9	31.3	—
$CaCl_2$，0.1 mol/L，pH＝10	7.6	98.5	27.0	—
$CaCl_2$，0.1 mol/L，pH＝5	96.0	103.0	59.1	8.4
KCl，1 mol/L，pH＝5	4.0	11.5	14.4	—
$MgCl_2$，0.1 mol/L，pH＝5	86.6	9.3	21.4	—

3.5　双水相萃取

3.5.1　引言

利用亲水性溶质聚合物/聚合物或聚合物/盐可以建立一个双水相萃取系统。将这两溶质溶解在水中，当超过临界浓度时，会出现不相溶性——分相。这不同组成的两相，各自只能优先溶解一种蛋白质，而使两种蛋白质分离开。蛋白质在两相之间的不同分布是基于蛋白质的表面电荷等的不同。目前已有提取、分离甘草中有效成分、银杏叶提取液的分离等双水相萃取工作报道。

双水相萃取与前面所述的水-有机溶剂萃取原理相似,都是依据物质在两相间的选择性分配(服从 Nernst 分配定律:$K_d = c_t / c_b$,其中 c_t、c_b 分别为上相和下相中被萃取物的浓度。研究表明,在双水相体系确定时,被分离物在较大的浓度范围内,K_d 为常数,这有利于分离研究工作的准确性和易于实施),只是萃取体系的性质不同,两相都占了 85%~95% 的水分,生物活性物质如蛋白质、核酸在这种环境中的分离有不易失活的优点。另外,不存在有机溶剂残留问题,低相对分子质量的高聚物无毒,不挥发,因而对人体无害。

双水相体系分相的机制是这样的:例如,聚乙二醇、葡聚糖的水溶液,当溶质均在低浓度时,可以得到单相匀质液体,但是,当溶质的浓度增加时,溶液会出现浑浊现象,在静止的条件下,会形成两个液层,这实际上是不相混溶的两液相达平衡,静置分层。在这个系统中,上层富集了聚乙二醇,下层富集了葡聚糖。这两个亲水性物质的非互溶性,是由它们各自结构不同产生的。

各个聚合物分子都倾向于在其周围有相同形状大小和极性的分子,同时由于不同类型分子间的斥力大于同它们的亲水性有关的相互吸引力,因此聚合物发生分离,形成两个不同的相,这就是所谓的聚合物不相溶性。两种高聚物的双水相体系的形成就是依据这一特性。离子和非离子聚合物都可以使用在双水相体系的构成上,但带相反电荷的离子聚合物混在一起会发生凝聚,不能用于构成双水相体系。

还有有机物与无机盐、两种有机物、两种表面活性剂也可形成双水相体系。常用双水相系统见表 3.8。在双水相体系中,生物活性物质不会失活。

表 3.8　常用双水相系统

非离子聚合物/非离子聚合物/水		聚电解质/非离子聚合物/水	
聚丙二醇	甲氧基聚乙二醇	葡聚糖硫酸钠	聚丙二醇
	聚乙二醇		甲氧基聚乙二醇 NaCl
	聚乙烯醇		聚乙二醇 NaCl
	聚乙烯吡咯烷酮		聚乙烯醇 NaCl
	羟丙基葡聚糖		聚乙烯吡咯烷酮 NaCl
	葡聚糖		甲基纤维素 NaCl
聚乙二醇	聚乙烯醇		乙基羟乙基纤维素 NaCl
	聚乙烯吡咯烷酮		羟丙基葡聚糖 NaCl
	葡聚糖		葡聚糖 NaCl
	聚蔗糖	聚电解质/聚电解质/水	
聚乙烯醇	甲基纤维素	羧甲基葡聚糖钠	羧甲基纤维素钠
	羟丙基葡聚糖	聚合物/低分子亲水物/水	
	葡聚糖		
甲基纤维素	羟丙基葡聚糖	聚乙二醇	磷酸钾
	葡聚糖	聚乙烯吡咯烷酮	磷酸钾
乙基羟乙基纤维素	葡聚糖	聚丙二醇	甘油
羟丙基葡聚糖	葡聚糖	聚乙烯醇	乙二醇二丁醚
聚蔗糖	葡聚糖	葡聚糖	丙醇

3.5.2　双水相萃取的理论基础

（1）表面自由能

溶质的分配，总是在互相作用最充分或使系统能量达到最低的那个相中占优势，依据两相平衡时化学位相等的原则，可以求得分配系数，服从 Brownstedt 方程式，即：

$$\ln K = \Delta E/(kT) = M \times \lambda/(kT)$$

式中，M 为物质相对分子质量；λ 为系统的表面特性系数；k 为玻耳兹曼常数；T 为温度。由于大分子物质的 M 值很大，λ 的微小改变就会引起分配系数很大的变化。故利用不同的表面性质（表面自由能），可以达到分离各大分子物质的目的。

（2）表面电荷

当盐的正、负离子对上、下两相有不同的亲和力，即正负离子的分配系数不同时，就会在相间产生电位，此电位差的大小为

$$U_2 - U_1 = \left[RT \ln \left(K_B^{Z^-} \div K_A^{Z^+} \right) \right] / \left[F(Z^+ - Z^-) \right]$$

式中，U_1、U_2 分别表示相 1 和相 2 的电位；Z^+、Z^- 分别表示一种盐的正、负离子价；$K_B^{Z^-}$、$K_A^{Z^+}$ 分别表示正、负离子在两相的分配系数；F 为法拉第常数；R 为摩尔气体常数；T 为温度。

带电的蛋白质在两相的相间电位差亦服从上式。

由此，在上述含盐的双水相体系中，蛋白质溶质要受两相间电位差的影响，在两相的分配系数服从下式：

$$\ln K_p - \ln K_p^0 = Z_p F/(RT)$$

式中，Z_p 为蛋白质的静电荷；K_p 为蛋白质的分配系数；K_p^0 为蛋白质在零界面势系统中或蛋白质等电点时的分配系数。

综合以上两种因素，可用 Gerson 提出的下列公式表示：

$$-\lg K = a \Delta \gamma + \delta \Delta \Phi + \beta$$

式中，a 为表面积；$\Delta \gamma$ 为两相表面自由能之差；δ 为电荷数；$\Delta \Phi$ 为电位差；β 为由标准化学位和活度系数等组成的常数。

总之，被分离物由于表面性质、憎水作用、氢键作用和离子键作用，选择性地在上相和下相之间分配。要从理论上计算出分配系数是困难的，通常要由实验测定。

3.5.3　影响分配比的因素

（1）聚合物浓度的影响

聚合物浓度增加，使分相更容易，使两相的相对组成的差异更大，因而要影响被萃取物的分配系数。

（2）聚合物组成的影响

相对分子质量对聚合物组成的影响取决于聚合物的化学性质。在聚丙二醇/葡聚糖双

水相体系,较疏水性蛋白易溶于较疏水的聚丙二醇相,蛋白的分配系数随葡聚糖相对分子质量的增加而增加,但随聚丙二醇的相对分子质量增加而降低,见表3.9。

表 3.9　葡聚糖相对分子质量对几种蛋白质分配系数的影响

蛋 白 质	葡聚糖相对分子质量				
	20 000	40 500	83 000	180 000	280 000
细胞色素	0.18	0.14	0.15	0.17	0.21
卵清蛋白	0.58	0.69	0.74	0.78	0.86
血清蛋白	0.18	0.23	0.31	0.34	0.41

注:双水相体系为 10 mmol/L 磷酸钠,pH=6.8,6%聚丙二醇 6 000,8%葡聚糖。

(3) 盐和缓冲液的影响

盐的正、负离子在两相的分配系数不同(表3.10),从而在两相间形成电位差,影响带电的分离物在双水相的分配。

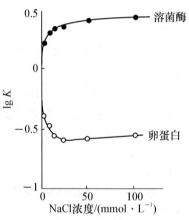

表 3.10　阴阳离子在两相中的分配系数

离 子	lg K^+	离 子	lg K^-
K^+	−0.084	I^-	0.151
Na^+	−0.076	Br^-	0.083
NH_4^+	−0.036	Cl^-	0.051
Li^+	−0.015	F^-	0.040

注:20℃双水相体系,8% PEG 4 000 和 8% Dextran,零界面电位差。

图 3.8　NaCl 对蛋白质分配系数的影响

例如,在 8%PEG 4 000/8% Dex D-480,0.5 mmol/L 磷酸钠,pH=6.9 的双水相体系,50 mmol/L 的 NaCl 即可使溶菌酶、卵蛋白的分配系数不同:溶菌酶的等电点 pI=11.0,故带正电;卵蛋白的等电点 pI=4.6,故带负电。NaCl 介质使 PEG 上相的电位低于 Dex D-480下相的电位,故溶菌酶易在上相,卵蛋白易在下相,见图3.8。

研究还发现,增加盐的浓度可提高蛋白质的分配系数(图3.9),这是由于在高聚物/盐双水相体系中,盐的亲水性使蛋白质的亲水性减弱,疏水性增强,而易分配于高聚物相。

(4) pH 的影响

pH 要影响蛋白质的电离、带电荷量,又由于盐形成相间电位,要影响带电物的分配系数,故在不同的盐中 pH 对蛋白质分配系数的影响不同。但在等电点处,蛋白质不带电荷,如果没有盐析作用,对于不同的盐应当有相同的分配系数,不同盐中测得的蛋白质分配系数与 pH 值关系曲线的交点即为蛋白质的等电点,见图3.10。

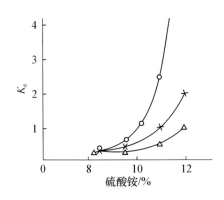

图 3.9 支链淀粉酶的分配系数与硫酸
铵总浓度的关系

聚乙二醇 4 000 浓度分别为 ○—18％；✕—16％；△—14％

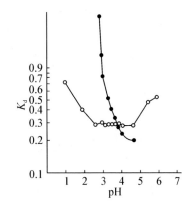

图 3.10 不同盐系统中 pH 对血清白
蛋白分配系数的影响

●—0.1 mol/L NaCl；○—0.05 mol/L Na₂SO₄

（5）温度的影响

温度升高，发生相分离所需的高聚物浓度越高，温度降低，将使双水相体系的黏度增大。但总体来说，温度对分配系数的影响不严重。在常温或略高于常温时操作，有利于萃取的传质和分相。

3.5.4 影响双水相系统萃取过程的因素

两相界面宽度越大、两相间的密度差越大、两相间的表面张力越大，则越有利于分相，但不利于两相的被分离物在两相间的传质而分配，双水相系统萃取（除亲和双水相系统萃取）涉及化学反应少。总之，在双水相系统中的被分离物传质速度快，因而达到分配的时间短，但因两相密度相差小，分相困难，是其主要矛盾。利用离心沉降可加快相分离速度。

3.5.5 应用

（1）双水相萃取技术在医药工业中的应用

用双水相技术直接从发酵液中将丙酰螺旋霉素与菌体分离后进行提取，可实现全发酵液萃取操作。采用 PEG/Na₂HPO₄ 体系，最佳萃取条件是 pH＝8.0～8.5，PEG 2 000（14％）/Na₂HPO₄（18％），小试收率达 69.2％，对照的乙酸丁酯萃取工艺的收率为 53.4％。PEG 不同相对分子质量对双水相提取丙酰螺旋霉素的影响不同，适当选择小的相对分子质量的 PEG 有利于减少高聚物分子间的排斥作用，并能降低体系黏度，有利于抗生素的分离。

（2）双水相萃取与天然药物

双水相萃取技术作为一种新型的萃取技术已经成功地应用于天然产物的分离纯化。近几年，有关双水相提取天然药物中有效成分的报道也逐年增多。甘草的主要成分为甘草皂苷，又称甘草酸，采用乙醇/磷酸氢二钾双水相体系萃取，分配系数达到 12.8，回收率可达 98.3％。选用 PEG/磷酸盐体系在一定温度、pH 条件下萃取银杏浸取液，主要药用成分黄酮类化合物进入上相,达到分离的目的,最佳条件在 25℃,PEG 的相对分子质量在 1 500 左右,一般采用较高的相比可以提高萃取率,但是过高会引起上相的体积增多,最佳萃取率可达 98.2%。黄芩苷和谷胱甘肽也分别在环氧乙烷和环氧丙烷的无规则共聚物/磷酸钾体系,以及环氧乙烷和环氧丙烷的无规则共聚物(EOPO)/羟丙基淀粉(PES)所组成的双水相体系中得到较好的分离。

3.6　超临界萃取法

3.6.1　引言

超临界流体萃取(supercritical fluid extraction,SFE)是溶剂萃取研究的重要进展之一。超临界流体主要由于其对气态、液态、固态物质有高的溶解性能(如高相对分子质量的高含氟的聚合物除在氟氯烷(氟利昂)中外,在多数溶剂中都难溶,而 CO_2 超临界流体可溶解之)以及高的渗透性能(如有机物对高分子聚合物的溶解性差,而 CO_2 超临界流体对之则具很强的溶胀能力。CO_2 超临界流体在 40℃,70 atm[①] 时,聚甲基丙烯酸甲酯含量可高达5.85%)以保障快速的溶解能力,尤其是在常压下呈气态(如 CO_2 超临界流体、NH_3 超临界流体)、无毒和不可燃(如 CO_2 超临界流体、水超临界流体、己烷超临界流体),作为溶剂很好地应用在了分析化学、化合物的提纯、化合物的合成等领域。比如,在 1978 年德国建成 CO_2 超临界流体从咖啡豆中脱除咖啡因的萃取工业化装置,在美国建成 CO_2 超临界流体从啤酒花萃取啤酒浸膏的大规模工业化装置。在 CO_2 相图(图 3.11)中,线 $A-T_p$ 表示气固平衡的升华曲线,$B-T_p$ 线表示 CO_2 的液-固平衡的熔融曲线,T_p-C_p 线表示 CO_2 的气-液平衡蒸气压曲线。T_p 为气-固-液三相共存的三相点,气液平衡蒸气压曲线在临界点(C_p)时结束。物质在临界点状态下,气液界面消失,体系性质均一,不再分为气体和液体,当压力为临界点压力(7.39 MPa)以上,且温度为临界点温度(31.06℃)以上时,它既不同于液体也不同于气体,这一状态下的 CO_2 称为 CO_2 超临界流体。

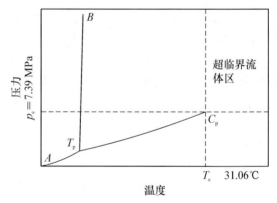

图 3.11　纯 CO_2 压力-温度关系示意图

从相图推知,超临界流体在超临界点附近时,其密度要受到温度和压力的影响,密度变化范围大(对 CO_2,150～900 g/L),如果用超临界流体作为溶剂萃取时,改变温度和压力就能使之对不同物质的溶解性不同,因而选择性高,萃取可起到分离作用。图 3.12 为 CO_2 物质的密度随温度和压力的变化情况,在超临界点附近,超临界流体的密度随温度或压力的变化最明显。图 3.13 显示出萘在超临界流体的溶解度随密度

① 1 atm=101 325 Pa。

的增大而增大。溶质在一种溶剂中的溶解度取决于两种分子之间的作用力,而这种作用力随分子的靠近而强烈地增加,溶剂在高密度状态下(如液体密度状态下)是好的溶剂,而在低的(如气体)状态下是不好的溶剂。另外,表 3.11 对不同物态:气体、液体和超临界流体的性质进行了比较。可知,超临界流体的密度与液体相当,黏度接近气体。

CO_2 处于超临界态时,将压力升高,它不液化;将温度升高,它不气化。它既像气体,流动性大,溶质在其中的扩散性好,传质阻力小;又像液体,溶解性强。

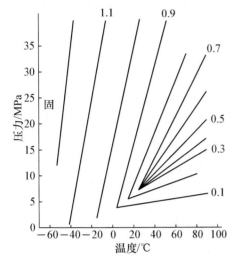

图 3.12　纯 CO_2 物质的密度随温度和压力的变化关系

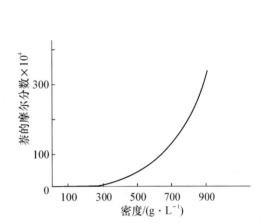

图 3.13　不同超临界 CO_2 密度下萘的溶解度

表 3.11　气体、液体和超临界流体的性质比较

性　质	气　体	液　体	超临界流体
	101.3 kPa, 15～30℃	15～30℃	T_c, p_c
密度/(g·mL^{-1})	$(0.6～2)×10^{-3}$	0.6～1.6	0.2～0.5
黏度/[g/(cm·s)]	$(1～3)×10^{-4}$	$(0.2～3)×10^{-2}$	$(1～3)×10^{-4}$
扩散系数/(cm^2/s)	0.1～0.4	$(0.2～3)×10^{-5}$	$0.7×10^{-3}$

超临界流体兼具有精馏和液液萃取的特点。由于溶质的蒸气压、极性及相对分子质量大小是影响溶质在超临界流体中溶解度的重要因素,使在超临界流体萃取过程中,被分离物之间挥发度的差异和它们与超临界流体分子间亲和力的不同,这两种因素起作用,如被萃取物被萃取出的先后,常是以它们的沸点高低为序(相对分子质量大小);非极性的 CO_2 超临界流体仅对非极性和弱极性物质具有较高萃取能力。物质在超临界流体中的溶解度 ρ 的定量关系为

$$\ln c = m\ln\rho + b$$

式中,m 为正数;b 为常数。m 和 b 值与溶剂、溶质的化学性质有关。

由于上述原因,且 CO_2 在常温常压下为气体,没有溶剂残留问题,亦无毒;很多固体、液

体能在 CO_2 超临界流体中有较大溶解度；CO_2 具有适中的超临界温度和压力，故被广泛应用在了萃取分离中。

除常用于萃取的 CO_2 超临界流体外，溶剂超临界流体由于有像液体一样的溶解性能，像气体一样的低黏度、高扩散性，而能高效地萃取物质，故各具有特色。表 3.12 列出了多种溶剂（包括极性溶剂和非极性溶剂）的超临界点值。选作萃取溶剂的超临界流体宜具备以下条件：临界温度不能太低或太高，临界压力不能太高。

表 3.12　一些溶剂的超临界点

溶 剂	临界温度/K	临界压力/MPa	溶 剂	临界温度/K	临界压力/MPa
二氧化碳	304.3	7.38	三氟甲烷	299.3	4.86
乙 烷	305.4	4.88	一氯三氟甲烷	302.0	3.87
乙 烯	282.4	5.04	氧化亚氮	309.6	7.22
丙 烷	369.8	4.25	甲 醇	512.6	8.2
丙 烯	364.9	4.6	乙 醇	513.9	6.22
环己烷	553.5	4.12	异丙醇	508.3	4.76
丁 烷	425.2	3.8	丁 醇	526.9	4.42
戊 烷	569.9	3.38	丙 酮	508.1	4.70
苯	562.2	4.96	氨	405.5	11.35
甲 苯	592.8	4.15	水	647.5	22.12
对二甲苯	616.2	3.51			

中国石油大学 1997 年建成了一套以丙烷作溶剂的超临界流体萃取工业装置。丙烷超临界压力（4.2 MPa）比 CO_2 低得多，丙烷超临界流体溶解度比 CO_2 大（如 15℃、0.73 MPa 的丙烷超临界流体对胡萝卜素的溶解度为 6.5×10^{-6}，55℃、35.0 MPa 的 CO_2 超临界流体对胡萝卜素的溶解度为 0.9×10^{-6}）是其两大优点。但丙烷超临界温度高（96.8℃），且易燃。超临界丙烷、丙烯混合物可用于渣油沥青工艺。超临界乙烷流体可用于废油的提炼过程。对于极性溶剂，水是最安全而常用的溶剂，水超临界流体能与非极性物质，如烃和其他有机物完全互溶，而无机物特别是盐类在超临界水中的溶解度却很低。这似乎与常温常压下的水性质恰相反。水超临界流体能完全溶解 O_2、N_2、H_2、CO_2。乙醇超临界流体可通过调节压力、温度，使某些无机盐溶解或沉淀于其中。

3.6.2　CO_2 超临界流体的萃取装置

CO_2 超临界流体的装置包括萃取与反萃取两部分。反萃取采取的措施是降压或改变温度，使被萃取物的溶解度降低而析出。CO_2 气体经热交换器冷凝成液体，用加压泵把压力升高到萃取所需压力（在临界压力以上），同时调节温度，使其成为超临界流体，从萃取釜底部进入，作为溶剂与被萃取物接触，含溶解萃取物的 CO_2 经节流阀减压到低于 CO_2 临界压力以下，而在分离釜中分离成溶质和 CO_2 气体，前者为过程产品，定期从分离釜底部放出，后者经热交换器冷凝成 CO_2 液体，再循环使用。使用循环过程有助于获得高的萃取率。

在工业生产中,对于固体原料的萃取过程,通常有等温法、等压法和吸附法三种工艺过程。三种基本工艺流程见图 3-14。等温操作是萃取釜与分离釜处于等温状态,萃取釜压力高于分离釜压力。利用高压下超临界流体对被萃取溶质的溶解度大大高于低压下的溶解度这一特性,将萃取釜中被超临界流体选择性溶解的目标组分在分离釜中析出成为产品。等压操作是萃取釜和分离釜处于相同压力状态,利用不同温度下超临界流体溶解能力的差异实现分离。吸附萃取是在分离釜中填充适当的吸附剂,在相同温度和压力下,使萃取出来的物质中的目标物质选择性地吸附在吸附剂上而分离出来。

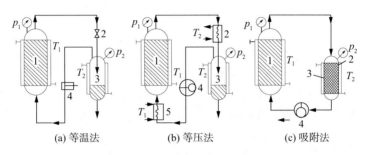

(a) 等温法　　　　(b) 等压法　　　　(c) 吸附法

图 3.14　超临界流体萃取的三种基本工艺流程

1—萃取釜;2—控温或控压装置;3—分离釜;4—压缩机或高压泵;5—控温装置

在以上三种基本的超临界萃取流程中,吸附法理论上是最节能的流程。但实际上,绝大多数天然产物的分离过程很难通过吸附剂来收集产品,所以吸附法通常只适用于能选择性地吸附分离目标组分的体系,如样品中少量杂质的脱除等。由于温度对超临界流体溶解能力的影响远小于压力的影响,因此,通过改变温度的等压法流程,虽然可以节省压缩能耗,但实际分离效果受到很多限制,使用价值不是很高。所以通常的超临界流体萃取流程是改变压力的等温流程,或者是等温法和等压法的混合过程。

3.6.3　影响 CO_2 超临界流体溶解能力的因素

（1）压力的影响

图 3.15 为苧烯和缬草烷酮在 CO_2 超临界流体中的溶解度随压力变化曲线。由图可见,在 CO_2 临界点以上,压力升高,将使物质的溶解度增大;不同物质溶解度随压力变化的速率不同,因而能选择到适当的压力使各物质萃取分离开。

（2）温度的影响

温度对 CO_2 超临界流体溶解度的影响表现在:一方面,温度升高,CO_2 超临界流体密度降低,使物质在其中的溶解度降低;另一方面,温度升高,物质的蒸气压增大,使其在 CO_2 超临界流体的溶解度增大。这两种相反影响,导致溶解度等压曲线出现最小值。如图 3.16 所示,为苧烯和香芹酮在 CO_2 超临界流体中溶解度与温度的关系。萃取的温度需要选择,保证物质有恰当的萃取收率,保证被分离物有恰当的萃取选择性。

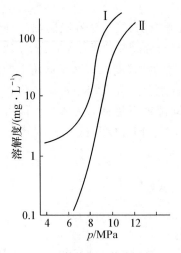

图 3.15 CO_2 超临界流体中苧烯(Ⅰ)和缬草烷酮(Ⅱ)的溶解度等温线

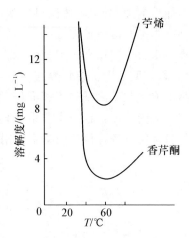

图 3.16 苧烯和香芹酮在 CO_2 超临界流体中的溶解度与温度的关系

(3) CO_2 超临界流体中的携带剂

携带剂的作用有两点,一是可增加被萃取物在 CO_2 超临界流体中的溶解度,二是可使分离的选择性提高。在加入少量的携带剂(所用量不超过 CO_2 超临界流体质量的 15%),它们可能形成单一相混溶态的超临界混合流体。也可能为夹带部分液相的两相的混合溶剂,但一般不希望出现后一种情况。像正戊烷、苯、乙醇,这些溶剂临界压力不高于 10 MPa,但临界温度太高,不能单独用作超临界流体萃取剂,但它们能形成 CO_2 超临界均相混合流体,此体系在不高的温度、适中的压力下能表现出溶解度的连续可调性,拓宽了超临界流体萃取剂的使用。携带剂由于与某些溶质的相似相溶性,使这些溶质的萃取收率增加,选择性地被萃取。

3.6.4 不同溶质在 CO_2 超临界流体中的溶解度

烷烃　　　碳原子数小于 12 的正构烷烃易与 CO_2 超临界流体混溶。

烯烃　　　碳原子数小于 10 的正构烯烃易与 CO_2 超临界流体混溶。

醇　　　　碳原子数小于 6 的醇易与 CO_2 超临界流体混溶。

酚　　　　甲基苯酚的溶解度为 20%(CO_2 超临界流体中甲基苯酚的质量百分数)。

醚　　　　碳原子数小于 4 的醚易与 CO_2 超临界流体混溶。

羧酸　　　碳原子数小于 10 的羧酸易与 CO_2 超临界流体混溶。

酯　　　　酸主链碳原子数小于 12 的羧酸和低级醇生成的酯。

醛　　　　碳原子数小于 7 的醛易与 CO_2 超临界流体混溶。

酮　　　　碳原子数小于 8 的酮易与 CO_2 超临界流体混溶。

高聚合物　高相对分子质量的高含氟的聚合物和聚有机硅氧烷能溶于 CO_2 超临界流体。

无机盐、多元酸、多元醇、糖、淀粉和氨基酸等极性物和大分子的非极性物和普通的表面活性剂不溶于 CO_2 超临界流体。

3.6.5　应用新进展

Y.G. Sun 等用在线的原子吸收光度法考察了提高用自制的超临界流体从各种基质中萃取汞和甲基汞的提取率的方法。将汞和甲基汞添加于各种简化基质如滤纸、硅胶、氧化铝、淀粉和纤维素等，考察提取率。实验表明，四苯硼酸钠和乙酰丙酮能被用作衍生试剂，以纯的超临界流体高提取率地提取滤纸中汞和甲基汞。对于土壤颗粒大小以及腐殖酸、乙二胺四乙酸和吡咯烷二硫代碳酸铵，对提取率的影响也做了试验。提取压力、时间以及汞形态、在土壤中的吸附力影响提取结果。超临界流体中加入甲醇不可改善土壤中甲基汞的提取率，但明显改善土壤中汞的提取率，提取率增至 80%。

P. Ambrosino 等考察了用超临界流体从玉米中提取 Beauvericin 的方法。考察了不同压力，温度，提取时间以及有机携带剂、水对提取率的影响。最佳条件为：60℃，3 200 psi，用甲醇作携带剂静态提取 30 min。用甲醇作携带剂提取的提取率是用水作携带剂提取的提取率的 2.1 倍，与传统提取法相当。被提取的 Beauvericin 含量是用 LC - MS 准确测定，在玉米中的含量为 1～500 mg/kg。

Turner 等报道了用超临界流体提取/酶反应过程，以测定蓖麻种子中脂肪酸含量。所用脂肪酶来自南极洲假丝酵母。实验设计的应答曲面表达为蓖麻种子中脂肪酸的甲基酯量，实验因素为压力（20～40 MPa），温度（40～80℃），携带剂甲醇体积浓度（1%～5%）、水体积浓度（0.02%～0.18%），测定出的蓖麻油含量与用传统的溶剂提取，然后化学甲基化测定结果一致。结论是：此新法能用于测定蓖麻种子中蓖麻油含量以及蓖麻种子中脂肪酸含量。

Z. Cui 等用 8 -羟基喹啉作螯合试剂，超临界流体提取固体样品中混合金属离子，压力、温度、提取时间、超临界流体的流速被最佳化，以便在短时间内可获得最大回收率。提取物用原子吸收光度法测定。结果表明对金属离子螯合物的回收率小于 50%，有机携带剂甲醇的加入可大大提高回收率，表面活性剂的加入进一步提高回收率。结论是在压力 15 MPa，温度 50℃时，用甲醇、表面活性剂改性的超临界流体动态提取，螯合物可被提取完全，提取回收率大于 80%。对土壤和河水沉积物的提取也是满意的。

N. Aghel 等研究了由超临界流体提取的薄荷长叶中的薄荷 L 精油成分与压力、温度、动态提取时间及携带剂甲醇的关系。这些结果也与实验室条件下进行的传统的水蒸气蒸馏法提取的结果做了比较。在压力 100 atm，温度 35℃、携带剂甲醇体积 10 mL，超临界流体动态提取时间 10 min 时，所获精油含薄荷酮 30.3%、长叶薄荷酮 52.0%，而水蒸气蒸馏法提取的精油主要成分是长叶薄荷酮 37.8%、薄荷酮 20.3%、薄荷烯酮 6.8%。提取精油的检测由 GC - MS 完成。

超临界流体被用来提取无机汞和有机汞。调节提取压力，水、甲醇、螯合试剂用量可使无机汞与有机汞分离。按折中的实验条件，提取呈现甲基汞优于苯基汞优于无机汞的顺序；在各自的最佳条件下，定量提取可达到，因而可用 ICP 检测，检测限低达 20 $\mu g/kg$ 汞。

X.L. Cao 等研究了分析规模的超临界流体提取的实验条件：压力、温度、样品颗粒大小对于提取葡萄种子油产量和成分的影响。在最佳化条件：压力 30～40 MPa，温度 35～40℃，中等颗粒大小（20～40 目）下，将规模放大 125 倍，形成制备型超临界流体提取。用纯的 CO_2 超临界流体提取，种子油产量为 6.2%；用含携带剂 10% 乙醇的 CO_2 超临界流体提取，种子油产量大于 4.0%。按游离脂肪酸计,不饱和脂肪酸在油中占了 70%。此葡萄种子油经皂化后,用耦合了蒸发光散射计的高速逆流色谱分离和纯化游离脂肪酸。经 HPLC-蒸发光散射计分析,1 g 提取油能提纯得到 430 mg 亚麻油,纯度为 99%。

A. Aquilora 等报道了用超临界流体提取 Guzpacho(一种含生蔬菜、白面包、蔬菜油、水和其他较少成分的餐桌食品)中的 17 种有机卤素和有机磷酸盐杀虫剂。Guzpacho 中的脂肪含量、组成、去脱剂硫酸镁与 Guzpacho 的比例,超临界流体体积、压力、温度和静态携带剂加入对超临界流体提取加了标样的 Guzpacho 样品提取率的影响被研究。它们的分析是由气相色谱耦合以火焰光度计、电子俘获器、质谱仪完成。在所试验的许多情况下,极性的有机磷酸盐杀虫剂提取率高于非极性的有机卤素杀虫剂的提取率,但总体来看,超临界流体足够的提取率可用于测定 Guzpacho 中杀虫剂残留值。

J.Y. Shen 等通过 HPLC-荧光检测强化性鸡胸脯肉中的氟诺喹酮、诺氟沙星和氧氟沙星,优化了超临界流体用于提取两者的实验条件。提取两者的提取率足够高,达 70%～87%。鸡被口服以诺氟沙星和氧氟沙星,每间隔一定的时间,超临界流体提取鸡胸脯肉中的诺氟沙星和氧氟沙星,HPLC-荧光检测。实验表明:随时间增加,鸡肉中的诺氟沙星和氧氟沙星含量在减少,120 h 后,浓度低达 5 $\mu g/L$。超临界流体提取诺氟沙星和氧氟沙星是一有效的提取方法,不需后处理,直接用于分析。

CO_2 超临界流体萃取作为一种新型的萃取方法,其萃取的选择性不同于其他方法,因而用它提取中草药(尤其是不含携带剂的 CO_2 超临界流体萃取)为新型中药制剂的开发提供了途径,在这方面的研究将大有可为。

3.7 超声萃取法

3.7.1 引言

超声波是一种其频率大于 20 kHz 的电磁波(在 2×10^4～10^9 Hz 之间),人的听觉阈以外的声波。作为一种能源可有助于化学反应的发生,也有助于萃取效率的提高。在 1994 年有 *Ultrasonics Sonochemistry*(超声化学)杂志问世,反映了超声波作为一种新型的能源在化学中的重要作用。

超声协助萃取法的原理是当用溶剂提取样品(如植物)中所需成分时,施加一定剂量的超声波,有助于提高萃取效率,并可能改善提取选择性。超声波起到辅助溶剂萃取的作用。

超声提取在中药制剂的质量检测中已被广泛使用。比如,在中华人民共和国药典 2000 年版(一部)中应用超声处理的品种明显高于 1995 年版(一部)收载的 232 个品种。

3.7.2 超声波的空化效应、机械效应、热效应

液体或多或少溶有微气泡,超声的作用亦使液体内产生无数微小空腔,这些气泡在超声波的作用下振动,当声压达到一定值时,气泡中液体蒸气由于定向扩散而增大,形成共振腔,然后突然崩溃,这瞬间在气泡及其周围微小空间内出现热点,形成高温高压区,温度达

5 000 K 以上,强大的微激波压力达 500 atm,因此超声作用可使植物细胞壁及整个生物体破裂,而且破裂在瞬间完成,有利于有效成分在液体媒介中溶出。这是超声波的空化效应。

超声波在介质的传播中使介质质点在其传播方向振动从而强化介质的扩散传质。由于它可给予介质和悬浮体以不同的加速度且介质分子的运动速度远大于悬浮体分子的运动速度,从而在两者之间产生摩擦,这种摩擦力可使生物细胞壁上的有效成分更快地溶解于溶剂之中。这是超声波的机械效应。

和其他电磁波一样,超声波可以传递能量。它在介质的传播过程中,其声能可能被物质吸收,吸收的能量被转变为热能,从而导致温度升高,增大了药物有效成分的溶解度。这是超声波的热效应。

3.7.3　影响超声波协助提取的因素

(1) 超声剂量的影响

超声作用时间越长,提取率越高。

(2) 超声频率的影响

对不同成分、不同药材,超声的最佳频率不同。可分别试验在 18 kHz、24 kHz、30 kHz、800 kHz、1 100 kHz 频率下的提取收率,确定使用的最佳超声频率。

(3) 药材目数的影响

药材的粒度需要选择。对超声波协助提取而言,药材粒度大即目数低,提取率反而可能高。

3.7.4　特点

(1) 超声波协助提取的被提取物能保持其生物活性。这是由于避免了通常提取药材的煎煮法、索氏提取法等在较高温度长时间加热,导致对被提取物的破坏。

(2) 提高了药物有效成分的提取率,节省了原料药材,提高经济效益。

(3) 由于提取率高,可节省溶剂。

(4) 环境污染少,操作安全。

(5) 耗时不长,虽然通常浸泡一定时间后再进行超声萃取,有利于植物破壁,提高提取收率。

(6) 提取具有选择性,有效成分含量高,有利于进一步精制。

3.7.5　超声提取的新进展

O. Maniz-Naviero 等用高温超声辅助萃取,原子吸收测定海藻中总砷和总无机砷。超声辅助萃取的条件优化表明:甲醇的浓度、水浴温度、提取次数、超声功率、超声时间影响分析结果。

B. Krosnodeska Ostrega 等用 0.45 mol/L 乙酸,花 16 h 从土壤中提取 Cd、Pb 以及 Zn,为缩短时间,采用了超声辅助萃取。超声温度、超声时间对提取的影响被考察。土壤中 Cd、Pb 以及 Zn 的含量用悬汞电极溶出,伏安法测定,ICP - MS 法用做了比较。

E. Priego-Lopez 等先于个别的分离和用 GC - MS 测定硝基多环芳香族碳氢化合物之前，考察了用超声辅助连续提取它们的几种最佳化条件：探针位置、超声辐射大小、超声断续负载的百分数、超声时间、总的提取剂体积、提取剂流速、外加水浴的温度。所用超声辅助连续提取法，大大减少了提取时间（从 24 h 到 10 min）和提取剂体积（从 100 mL 到 10 mL）。

M. Felipe-Sotele 等用电热原子吸收光谱测定，比较了微波协助萃取法与超声波协助萃取法提取多种地球样品中 Co。两种提取方法没有显著差异，但用硝酸作液体媒介超声提取，无须化学改性剂，即可用电热原子吸收光谱直接测定 Co。

M. Palma 等最佳化了超声协助萃取葡萄和葡萄酒制品中的酒石酸和苹果酸的方法。设计确定了七个萃取条件的影响大小，以及条件间的相互影响。所用提取液体的成分以及提取的温度，是最重要的影响因素。中心复合设计被用于进一步优化实验所用条件。有机酸的定量通过液相色谱-柱后缓冲器-电导检测器完成。

M.C. Yebra 等用一个简单的连续的超声协助萃取系统在线提取海鲜中的 Mn。此系统被连接到一个在线的多支管而允许流动注射火焰原子吸收测定 Mn。每小时 60 个样品可被分析。这个方法已被用于测定贻贝、金枪鱼、沙丁鱼中的 Mn。

A. Lesniewioz 等比较了传统的、超声协助的以及微波协助的三种萃取技术在测定云彬中的金属的应用。

3.8　微波协助萃取

3.8.1　引言

微波是波长为 0.1～100 cm（即频率为 $10^8 \sim 10^{11}$ Hz）的一种电磁波，具有波粒二象性。人们对微波的利用是在通信技术中作为一种运载信息的工具或者将其作为一种信息，而微波协助萃取是把微波作为一种与物质相互作用的能源来使用。微波作为能源，还可用于烹饪食物，烘干物料，促进化学反应。目前，用作能源的微波，其频率是 2 450 MHz。

微波协助萃取是在传统的有机溶剂萃取基础上发展起来的一种新型萃取技术。它有如下特点：快速，只需几分钟；节省能源；降低环境污染；具有萃取选择性；可避免样品的许多成分被分解；操作方便；提取回收率高。

3.8.2　方法原理

作为一种电磁波，微波具有吸收性、穿透性、反射性，即它可被极性物（如水等）选择性吸收，从而被加热，而不为玻璃、陶瓷等非极性物吸收，具有穿透性。而金属要反射微波。

分子对微波具有选择性吸收，极性分子可吸收微波能，然后弛豫，以热能形式释放能量，或者说由于极性分子的两偶极在微波的较低频电磁场中将有时间欲与外电场达成一致而振荡，但微波频率要比分子转动频率快，迫使分子在转动时太快速取向而通过碰撞、摩擦放能生热。分子对不同频率的微波吸收能力不同。将水与含有金属离子的水溶液都用微波辐射，后者温升更高。这可用微波的传导机理解释：溶液中的离子在交变电场作用下迁移，由于不断碰撞产生热能。水要吸收微波,加上盐的作用,盐水吸收微波后温升更高。从实验看,相比于一般的热源,微波有使被加热物温度升高快的优点,像加热用的容器:玻璃、塑料不会升温,而内盛的含水物升温快,表面无孔的物体(如鸡蛋)在加热前,必须划开表皮后,再放入微波炉中加热,否则表面无孔的物体受热膨胀,会爆裂。用塑料袋装含水物体,用微波辐照加热时,须敞口,否则含水物体加热后,气体膨胀出现炸裂现象。这些事实表明微波加热是"内加热"。用电炉加热则是利用了空气的对流,玻璃器皿的热传导作用,这种加热方式能量损失大。

微波被物质选择性吸收的程度,可用物质的介质损耗角正切 $\tan\delta$ 来描述:

$$\tan\delta = \varepsilon''/\varepsilon'$$

式中,ε'' 为物质的介电损失因子;ε' 为物质的介电常数。实验表明:丙酮和乙醇的介电常数相同,但是它们的微波介电损失因子不同,乙醇表现出温度升高较丙酮快得多。

3.8.3　操作注意事项

我国对高功率微波设备规定,出厂时距设备外壳 5 cm 处漏能不能超过 1 mW/cm²。微波泄漏要损害人体。但低于 10 mW/cm² 的功率密度不会超过动物体温调节的代偿能力而导致明显的体温升高。

微波协助萃取,须注意如下操作事项:

(1) 保持炉门和门框清洁,不要在门和门框之间夹带抹布或纸张的情况下启动微波炉,以免造成微波泄漏。

(2) 不要随意启动微波炉,以免空载运行损害仪器。

(3) 微波炉内不得使用金属容器,否则会减弱加热效果,甚至引起炉内放电或损坏磁控管。

(4) 进出排气孔要保持畅通,以免炉子过热,引起热保护装置动作,关闭炉子。微波加热的时间不宜过长,要多加观察,防止过热起火,尤其是对易燃的溶剂。

(5) 万一炉内起火,请勿打开炉门,应立即切断电源,任其自然熄灭。

(6) 如果炉子跌落,引起门铰链或外壳损坏,应立即修理,否则可能引起微波过量外泄。

(7) 勿将普通的水银温度计放入炉中测定温度,以免引起打火或损坏。

3.8.4　影响微波协助萃取的因素

如前"液-液萃取"所述,选用对待提取成分溶解度高的有机溶剂,有利于高的提取收率,但若待提取成分和有机溶剂皆非极性,则须加入极性物——水,浸泡后,使用微波辐照加热,获得高的提取收率(新鲜中药材的细胞中本身含水,不烘干,直接用微波协助提取,效率高、实用性强,有效成分可破壁溶出)。亦可考虑选用甲醇、丙酮、乙酸、二氯甲烷、正己烷、苯、HNO_3、HCl、HF、H_3PO_4、己烷-丙酮、二氯甲烷-甲醇、水-甲苯等溶剂,它们可吸收微波。需要注意:除了溶剂,一些被萃取物本身能吸收微波,故选用同样的溶剂,有微波辐照的提取和传统的提取,其提取选择性是不同的(即提出液所含成分不同)。实际应用中,微波协助萃取所用溶剂待实际考察。

微波在样品中的传播有反射性,故待提取样品的形状、粒度要影响对微波的吸收,加热效果。微波进入样品后,能量被逐渐吸收,场强和功率要衰减,其衰减程度可用半功率穿透深度 $D_{1/2}$(功率减弱到表面处功率的一半时对应的距离)描述,

$$D_{1/2} = 3\lambda_0 / (8.686\pi \sqrt{\varepsilon_r} \tan\delta)$$

式中,λ_0 为所用电磁波的波长;ε_r 为被辐射物的相对介电常数;$\tan\delta$ 为损耗角正切。$\tan\delta$ 越大,则 $D_{1/2}$ 越小,故对于易吸收微波的被萃取物样品,用量不能太大,否则因半功率穿透深度小,中间的部分没有受到微波辐射。

由于存在微波功率衰减的问题,微波协助萃取时,微波功率选择得恰当亦很重要。选大了,浪费功率;选小了,样品加热不够,内部靠传统方式受热。

总之,要注意靠实验选择上述这些条件。

目前微波协助萃取主要是用在提取有效成分的工作中,微波也可以用于样品的消化。如果用酸提取金属离子不成功(或共存的有机物对测定有干扰),可对样品做微波消化处理,破坏有机物,释放天然结合的金属离子。微波消化具有高效能,实用方便。

随着微波萃取技术的研究与发展,微波萃取在很多行业都有广泛的应用。到目前为止,已见报道的微波萃取技术主要应用于土壤分析、食品化学分析、农药提取、中药提取、环境化学分析,以及矿物冶炼等方面。由于微波萃取具有快速高效分离及选择性加热的特点,微波萃取逐渐由一种分析方法向生产制造发展。

3.9 结束语

诚如本章"引言"中所说,萃取分离实际是集分离(复杂物质)与富集(微、痕量成分)于一体,具双重功能的方法。那么,我们如何科学地研究它,巧妙地运用它,不断地发展它呢?关键在于抓住它的实质,既要善于用归纳法系统地总结大量的文献报道,不被迷惑,不被淹没在文献的汪洋大海中,始终保持清醒的头脑,从历年文献报道的大量实验中概括出原理、原则;又要善于用演绎法将已有的原理、原则广泛地应用于各种各样的实际需要中,并不断地发展它、改良它、丰富它、评述它、展望它。为了对实际样品中的某些物质进行分离或分析,根据标准品研究出萃取之的萃取剂对溶剂萃取的发展有重要意义。对性质很相近物质进行分离是溶剂萃取的主要任务之一,将萃取剂改良,保持其对易萃物的高萃取率,降低其对另一物的萃取率以达到分离目的是其思路之一。在溶剂萃取中,萃取完全是主要的一方面,属热力学问题;萃取速度是重要的另一方面,属动力学问题。目前,几乎所有的文献报道都是围绕以上指标来采取各种措施的。所以用此把它们概括统一起来,并合理地分类,提出高效萃取的规律。

萃取分离除以上几种方法外,还有固-液萃取(快速、没有需分相的麻烦、萃取率高)、固相柱萃取(能有效分离和富集痕量成分、分离系数大、富集倍数高、所需有机溶剂极少、对环境污染小)。读者可自行主动查阅文献,扩大知识面,拓宽视野,深受启发,开创新局面。

思 考 题

1. 试述萃取分离法在分离分析科学中的作用和地位。

2. 目前萃取方法有哪几种？各有何特点？

3. 衡量萃取完全的指标是什么？其影响因素有哪些？

4. 衡量萃取速度的指标是什么？其影响因素有哪些？

5. 衡量萃取分离效率的指标是什么？它在评价一个萃取分离方法中的作用是什么？

6. 试述微波萃取的原理及操作的注意事项。

7. 试述萃取剂的选择原则。

8. 试述萃取溶剂的选择原则。

9. 说明分配系数、分配比和分离因数三者的物理意义。

10. 写出形成螯合物萃取体系的分配比 D 和平衡常数间的关系式。试依据这个关系式讨论萃取剂、溶剂、酸度的选择问题。

11. 在形成螯合物的萃取体系中 $pH^{1/2}$ 表示了什么？它的大小由什么因素决定的？对于 $pH^{1/2}$ 相差较大的离子,应如何使它们分离？对于 $pH^{1/2}$ 相差较小的离子又如何使它们分离？分别举例加以说明。

12. 什么是盐析剂？为什么盐析剂作用可以提高萃取效率？

13. 什么是协萃体系？为什么协同效应会显著地提高萃取效率？举例说明。

14. 有机物的萃取分离主要应用什么原则？举两例说明这个原则的灵活应用。

15. 试计算:(1)当所用提取溶剂与被萃液的相比(R)分别为 0.5,1,2 时的萃取率 E(假设萃取体系的分配比 D 分别为 10,1,0.1)。(2)试述不同分配比的计算结果可说明什么问题？

16. 当三氟乙酰丙酮分配在 $CHCl_3$ 和水中时得到如下的结果:当溶液的 pH 值为 1.16 时,分配比为 2.00;当 pH 值为 6.39 时,分配比为 1.40。求它在氯仿和水中的分配系数 K_D 和离解常数 K_i。

17. 当 HgI_2 溶液中有 I^- 存在时,形成 HgI_3^- 和 HgI_4^{2-}。试推导用有机溶剂萃取 HgI_2 时,HgI_2 的分配比与 $[I^-]$ 间的关系。

18. 用 8-羟基喹啉为萃取剂,用氯仿作溶剂,萃取分离 Fe^{3+}、Co^{2+}、Mn^{2+} 时,已知它们萃取曲线的 $pH^{1/2}$ 值分别为 1.5、5.2、6.7。问这三种离子是否可用这样的溶剂萃取法进行分离？如果可以,萃取分离时溶液的 pH 值应控制在什么范围内？(分离完全时 $\beta \geqslant 10^4$)

参 考 文 献

［1］ 刘克本.溶剂萃取在分析化学中的应用.北京:高等教育出版社,1965.

［2］ George H M, Henry F. Solvent Extraction in Analytical Chemistry. John Wiley & Sons, Inc., 1957.

［3］ 日本分析化学会.有机试薬による分離分析法(上、下).东京:共立出版株式会社,1960.

［4］ 徐辉远.金属螯合物的溶剂萃取.北京:中国工业出版社,1971.

［5］ 米勒 J M.化学中的分离方法.叶明吕,等译.上海:上海科学技术出版社,1981.

［6］ 明切斯基,等.无机痕量分析的分离和预富集方法.陈永兆,等译.北京:地质出版社,1986.

［7］ 国家自然科学基金委员会.自然科学学科发展战略调研报告:分析化学.北京:科学出版社,1993.

［8］ 邵令娴.分离和复杂物质分析.北京:高等教育出版社,1994.

［9］ 王开毅,成本诚.溶剂萃取化学.长沙:中南工业大学出版社,1991.

［10］ 严希康.生化分离工程.北京:化学工业出版社,2001.

［11］ 李淑芬,等.高等制药分离工程.北京:化学工业出版社,2004,5.

［12］ Sun Y G, et al. J analyst 2001,126(10):1694.

［13］ Ambrosine P, et al. Talanta, 2004,62(3):523.

［14］ Turner, et al. J Agric Food Chem, 2005,52(1):26.

［15］ Cui Z J, Liq Chromatogr Relat Technol, 2004,27(6):985.

［16］ Aghel N. Talanta, 2004,62(2):407.

［17］ Foy G. Talanta, 2003,61(6):849.

［18］ Cao X L. J Chromatogr A，2003，1021(1－2)：117.

［19］ Lam H，et al. Affinity-enhanced protein partitioning in decyl beta-D-glucopyranoside two-phase aqueous micellar systems. Biotechnology and Bioengineering，2005，89(4)：381.

［20］ Wijaya H，et al. Identification of potent odorants in different cultivars of snake fruit［Salacca zalacca (Gaert.) voss］using gas chromatography-olfactometry.Journal of Agricultural and Food Chemistry，2005，53(5)：1637.

［21］ Chu X G，et al. Determination of 266 pesticide residues in apple juice by matrix solid-phasedispersion and gas chromatography-mass selective detection. Journal of Chromatography A，2005，1063(1－2)：201.

［22］ Romain D，et al. Lanthanide cation extraction by malonamide ligands：from liquid-liquid interfaces to microemulsions. A molecular dynamics study. Physical Chemistry Chemical Physics，2005，7(2)：264.

［23］ Shen J Y，et al. Laser-Excited Time-Resolved Shpol'skii Sprdtroscopy for the Direct Analysis of Dibenzopyrene Isomers in liquid Chromatography Fractions. Applied Spectroscopy，2005，58(12)：1385.

［24］ Kim C K，et al. Arrow-bore high performance liquid chromatographic method for the determination of cetirizine in human plasma using column switching. Journal of Pharmaceutical and Biomedical Analysis，2005，37(3)：603.

［25］ Sultan M，et al. Sample pretreatment and determination of non steroidal anti-inflammatorydrugs (NSAIDs) in pharmaceutical formulations and biological samples (blood，plasma，erythrocytes)by HPLC-UV-MS and micro-HPLC. Current medicinal chemistry，2005，12(5)：573.

［26］ Fantinelli J C，et al. Effects of different fractions of a red wine non-alcoholic extract on is chemia-reperfusion injury. Life sciences，2005，76(23)：2721.

［27］ Farouq S M，et al. Modeling，simulation and control of a scheibel liquid-liquid contactor Part 1. Dynamic analysis and system identification. Chemical Engineering and Processing，2005，44(5)：543.

［28］ Makrlik E，et al. Extraction Distribution of 2－Nitroso-1-Naphthol in the Two-Phase Water-Nitrobenzene System. Zeitschrift fur Physikalische Chemie，2005，219(2)：257.

［29］ Ramachandra R B，et al. Studies on liquid-liquid extraction of tetravalent hafnium from weakly hydrochloric acid solutions by LIX 84-IC. Separation and Purification Technology，2005，42(2)：169.

［30］ Locatelli，et al. Determination of warfarin enantiomers and hydroxylated metabolites in humanblood plasma by liquid chromatography with achiral and chiral separation. Journal of chromatography B，2005，818(2)：191.

［31］ Malek F，et al. Tetrapyrazolic tripods. Synthesis and preliminary use in metal ion extraction. Tetrahedron，2005，61(12)：2995.

［32］ Maniz-Naviero O，et al. At Spectrosc，2004，25(2)：9.

［33］ Krosnodeska O B，et al. J Chem Anal (Warsan，Pol)，2003，48(6)：967.

［34］ Felipe-Sotele M，et al. Talanta，2004，63(3)：735.

［35］ Palma M，et al. Anal Chim Acta，2002，458(1)：119.

［36］ Yebra M C. et al. Anal Chim Acta，2003，477(1)：149.

［37］ Lesniewioz A，et al. Int J Enviro Anal Chem，2003，83(9)：735.

［38］ 方国桢，唐晓萍.食品发酵与工业，1991，(6)：75.

［39］ 方国桢，章莉.分析化学，1993，21(2)：170.

［40］ В.И. Кузнецов.ЖАХ，1959，14：161.

［41］ 藤永太一郎ほか.分析化学(日)，1969，18：398.

［42］ Fritz J S，Macka M.J Chromatogr A，2000，902(1)：137.

［43］ Fang M，Xu G W. Determination of Trace RA by Capillary Electrophoresis-Solid-Phase Microextraction with Direct UV Detection. Journal of Chromatographic Science，2003，41(6)：301.

［44］ Fang M，Sheng L，Han H，et al. Affinity Capillary Electrophoresis Coupled with On-line Microdialysis by Attachable Electrode. Electrophoresis，1999，20：1846－1849.

［45］ Fang M，Zhao R，Sheng L，et al. Separation of Four Basic Proteins in the Mixtures by Capillary Electrophoresis with a New Chemical Modification Column. Anal Lett，2002，35(2)：397.

［46］ 冯淑华,林强.药物分离纯化技术.北京:化学工业出版社,2014.

第4章

色层分析法

4.1 概述

色层分析法又称层析法或色谱分析法。

色层分析法最早始于 1906 年。俄国植物学家 M. Tsweett 在研究叶绿素时,让叶绿素的石油醚提取液通过装有 $CaCO_3$ 的管柱,并继续用石油醚淋洗,他发现由于 $CaCO_3$ 对提取液中色素的不同吸附能力,在 $CaCO_3$ 柱上形成多个不同的色带。以后的近 30 年中这种方法并未引起人们的注意。直到 1931 年,R. Kuhn 等人用色层分析法分离复杂的有机混合物时,这种方法才受到人们的重视。此后层析法得到迅速发展,发现了许多新的吸附剂、不同的分离机制,对层析装置也做了进一步改进。

1941 年,A.J.P. Martin 和 R.L.M. Synge 用硅胶柱分离氨基酸,提出了分配层析概念以及液-液分配层析的塔板理论。1944 年,R. Consden、A.H. Gordon 和 A.J.P. Martin 等将滤纸用于氨基酸分析,称这种方法为纸层析。

1950 年代开始,相继出现了气相层析、液相层析、高效液相层析、薄层层析、离子交换层析、凝胶层析、亲和层析等,几乎每一种层析法都已发展成为一门独立的分离技术。层析技术因操作较简便,设备不复杂,样品用量可大可小,被广泛地应用于科学研究和工业生产上。

为了使分离与产物性质特征结合,又发展了层析法和其他技术的联用。例如,气相层析和质谱的联用,气相层析和红外的联用,以及层析法和电泳的联用等,从而大大扩充了层析法的应用范围。

色层分析法是由流动相,带着被分离的物质流经固定相,在移动过程中,各种溶质受到固定相不同程度的作用,从而使试样中的各种组分分离。它可根据不同标准分成若干类型。按流动相和固定相性质不同,层析法可以分成两类,流动相为液体的层析和流动相为气体的层析,因所用的固定相不同各自又可分为两类,见图 4.1。

在液相层析中,用固体吸附剂为固定相的层析为液固层析,用某种键合在液体载体上的液体为固定相的层析为液液层析。相应地,气相层析中气固层析法是以固体吸附剂为固定相,气液层析是以液体为固定相的层析。

图 4.1 色层分析法的分类

按固定相的装填方式不同,色层分析可以分类如下:柱层析——固定相装填在管中成柱形,在柱中进行的层析分离;纸层析——利用滤纸作为固定相的层析分离;薄层层析——固定相在玻璃板、铝膜等支持物上铺成薄层的层析分离。根据分离的原理不同,又可分成不同种类,见表 4.1。本章讨论经典的柱层析、纸层析和薄层层析。它们的分离原理有的是利用吸附作用的不同,有的是利用分配作用的不同,也有的是利用离子交换和凝胶排阻作用的差异,本章讨论吸附层析、分配层析、亲和层析、凝胶层析,而离子交换层析将在第 5 章中讨论。

表 4.1　色层分析法的分类

类　型	原　理	固　定　相	常用操作方式
吸附层析	吸附力,疏水力和静电力	硅胶、Al_2O_3、活性炭、羟基磷灰石	柱层析、薄层层析
分配层析	分配系数、溶解度	硅胶、纤维素、滤纸、硅藻土	纸层析、柱层析、薄层层析
亲和层析	生物分子亲和力	带配基的琼脂糖、葡萄糖以及硅胶等	柱层析、薄层层析
凝胶层析	排阻效应	交联葡聚糖、琼脂糖	柱层析
离子交换层析	离子间作用力	树脂、离子型纤维素、葡聚糖等离子交换剂	柱层析、薄层层析

4.2　吸附色层法

吸附是 1909 年 J. W. Mc Bain 首先提出的一个术语,指在固体或液体内部或表面的选择性传递。在吸附过程中,气体或液体中的分子或原子或离子扩散到固体表面,通过与固体表面的氢键或弱分子间力作用而吸附,见图 4.2。被吸附的物质称为溶质,而固体材料称为吸附剂。

吸附层析(adsorption chromatography)是指混合物随流动相通过由吸附剂组成的固定相时,在固定相和流动相作用下发生吸附、脱附、再吸附、再脱附的反复过程,由吸附剂对不同物质的不同吸附力而使混合物分离的方法。吸附层析也是应用最早的层析方法,由于吸附剂来源丰富,价格低廉,易再生,装置简单,灵活,又具有一定的分辨率等优点,至今广泛应用于各种天然化合物和生化产品、化工产品等的分离制备。

4.2.1　原理

吸附层析是通过样品在固定相和流动相之间的吸附、脱附作用而实现分离的,这种吸附作用是一种物理吸附,通常是单分子层或双分子层或多分子层。它包括几种作用力,被分离样品与吸附剂之间相反电荷基团与基团之间的静电引力,氢键、偶极分子之间定向力及范德瓦尔斯力等。在不同条件下各种作用力的作用强弱各不相同,占主要地位的作用力可能一种,也可能几种力同时起作用。

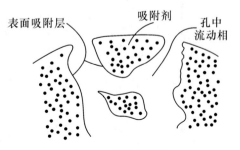

图 4.2　吸附示意图

在一定温度下,某种组分在吸附剂表面的吸附规律可用平衡状态时此组分在两相中浓度的相对关系曲线来表示,这种关系曲线称吸附等温线。吸附等温线的斜率 K_D 表示分配系数,它是层析法分离纯化溶质的主要依据,它表示溶质在互不相溶的两相中的分配状况。不同的物质之所以能在一根层析柱上彼此分离,就是因为在一定温度-压力下,不同物质的分配系数不同。对于混合物,若不同物质间的分配系数相差越大越容易分离。具有较大分配系数的溶质比分配系数小的溶质以较慢速率流过色谱柱板。

当溶剂 A 随着流动相缓缓流过层析柱中的吸附剂(即固定相)时,溶质 A 在两相之间不断地发生了吸附、脱附、再吸附、再脱附的分配过程。如果以 c_s 表示溶质在固定相中的浓度,c_m 表示溶质在流动相中的浓度,吸附平衡可用下式表示之:

$$c_m \rightleftharpoons c_s$$

吸附平衡的平衡常数:

$$K_D = \frac{c_s}{c_m}$$

若 K_D 为常数,则其吸附等温线是线形的,线性吸附等温线见图 4.3(a_1)。当流动相的流速保持恒定时,溶质 A 的区带在层析柱中将以恒速前进,最后流出柱外。如果测定流出液中 A 的浓度,绘制流出液浓度 c 和体积 V 的关系曲线,则得如图 4.3(b_1)所示的曲线,为一对称形的层析图谱,或称之为洗脱曲线、洗提曲线。若吸附剂各个点对样品的吸附能力不均匀,则 K_D 随着吸附溶质量的不同而变化,呈现非线形的吸附等温线。非线性等温线主要可分为两种:一种是呈凸形的吸附等温线(Langmuir 等温线),如图 4.3(a_2)所示;一种是呈凹形的吸附等温线(反 Langmuir 等温线),如图 4.3(a_3)所示。由于吸附剂表面上具有吸附能力强弱不同的吸附中心,溶质在其上的分配系数是不同的。吸附能力较强的吸附中心,溶质在其上的分配系数(K_D)较大,溶质分子将首先占据它们,逐次再占据较弱的、弱的和最弱的。于是分配系数 K_D 值随着溶质在吸附中心上的浓度的增加,强吸附中心的被饱和而逐渐变小,因而吸附等温线逐渐向下弯曲而呈凸形。对于这种层析过程中进行洗脱时,由于数量较多的弱的和较弱的吸附中心上的溶质先被洗下,因而溶质浓度较集中的区域前进较快,先行流出;接着较少的强吸附中心上的溶质也被洗脱而流出。于是获得的层析图谱呈拖尾形,如图 4.3(b_2)所示,吸附层析等温线以这种形式为主。但如果减少溶质的量,只利用凸形等温线开始的一部分,接近于线性关系,这时洗脱曲线也就变得对称了。

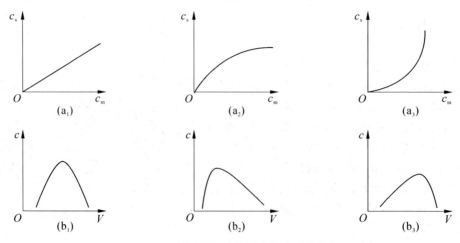

图 4.3　吸附等温线(a)和对应的洗脱曲线(b)

在试样中各组分的分配系数往往稍有差异。分配系数 K_D 较大的组分,在柱中被吸附得较牢,在固定相中保留的时间较长,要把它从柱上洗脱下来,所需的溶剂(流动相)也较多。分配系数 K_D 较小的组分,被吸附得不牢固,在柱中保留时间较短,较容易被洗脱下来。在洗脱过程中,由于经过了许多次的吸附、脱附的分配过程,使得分配系数稍有不同的组分,也能产生明显的保留特性的差异,从而使它们彼此分离。

4.2.2　吸附剂的类型及选择

为了使混合物中各种吸附能力稍有差异的组分能够分开,必须选择适当的吸附剂。为了满足商业和应用分离的要求,吸附剂需满足以下条件:高选择性以实现很好分离;高容量以减少吸附剂的使用量;对于快速吸附具有很好的动力学和传递特性;具有化学和热稳定性,在流动相中不溶解以保持吸附剂的特性;具有一定的机械强度和惰性,防止破碎和腐蚀;易于充填或铺层;不会与欲分离试样和流动相发生化学反应;抗污染性强;价格便宜。

吸附剂一般是多孔性的微粒状物质。吸附剂的多孔结构,粒度和粒子形状是影响色层系统特性的基本因素。大多数固体对气体和液体都有吸附能力。但是,只有几种有足够的选择性和吸附容量使其成为商业用吸附剂,其中最重要的是必须具有较大的表面积。可通过生产技术使吸附剂成为微孔状结构。吸附剂一般是粒度介于 $0.05 \sim 12$ mm 的均匀的细小颗粒、球体或粉末,其比表面积达 $300 \sim 1\,200$ m^2/g。因此,仅仅几克吸附剂可具有相当于 $5\,000$ m^2 足球场的表面积。在孔径为 $1 \sim 20$ nm 的吸附剂中其孔面积可达总面积的 $30\% \sim 85\%$。

吸附剂表面具有许多吸附中心,这些吸附中心的数量的多少以及其吸附能力的强弱直接影响吸附剂的吸附性能。如果吸附剂中含有一定量水分,则吸附剂表面强活性中心被水分子占据,吸附剂的吸附能力减弱;加热驱除水分,可使吸附剂的吸附能力加强,即所谓"活化"。

吸附剂一般可分为极性和非极性两类。极性吸附剂包括氧化物、氢氧化物和盐,在吸附过程中,离子与偶极、偶极与偶极的相互作用起主导作用。非极性吸附剂如活性炭、硅胶等,吸附作用主要是色散力作用的结果。吸附剂性质不能全部由化学结构来衡量,因为吸附剂的溶剂化作用以及吸附剂的预处理等也会影响吸附剂的性质。例如,非极性的活性炭用空气氧化活化,就会变成极性吸附剂。此外,吸附剂的物理状态也影响吸附剂的性能。例如,吸附作用发生在表面上的吸附剂,粒子变小会增加吸附剂的表面积,而使吸附容量增加。对一些多孔吸附剂来说,溶质能进入吸附剂孔径内,这样,晶型结构不同的吸附剂的三维空间作用力对具有立体结构的溶质分子产生的作用力也不相同。因此,某些无机吸附剂对生物大分子的吸附作用为非可逆性的。

在选择吸附剂时,一般是根据吸附剂和被吸附物质理化性质进行的。一般来讲,极性强的吸附剂易吸附极性强的物质,非极性的吸附剂易吸附非极性的物质。但是为了便于解吸附,分离弱极性的组分选用极性强的吸附剂,分离极性较强的组分应选用极性小的吸附剂。

很多商品吸附剂购得即可使用。但是,当吸附剂混有某些杂质或者颗粒不均匀时,使用前应进行处理。一般是先过筛,除去大的颗粒,或者采用悬浮法,除去细小颗粒,然后用酸、碱等溶液浸泡,接着用沸水煮,清水洗,末了用有机溶液如甲醇处理,这样即可得到既无杂质、颗粒又均一的吸附剂。常用的吸附剂有 Al_2O_3、硅胶、羟基磷灰石、聚酰胺等。

（1）硅胶

硅胶是由聚硅酸脱水制得的颗粒状吸附剂,其结构示于下图:

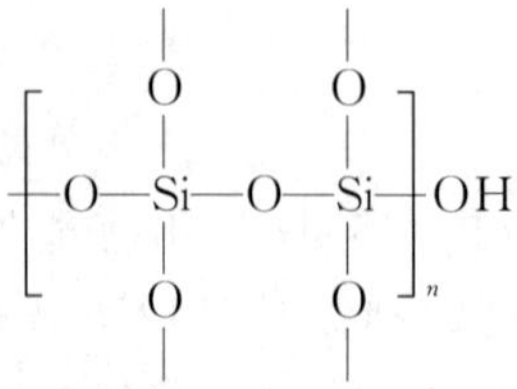

硅胶的吸附特性主要是由于硅原子上的活性羟基产生的。不同位置的—OH 产生不同强度的吸附能力,通过表面的—OH,硅胶与被吸附物质间形成氢键。由于活性羟基在硅胶表面较小的孔穴中较多,因而表面孔穴较小的硅胶吸附性能较强。另外与硅胶本身

含水量也有很大关系,水与硅胶表面的羟基结合成水合硅醇: $-\overset{|}{Si}-OH \cdot OH_2$,使其失

去吸附性能。当含水量高时,则活性小。当硅胶吸附 $11\%\sim12\%$（质量分数）水时,其大部分活性中心被水占据。当硅胶在 $20℃$,50% 相对湿度下达到平衡时,其含水量均为 $11\%\sim12\%$,因此普通情况下不用活化。当硅胶暴露于高湿度环境下,如硅胶表面的水含量大于 17%,其活性是很低的。加热至 $100℃$ 左右能可逆地除去这些水分,使硅胶活化。最佳的活化条件为 $105\sim110℃$,加热 $30\ min$。如果加热至 $200℃$ 以上,则硅胶逐渐失去结构水,形成硅氧烷:

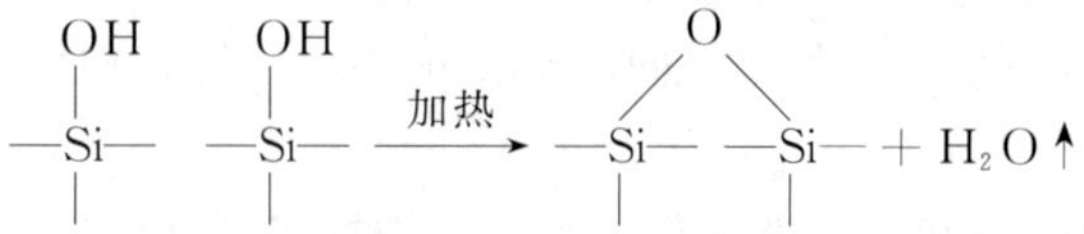

吸附能力下降。加热至 $400℃$ 以上,上述反应发生在两相邻表面间,硅胶的表面积逐渐变小,以至于烧结。活化的硅胶应储存在干燥器或密闭的瓶中,但时间不宜过长。

硅胶具有微酸性,可用于分离酸性和中性物质,如有机酸、氨基酸、甾体激素、类脂、萜类及色素等物质,硅胶用量一般是样品量的 $30\sim36$ 倍。

键合硅胶是通过化学反应将各种有机基团以共价键形式连接到硅胶表面的硅醇基上而得到的。根据键合基团的不同,键合硅胶主要分为极性键合硅胶和非极性键合硅胶。

极性键合硅胶是将含极性基团的有机分子键合到硅胶上而得到的。常见的极性键合相有氰基、氨基、二醇基等。它是一种弱吸附剂,对各种化合物的分离与硅胶类似,但保留值比硅胶低。极性键合硅胶的分离机理通常是键合极性基团与溶质分子间发生诱导、氢键或静电作用而实现选择性分离。氰基键合相具有中等极性,是一个氢键接受体,对于酸性、碱性样品能得到对称色谱峰,对双键异构体和双键环状化合物具有很好的分离选择性。氨基键合相能用于正相、反相及离子交换色谱。氨基键合相与硅胶具有不同的色谱性能,它具有氢键给予体和接受体的性质,对多功能基化合物显示很好的分离选择性。

非极性键合硅胶是在硅胶表面键合非极性或极性很小的烃基而得到的。已使用的烷基

链长有 C2、C4、C6、C8、C18、C22 等,还有苯基和多环芳烃,其中应用最多的是十八烷基键合硅胶。

（2）氧化铝

氧化铝是由 $Al(OH)_3$ 脱水制得,最适合层析的是 $\chi-Al_2O_3$ 和 $\gamma-Al_2O_3$。人们对它的物理化学特性及其吸附机理的认识还不一致。有人认为 Al_2O_3 表面存在铝羟基 Al—OH,由于羟基的 H 键作用而能吸附其他物质。Snyder 认为 Al_2O_3 不像硅胶一样,—OH 起很主要的作用,它主要是由于某些暴露的铝原子减弱了 Al—O 键,从而使其他阳离子位置成为吸附中心。

市售的 Al_2O_3 可分为中性、酸性、碱性三种。中性氧化铝应用较广泛,适用于醛、酮、酯、内酯化合物及某些苷的分离;酸性氧化铝适用于酸性化合物,如酸性色素、某些氨基酸,以及对酸稳定的中性物质的分离;碱性 Al_2O_3 适用于分离碱性化合物,如生物碱、醇以及其他中性和碱性物质。一般来讲,能酸性或碱性氧化铝分离的物质也可用中性的氧化铝分离。一般 Al_2O_3 用量为样品量的 5～20 倍。

氧化铝的活性与含水量密切相关,活性强弱用活度级 Ⅰ～Ⅴ 级表示,活度 Ⅰ 级吸附能力最强,Ⅴ 级最弱。可用偶氮苯、对甲基偶氮苯、苏丹黄、苏丹红、对氨基偶氮苯的四氯化碳溶液,点于氧化铝铺层板上,以四氯化碳为展开剂,展开后测定各斑点的 R_f 值,根据 R_f 值可以确定氧化铝活度级。把氧化铝加热至 100～150℃,除去与羟基结合的部分水分,使氧化铝具有一定的活性;加热至 150℃ 以上,氧化铝活性增至 Ⅱ～Ⅲ 级;加热至 300～400℃,氧化铝活性增至 Ⅰ～Ⅱ 级;再升温至 600℃ 以上,进一步脱水并开始烧结。由于脱水过程受到许多因素的影响,因此每批生产的氧化铝,其表面积和表面孔穴结构并不一致,活性也不相同。要想分离结果重现性好,必须使所用吸附剂的活性一致。吸附剂的活度可用薄层测定。

硅胶薄层的活化程度测定与氧化铝薄层类似。最大活度的产品定为 Ⅰ 级,随着含水量不同,级别也不同,表 4.2 是 Al_2O_3、硅胶不同含水量时的活度级别。

表 4.2　Al_2O_3、硅胶的活度级别

活度级别	含水量/%		活度级别	含水量/%	
	Al_2O_3	硅　胶		Al_2O_3	硅　胶
Ⅰ	0	0	Ⅳ	10	25
Ⅱ	3	5	Ⅴ	15	38
Ⅲ	6	15			

（3）羟基磷灰石

羟基磷灰石$[Ca_5(PO_4)_3OH]_2$（HA）,由于 HA 的吸附容量高,稳定性好（在 $T<85℃$,pH＝5.5～10.0 均可使用）。在制备及纯化蛋白质、酶、核酸、病毒和其他生命物质方面得到了广泛的应用。HA 的 Ca^{2+} 基团和生物表面的负电荷基团的相互反应,在用 HA 分离生物分子过程中起着重要的作用。HA 的 PO_4^{3-} 基团与生物分子表面的正电荷基团的相互反应,起着次要的作用。

在使用 HA 作为固定相基质时,有几点应注意:HA 系干粉末时,要先在蒸馏水中浸泡,使其膨胀度（水化后所占有的体积）达到 2～3 mL/g 后,再按 1∶6 体积比加入缓冲液（如

0.01 mol/L Na_3PO_4 缓冲溶液,pH=6.8)悬浮,以除去细小颗粒;HA悬浮液须用旋涡振荡器混合,若用磁棒或玻璃棒搅拌时,HA的晶体结构会受破坏;忌用柠檬酸缓冲液和pH<5.5的缓冲液。当用过的HA层析柱再生时,要先挖去顶部的一层HA,然后用1倍床体积的1 mol/L NaCl溶液洗涤,接着用4倍床体积的平衡液洗涤平衡,如此处理后即可使用;就操作容量来说,一般细颗粒HA比粗的大;从分辨率比较,粗颗粒HA也没有细的好。但是用细的颗粒层析时,柱子直径大些才能达到满意的流速。

(4)聚酰胺

它是由己内酰胺聚合而成,因而又称聚己内酰胺,或称锦纶。层析用聚酰胺是白色多孔性的非晶形粉末,易溶于浓盐酸、热甲酸、乙酸、苯酚等溶剂;不溶于水及甲醇、乙醇、丙酮、乙醚、氯仿、苯等有机溶剂。对碱比较稳定,对酸的稳定性较差,热时更敏感。

聚酰胺分子内存在着很多的酰胺键,可与酚类、酸类、醌类、硝基化合物等形成氢键,因而对这些物质有吸附作用。酚类和酸类是以其羟基或羧基与聚酰胺键的羰基形成氢键;芳香硝基化合物和醌类化合物是以其硝基或醌基与聚酰胺分子中酰胺键的游离氨基形成氢键。各种化合物因其与聚酰胺形成氢键能力的不同,吸附能力也就不同,因此可以得到分离。一般来讲,具有以下规律:能形成氢键基团较多的溶质,其吸附能力较大;对位、间位取代基团都能形成氢键时,吸附能力增大,邻位的使吸附能力减小;芳香核具有较多共轭双键时,吸附能力增大;能形成分子内氢键者,吸附能力减小。

(5)吸附树脂

吸附树脂是由人工合成的具有大孔结构和大表面积的吸附剂,常见的为苯乙烯、α-甲基苯乙烯、甲基丙烯酸甲酯或丙烯腈等单体与二乙烯苯交联剂共聚形成的,国内外较著名的吸附树脂见表4.3。

表4.3 吸附树脂的种类

		单 体	交联剂	极 性	孔 径	比表面积 /(m²·g⁻¹)
Amberlite系列	XAD-1	苯乙烯	二乙烯苯	非极性	200	100
	XAD-2	苯乙烯	二乙烯苯	非极性	90	330
	XAD-4	苯乙烯	二乙烯苯	非极性	50	750
	XAD-7	α-甲基丙烯酸甲酯	双(α-甲基丙烯酸)乙二醇酯	中极性	80	450
	XAD-9	亚砜		极性	80	250
	XAD-10	丙烯酰胺		极性	352	69
	XAD-12	氧化氮类		强极性	1 300	25
Diaion系列	HP-10	苯乙烯	二乙烯苯	非极性		400
	HP-20	苯乙烯	二乙烯苯	非极性		600
	HP-30	苯乙烯	二乙烯苯	非极性		500~600
	HP-40	苯乙烯	二乙烯苯	非极性		600~700
	HP-50	苯乙烯	二乙烯苯	非极性		400~500

续　表

	单　体	交联剂	极　性	孔　径	比表面积/(m² · g⁻¹)
GDX – 104	苯乙烯	二乙烯苯	非极性		590
GDX – 401	乙烯、吡啶	二乙烯苯	强极性		370
GDX – 501	含氮极性化合物	二乙烯苯	极性		80
GDX – 601	带强极性基团	二乙烯苯	强极性		90
Duolite S – 30	苯酚甲醛缩合物		极性		128
Lewapol G – 7318	苯乙烯		非极性		42

吸附树脂属于热固性聚合物,加热不溶,可在 150℃ 以下使用,不溶于溶剂及酸碱。它在使用过程中膨胀或收缩都很小,在重复多次后性能仍然稳定。吸附树脂是一种亲脂性物质,由于其表面性质不同,可吸附溶液中的不同有机物,它的作用力主要是范德瓦尔斯力,这种结合力比起静电引力来要弱得多,所以说从吸附树脂上把被吸附物解吸下来是比较容易的,只要改变其亲水-疏水平衡即可。吸附树脂的吸附能力,不但与吸附剂的化学结构和物理性能有关,而且与溶质及溶液的性质有关。吸附树脂是通过有机合成制备的,因此含有作为致孔剂的溶剂和一些副反应产物,在使用前必须处理,通常是用石油醚浸泡冲洗,然后用水蒸气蒸馏,最后用甲醇和含水甲醇淋洗,再用 1 mol/L 的 HCl 或 NaOH 分别处理。在储藏保存时应保持湿润状态,一般浸泡在甲醇溶液中,使用前可用无盐水把甲醇置换。解吸后的吸附树脂需再生后才能使用,常用甲醇或其他有机溶剂再生,也可用酸、碱或水处理。

大孔吸附树脂是一类新型的非离子型高分子化合物,对有机物选择性好。不受无机盐等离子和低分子化合物的影响。大孔吸附树脂是吸附性和分子筛原理相结合的分离材料,它的吸附性是由于范德瓦尔斯力或产生氢键的结果,分子筛作用是由于其本身多孔性结构的性质所决定。大孔吸附树脂可以有效地吸附具有不同化学性质的各种类型化合物。以范德瓦尔斯力从很低浓度的溶液中吸附有机物,其吸附性能主要取决于吸附剂的表面性质。如表面的亲水性或疏水性决定了它对不同有机化合物的吸附特性。根据树脂的表面性质,可分为非极性、中极性和极性三类。非极性吸附树脂是由偶极距很小的单体聚合制得,不带任何功能基,表面的疏水性较强,可通过与小分子内的疏水部分的作用吸附溶液中的有机物。中极性的吸附树脂是含酯基的吸附树脂,其表面兼有疏水和亲水两部分。极性吸附树脂是指含酰氨基、氰基、酚羟基等含氮、氧、硫极性功能基的吸附树脂。一般来说,非极性化合物在水中易被非极性树脂吸附,极性树脂则易在水中吸附极性物质,中极性树脂既可由极性溶剂中吸附非极性物质,又可由非极性溶剂中吸附极性物质。另外,物质在溶剂中的溶解度大,树脂对此物质的吸附力就小,反之就大。相对分子质量大、极性小的化合物与非极性大孔吸附树脂吸附作用强。

4.2.3　流动相及其选择

流动相一般指洗脱吸附柱的溶液,它需要满足以下要求:稳定性好,黏度小(0.4 ∼ 0.5)×10⁻³ Pa · s,易于分离,易于洗脱所分离组分。流动相的洗脱作用实质上是流动相分子与被分离的溶质分子竞争占据吸附剂表面活性中心的过程。强极性的流动相分子竞争占据吸附中心的能力强,具有强的洗脱作用。非极性流动相竞争占据活性中心的能力弱,洗脱作用就要弱得多。因而为了要使试样中吸附能力稍有差异的各种组分分离,就必须根据试样的性质、吸附剂的活性,选择适当极性的流动相。

显然,强极性的组分容易被吸附剂所吸附,应选用极性较强的流动相才能把它从吸附剂上洗脱下来,使之沿着层析柱前进;弱极性的组分则应选弱极性的流动相洗脱之。

被分离组分的结构不同,极性也不同,饱和碳氢化合物系非极性化合物,在其结构中取代一个功能团后极性增强。常见的官能团按其极性强弱次序排列为:烷烃($-CH_3$,$-CH_2-$)<烯烃($-CH=CH-$)<醚类($-OCH_3$,$-OCH_2-$)<硝基化合物($-NO_2$)<二甲胺($-N(CH_3)_2$)<酯类($-COOR$)<酮类($-\overset{\overset{O}{\|}}{C}-$)<醛类($-CHO$)<硫醇($-SH$)<胺类($-NH_2$)<酰胺($-NHCOCH_3$)<醇类($-OH$)<酚类($Ar-OH$)<羧酸类($-COOH$)。有机溶剂的极性与它的取代基团有关。当有机分子的基本母核相同时,取代基团的极性增强,整个分子的极性增强。有机溶剂的极性只随功能团的数目增加而溶剂的极性增加,随相对分子质量增加而极性减小。分子中的双键多,吸附力强;共轭双键多,吸附力增强。分子中取代基团的空间排列对吸附性能也有影响,如同一母核中羟基处于能形成内氢键位置时,其吸附力弱于不能形成内氢键的化合物。

各种盐溶液带正负电荷,它们的极性程度高。例如,一般蛋白质或核酸被极性强的羟基磷灰石吸附后,要用含有盐梯度的缓冲液洗脱。而甾体或色素等化合物被极性较弱的硅胶吸附后,则可用有机溶剂洗脱。所用洗脱剂的梯度浓度大小和极性强弱的选择,需通过试验确定。

以聚酰胺为吸附剂时,通常采用水溶液、各种不同配比的乙醇水溶液、不同配比的丙酮水溶液、稀氨水以及由二甲基甲酰胺-醋酸-水-乙醇体积比为(1:2:6:4)配成的混合溶剂。以吸附树脂为吸附剂时,由于分子间吸附力较弱,可用低级醇、酮或其水溶液洗脱。选用的溶剂不仅可使吸附剂溶胀,而且易溶解吸附物。一般遵循以下原则:弱酸性物质在酸性下吸附,碱性下洗脱;弱碱性物质在碱性下吸附,酸性下洗脱。在高浓度盐溶液中进行吸附常用水解吸。在选择流动相时,可参考不同溶剂的介电常数(表4.4),介电常数反映了溶剂的极性程度,介电常数越大,极性越强,洗脱能力越强。流动相极性较弱时,可使试样中弱极性的组分洗脱下来,在层析柱中移动较快,而与极性较强的组分分离。同样,强极性和中等极性流动相适用于强极性和中等极性组分的分离。常用的流动相按其极性增强顺序排列为:石油醚<环己烷<二硫化碳<四氯化碳<苯<甲苯<氯仿<乙醚<乙酸乙酯<丙酮<正丙醇<乙醇<甲醇<吡啶<酸。

表 4.4　各种溶剂的介电常数(*20℃,其他 25℃)

溶 剂	介电常数	溶 剂	介电常数
n-己烷	1.89*	氯仿	4.81
石油醚	2.0	乙酸丁酯	5.01*
环己烷	2.02	乙酸己酯	6.02
四氯化碳	2.23	吡啶	12.3
苯	2.27	丙酮	20.7
甲苯	2.38	乙醇	24.3
甲醇	32.6	水	78.5

在选择洗脱剂时,还可以由各种溶剂按不同配比配成混合溶剂作为流动相。因此流动相的种类很多,流动相的选择也就比固定相的选择更为复杂。为了获得物质的最佳分离,尤其是极性相差大的物质,应采用洗脱能力递增的流动相。在实践中一般从极性小到极性大,通过实验来选择溶剂。

4.3　分配层析

分配层析(Distribution Chromatography)是指在一个有两相存在的系统中,利用不同物质的分配系数不同而使其分离的方法。在层析分离过程中,这两种互不混溶的溶剂之一为流动相;另一种是吸收在载体中的溶剂,这种溶剂是键合在载体中,在层析过程不流动,为固定相。例如以硅胶为支持物,硅胶上键合水为固定相,环己烷和丙酮混合液为流动相分离氨基酸就是一个典型的分配层析实验。

4.3.1　原理

分配层析是根据欲分离组分在两种互不混溶(或部分混溶)溶剂间溶解度的差异来实现的,当流动相带着试样中的各种组分沿着层析方向流动时,试样中的各种组分就在流动相和固定相两种溶剂间进行分配,不同的组分分配系数有差异时,它们前进的速度就不相同,于是得以分离。分配层析中的分配系数以 K_D 表示之。V_s、V_m 分别为固定相和流动相的体积,c_s、c_m 为溶质在两相中的浓度。于是:

$$\frac{1-R}{R} = \frac{c_s V_s}{c_m V_m} = K_D \frac{V_s}{V_m} \tag{4-1}$$

整理上式得:

$$\frac{1}{R} = 1 + K_D \frac{V_s}{V_m}$$

$$R = \frac{1}{1 + K_D \dfrac{V_s}{V_m}} \tag{4-2}$$

式中,R 是溶质分子出现在流动相中的概率,它表示了层析过程中溶质分子在层析柱中移动的情况,也表示了溶质分子与流动相分子在层析柱中移动速度的相对值,常以 R_f 表示之,称之为比移值。从式(4-2)可见,在一定的层析条件下,V_s、V_m 为定值时,R_f 只和分配系数 K_D 有关。各种不同组分,由于它们的分配系数不同,比移值不同,因而可以得到分离。K_D 越大,溶质分子停留在固定相的概率越大,层析移动越慢,R_f 越小。

从式(4-1)也可以得到:　　　$K_D = \left(\frac{1}{R_f} - 1\right) \times \frac{V_m}{V_s}$

两边取对数得:　　　$\lg K_D = \lg\left(\frac{1}{R_f} - 1\right) + \lg \frac{V_m}{V_s}$

设　　　　　　　　　　$\lg\left(\frac{1}{R_f} - 1\right) = R_M$

则
$$R_M = \lg K_D - \lg \frac{V_m}{V_s}$$

在一定的层析条件下,V_s、V_m 为一定值,可见 R_M 值也只和分配系数 K_D 有关。在一定的层析条件下,不同的组分因 K_D 值不同,R_f 和 R_M 也不同,因此这两个参数常被用来进行组分的定性鉴定。

4.3.2 固定相及其选择

分配层析中常用的固定相为水,此外也有用稀酸、甲醇、甲酰胺等强极性溶剂作固定相的,它是通过吸附或键合作用于载体上。常用的载体应符合以下要求:具有多孔结构,能保留较多的固定相,并且吸附或键合固定相能力较强,以防在洗脱过程中被流动相带走;载体有良好的物理化学惰性;价格低廉,使用方便。

严格地讲,载体只起负载固定相的作用,本身应该是惰性的。但实际上并不是这样,对于同一种试样,改变载体,常常会使 R_f 值发生改变,这可能是由于载体表面固定液膜较薄,一部分载体裸露在外面,起了吸附剂的作用。也就是分配层析中常常混杂着吸附层析。

分配层析中常用的载体有如下几种:

(1) 硅胶

在分配层析中用作载体的硅胶一般在 80℃ 左右活化,使其表面残留一定量的水分作固定相。

(2) 纤维素

层析用纤维素可分为两种,即天然纤维素和微晶纤维素。前者是由质量较好的纸浆,经干燥、粉碎后制得,纤维长约 $2\sim20~\mu m$,平均聚合程度为 $400\sim500$;后者是由棉花等较纯的纤维素,加强酸一起加热,部分水解后形成的微小晶体纤维素,平均聚合程度为 $40\sim200$。纤维素上有许多羟基,易与水形成氢键而将水吸附,这种吸附着的水分形成分配层析中的固定相。

(3) 硅藻土

硅藻土系天然存在的非晶形硅胶,其中除 SiO_2 外还含 Al_2O_3、Fe_2O_3、CaO、Na_2O 和有机物及水分等。需经净制才能供层析用。净制步骤包括淘洗、干燥、灼烧。硅藻土比表面积较小,一般为 $1\sim5~m^2/g$。

4.3.3 流动相及其选择

分配层析中的流动相一般是与水不相混溶的有机溶剂,如正丁醇、正戊醇等。为了防止层析过程中流动相把吸附于载体上的少量水分带走,流动相应预先以水饱和,并应加入少量醋酸、氨水等弱酸、弱碱,以防止某些被分离组分的离解。

分配层析有两种形式,一种是正相层析,固定相为亲水性的物质,如水、稀酸、甲醇、甲酰胺等,流动相为与水不相混溶的有机溶剂,常用来分离强极性的、亲水性的物质,如脂肪酸、多元醇、水溶性氨基酸等。另一种是反向层析,疏水性的有机物作固定相,亲水性溶剂作流动相,常用来分离亲脂性的有机物。此时非极性的、脂溶性的组分的比移值小,不易洗脱;极性较强的、脂溶性较差的组分易被洗脱,比移值大。

分配层析速度较慢,处理量小,温度的影响较大,因此能用吸附层析分离的试样总是尽量采用吸附层析来解决。

4.4　亲和层析

亲和层析(Affinity Chromatography)又称为功能层析。它是在一种特制的具有专一吸附能力的吸附剂上进行的层析。这种层析是利用底物、抗体和抗原等之间的特异性亲和力来选择分离的,因此该方法专一性强,分离速度快,效果好。但在 1960 年以前,配基固定化的技术没有很好地解决,使这一方法进展缓慢,1960 年后以来,固定化酶领域中的固定技术有了很大发展,特别是溴化氰活化多糖技术的引入,使亲和层析获得迅速的发展。近年来亲和层析发展非常快,已成为分离纯化生物大分子的一种较完善的技术。

4.4.1　原理

生物大分子具有与其相应的专一分子可逆结合的特性,即在一定条件下某些物质只能与某一种生物大分子物质结合而不与其他生物大分子结合,当条件如溶液 pH 或离子强度改变时它们又解离。酶与底物、酶与抑制剂、酶与变构效应剂、酶与辅酶、激素与细胞受体、维生素与结合蛋白、基因与核酸、抗体和抗原、外源凝集素与红细胞表面上的抗原等,都具有这种特异亲和的关系。如果用化学的方法将与分离对象能专一性地亲和的配基连接在不溶于水的载体上制成专一亲和吸附剂,再将亲和吸附剂装填在柱中或制成层析板,在有利于分离对象与配基形成配合物的条件下,让分离对象的样品溶液通过该层析柱,让分离对象被吸附在亲和吸附剂上,其余物质不被吸附,全部流出吸附柱,然后再用适当的缓冲液使分离对象与配基解离,从而从吸附剂上脱下来。亲和层析全过程如图 4.4 所示。

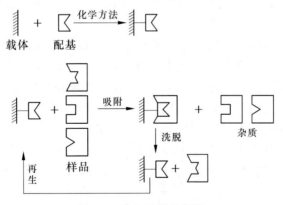

图 4.4　亲和层析示意图

亲和层析具有较高的分辨率,而且用其纯化样品时,操作步骤少,活力不易丧失,但由图 4.4 可知要进行亲和层析,要分离一种物质必须找到适宜的配体,而对生物大分子的亲和力则是选择配体和评价配体效力的重要依据。通常配体在一定条件下能和待分离的生物大分子进行专一结合生成配体复合物,在适当的条件下又可以重新解离,这个反应是可逆的,可用质量作用定律处理。用 E 表示待分离的生物大分子,L 表示配体,EL 代表配体复合物,则 EL 的解离常数 K_L 为

$$E + L \Longleftrightarrow EL$$

$$K_L = \frac{([E_0] - [E_L])([L_0] - [E_L])}{[E_L]}$$

$$[E_L] = \frac{\dfrac{[E][L_0]}{K_L}}{1 + \dfrac{[E]}{K_L}} \tag{4-3}$$

式中,$[E_0]$表示初始浓度;$[L_0]$表示固定化配体的初始浓度;$[E_L]$表示游离的生物大分子的浓度;K_L表示生物大分子和配体亲和力的大小。K_L的值大,生物大分子对其配体的亲和力小,反之,则生物大分子对其配体的亲和力就大。式(4-3)显示了$[E_L]$和$[L_0]$的函数关系。$[L_0]$的数值越大,形成的 EL 就越多。在亲和层析中,一般都尽可能地提高固定化配体的浓度,对于亲和力较低的体系更加如此。但是在下列两种情况下,高的固定化配体是不适宜的:①体系的亲和力特别高,以至于不用强烈的洗脱条件便不能将吸附的大分子洗脱下来。②如果配体本身带有电荷,则不能用高浓度固定化配体的载体进行亲和层析。因为,固定化配体浓度高,载体单位面积上固定化配体的密度就大,和其他杂蛋白之间同时形成的离子键的数目也就多,这种离子交换作用造成的非专一性吸附也就强烈。

4.4.2 亲和吸附剂的选择

1) 配体的选择

配体的选择是决定亲和层析成败的关键。配体可以是较小的分子,如辅酶、辅基和效应剂;也可以是生物大分子,如抑制剂、抗体、类似底物;还可以是外源凝集素、染料和金属离子等其他物质。作为亲和层析的配体须具备三个条件:

(1) 在一定的条件下,与纯化的物质进行专一性结合而且具有较强的亲和力。若配体是酶的底物或抑制剂,则其和酶所形成复合物的解离常数 K_A 或抑制剂常数 K_i 可衡量配体是否适用。一般来说,K_A 或 K_i 越小,则配体对分离物质的亲和力越高,在亲和层析中应用的价值就越大。配体中有一类只能与纯化对象形成共价键饱和的,它可以专一的与互补蛋白活性基团生成共价化合物,如含巯基的配基可与某些蛋白的活泼巯基生成二硫键,在解吸时需要使这种共价键破裂。但是当配体与分离物质之间的亲和力太大时,对分离纯化大分子物质是有害的,因为此时要使它们解离必须用剧烈的条件,易使生物物质丧失活性。

(2) 配体和生物大分子结合后,在一定的条件下又能解离,而且无损于生物大分子活性。

(3) 配体具有与基质连接的化学基团。配体通过这些化学基团偶联到基质上,一般地说配体经固定化后不影响其亲和活力,但配体偶联到基质后,也可能由于结构改变,导致对大分子物质的亲和力大大降低。而且有些配体具有两个或两个以上的可用化学基团偶联到基质后,对不同物质产生不同的亲和力。所以,要根据分离对象和实验的具体情况来选择。在相当多的情况下,要得到一种理想的亲和配基,仍然要做大量的实验进行筛选。

2) 基质的选择

作为亲和层析的基质多为凝胶,理想的基质应具有下列条件:①不溶于水又具有高度的亲水性,亲和吸附剂易和水溶液中的生物大分子接近;②化学惰性,极低的非特异性吸附,如物理吸附、离子交换等;③有较好的物理和化学的稳定性,在配体固定化和进行亲和层析时各种因素如 pH、离子强度、温度和变性剂等变化时,基质很小甚至不受影响;④具有足够数量的化学基团,经化学方法活化后,易和配体结合;⑤具有稀松的多孔网状结构,能使大分子自由通过,其孔径大小根据分离物的性质而定,当分离物与配体亲和力弱时,选用多孔性好的基质,可提高结合容量,当分离物与配体亲和力大,或者分离物呈颗粒状或碎片时,可选用多孔性差的基质对提高分离效果有利。

亲和层析中使用的载体种类较多,目前较多的载体有琼脂糖凝胶、交联葡聚糖凝胶、聚丙烯酰胺凝胶和多孔性的玻璃珠。

琼脂糖是一种直链多糖,凝胶态的琼脂糖链呈平行螺旋状,中间由氢键维系,这些多糖链纵横交错,形成了多孔网状结构。琼脂糖凝胶其结构单元为 D-半乳糖和 3,6-脱水-L-半乳糖交替结合而成的大分子多聚糖,靠糖链之间的次级键交联成的稳定网状结构的珠状凝胶,网状结构的疏密依靠改变琼脂糖浓度的方法来控制。应用最多的是瑞典 Pharmacia 公司生产的 Sepharose,依其中琼脂糖含量不同(2%、4%、6%),又分为 2B、4B、6B 等型号,基本上能符合理想基质的要求。Sepharose 4B 的各项性能适中,使用最广泛,其物理结构比 6B 疏松,吸附容量又比 2B 大。用多种反应可使琼脂糖发生交联,改善其稳定性,如用 2,3-二溴丙醇交联的琼脂糖凝胶,其商品名称为 Sepharose CL。交联的凝胶更为坚实,且富有弹性,适用 pH 范围可达 3~12,耐热可至 100℃,但渗透性稍低。由于琼脂糖链间没有共价交联,因此它在逆境中很不稳定,使用温度一般在 0~40℃之间,pH 范围在 4~9 之间,而且一般加抗菌剂湿态保存。

聚丙烯酰胺凝胶是由单体丙烯酰胺和交联剂 N,N-亚甲基酸丙烯酰胺聚合而成的,其商品名为 Bio-gel P,P 后的不同数字表示排阻限度,如 Bio-gel P-100 表示允许进入凝胶颗粒内部的球蛋白或肽的最大相对分子质量为 $100 \times 1\,000 = 10^5$,聚丙烯酰胺凝胶呈干粉状,加水后溶胀,其结构较紧密,孔小,有些大分子不易渗入。其使用的 pH 范围是 2~10。

葡聚糖凝胶是由右旋糖苷经环氧氯丙烷交联而成的珠状凝胶,商品名为 Sephadex。它是一种小网孔型凝胶,而且与配体结合后多孔性大大降低。

纤维素是由葡萄糖残基组成的链状化合物,但商品纤维素具有不可忽略的吸附性,且结构不均一,限制了其在亲和层析中的应用。

多孔玻璃珠是一种硼硅酸钠玻璃经高温、酸和碱处理制备的控制孔径的玻璃,常用 CPG 表示。多孔玻璃作为无机载体具有稳定性高的优点,不同 CPG 的孔径大小适用于从底物、酶和病毒直到完整的细胞。但是其表面带的电荷常会引起非专一性吸附。

4.4.3　亲和吸附剂的制备

配体与基质偶联才能成为亲和吸附剂,不同基质与配体采用不同的方法偶联,但其制备过程分两步进行:基质的活化;让配体与活化的基质进行偶联反应,形成共价键,从而使配体接到基质上。由于基质性质的不同,活化及偶联的方法有差异,常用的几种方法简要介绍如下:

（1）多糖类基质的溴化氰活化与偶联

多糖基质，如琼脂糖、葡聚糖凝胶、纤维素等都会有多羟基，通过适当的化学方法活化这些羟基，在多糖载体上引入亲电基团，使其可与配体上的亲核基团反应，配体通过共价键偶联到载体上。

溴化氰活化法在多糖载体与配体的偶联中是应用较多的一种方法，它可在非常温和的条件下活化多糖基质并使其与含有伯氨基的配基相偶联，但由于小分子的配基和基质表面偶联的很紧密，由于空间排阻效应，使得生物大分子不可能充分地和配基发生相互反应，从而影响了生物大分子和配基之间共价结合。活化与偶联的反应过程如下图：

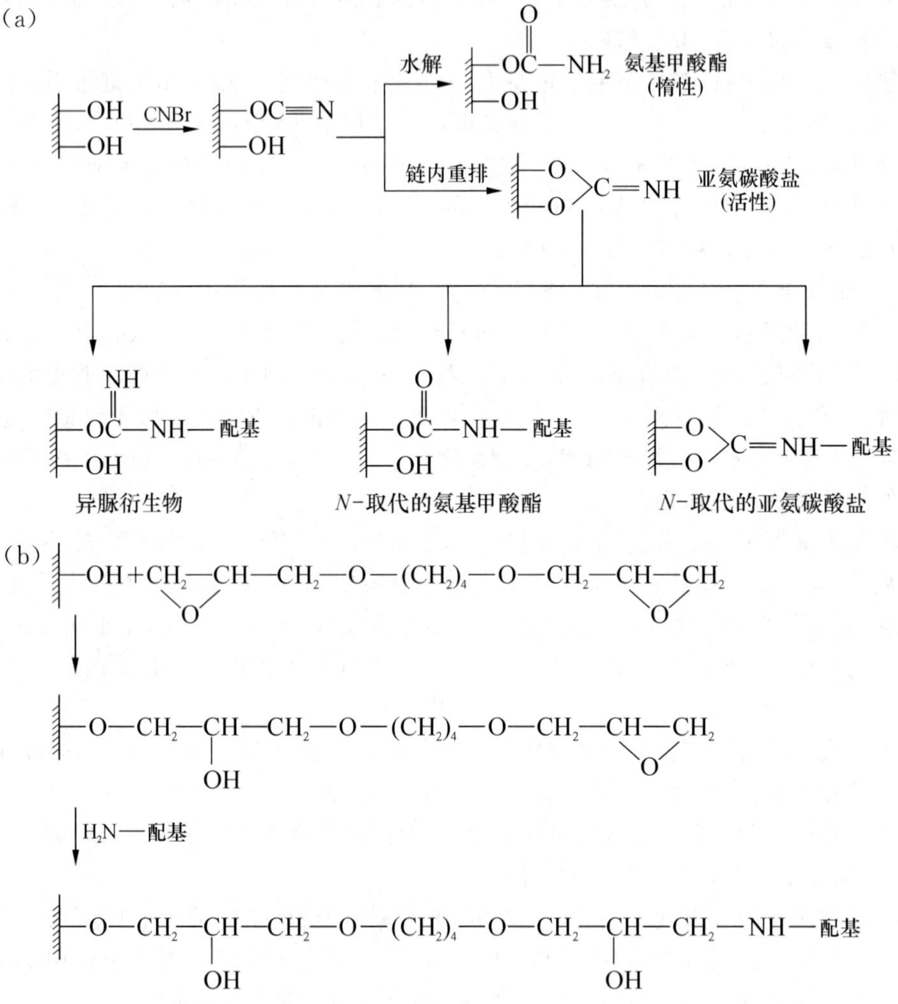

（a）

| OH | CNBr | OC≡N | 水解 | OC—NH₂ 氨基甲酸酯（惰性） |

链内重排 → 亚氨碳酸盐（活性）

异脲衍生物　　　N-取代的氨基甲酸酯　　　N-取代的亚氨碳酸盐

（b）

┤OH+CH₂—CH—CH₂—O—(CH₂)₄—O—CH₂—CH—CH₂

┤O—CH₂—CH—CH₂—O—(CH₂)₄—O—CH₂—CH—CH₂

H₂N—配基

┤O—CH₂—CH—CH₂—O—(CH₂)₄—O—CH₂—CH—CH₂—NH—配基

（2）环氧乙烷法活化与偶联

环氧乙烷基团（ —CH—CH₂ ）是一种亲电的基团，它可与多糖基质的羟基反应，从而与配基偶联。此反应较温和，而且不会在活化过程中产生新的电荷。反应过程如上图（b）所示。

（3）聚丙烯酰胺凝胶的活化与偶联

可通过下列三种方法（下图），然后再通过适当的反应偶联上合适的配基：①碱催化，产生一个羧基，在碳二亚胺作用下，与具有氨基的化合物偶联；②生成酰肼的衍生物，再经过酰化、烷化或在亚硝酸作用下生成酰基叠氮的衍生物,从而与另一个化合物偶联;③生成氨乙类的衍生物。

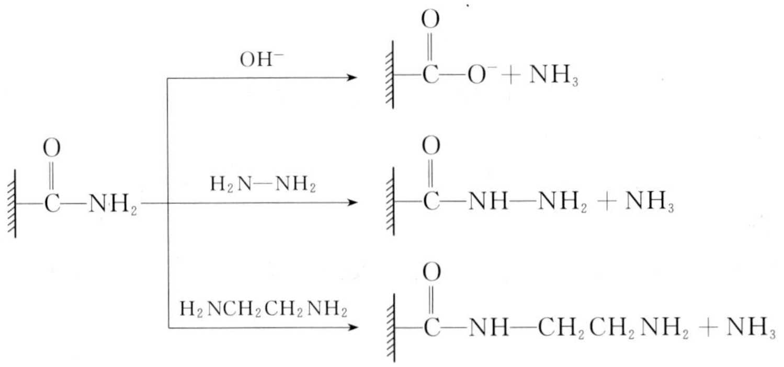

$$\begin{array}{c}\text{(反应示意图)}\end{array}$$

（4）多孔玻璃基质的偶联

在多孔玻璃上,通常是用有机硅烷活化,这些硅烷偶联剂的一端是有机官能团,另一端是硅烷氧基团。常用的有机硅烷是三乙氧硅烷,其反应过程如下:

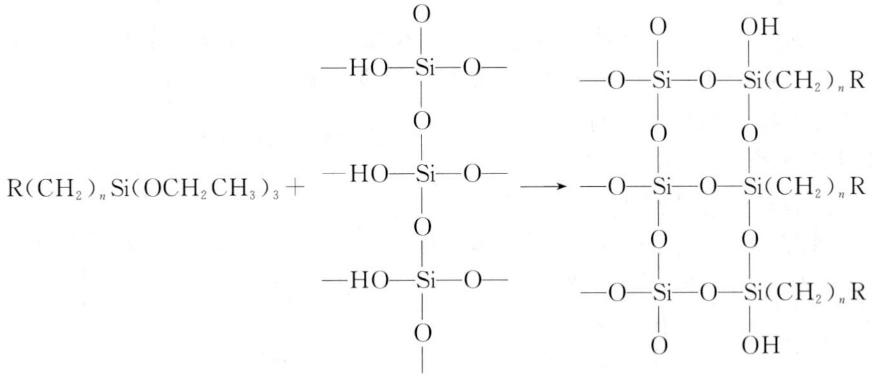

$$\text{(反应示意图)}$$

（5）基团特异性吸附剂

对于特定的生物大分子,必须选定特定配基,这一配基对该生物大分子能进行特异性的结合。因而每次分离一种生物分子都必须设计和制备一种新的吸附剂。这种类型的配基叫特异性基质(substance-spefic)。而基团特异性吸附剂所含配基只对某一类生物化学物质显示出亲和性。表 4.5 列出几种商品基团特异性吸附剂。

表 4.5　基团特异性吸附剂

基团特异性吸附剂	基 团 特 异 性
刀豆球蛋白琼脂糖凝胶	带吡喃葡聚糖的大分子及其他糖类物质(糖蛋白和糖脂)
聚尿苷酸-琼脂糖凝胶	含有聚腺苷酸的核酸,聚尿苷酸结合的蛋白质
聚腺苷酸琼脂糖凝胶	含有聚尿苷酸的核酸,mRNA 连接的蛋白质
亚氨基二乙酸琼脂	对重金属具有亲和力的蛋白质
Cibracron-蓝-琼脂糖凝胶	带有核苷酸辅助因子的酶、血清蛋白
蛋白质-A-琼脂糖凝胶	IgG-抗体

4.4.4 亲和吸附剂中"手臂"

亲和力较大的蛋白质作配体时相对吸附力较好。但是,对相对分子质量小的配体、亲和力低的蛋白质分子和互补蛋白质的相对分子质量特别大的体系,如果它们直接与载体偶联,由于载体往往可占长配基分子表面的部分位置,从而形成空间位阻,影响配基与被亲和物的紧密结合,最终导致完全丧失亲和力。为了减少载体的立体障碍,增加配基的活动度,往往在配基与载体之间连接一个具有适当长度的"手臂",一般采用两种方法:先将手臂的一端与配体连接,再将手臂的另一端与载体偶联;先在载体上安上手臂,再把配基安到手臂上。

4.4.5 亲和层析的操作

亲和层析实验流程一般遵循以下步骤:

柱装好后选用合适的缓冲液平衡柱,所用缓冲液的组成、pH 和离子强度要有利于亲和复合物的形成,通常选择中性 pH 为吸附条件。样品上柱之前先用样品缓冲液平衡层析柱内固定相或用上述缓冲液充分透析平衡,以免样品溶液上柱后使溶液的 pH 改变。样品上柱以后用平行柱床的缓冲液充分洗涤柱床,除去不被吸附的物质。接着也可以用适当的其他缓冲液进行洗涤,以除去其他非专一吸附的物质。

层析柱中的配基与被分离物之间以氢键、离子间的相互作用或疏水效应相连接,当采用洗脱剂洗脱时,通过削弱它们之间的键力,使被分离物和配基分离,并被洗脱下来。如果待分离的物质与固定配体之间的亲和力较弱,可以连续地用大体积的平衡柱用的缓冲液洗脱。如果配基和生物分子之间的亲和力很高时,改变 pH 或是离子强度,从而改变配基和生物分子的解离程度,以降低其与固定配体间的亲和力,并从层析柱中洗脱下来。有时可采用 Chaotropic 试剂洗脱,即在缓冲液中加入较弱的变性剂,如尿素、胍-盐酸、$CCl_3 - COO^-$ 等,变性剂可使生物大分子发生某种程度的变形,减低亲和吸附剂上所形成的大分子-配基复合物的稳定性,从而有利于

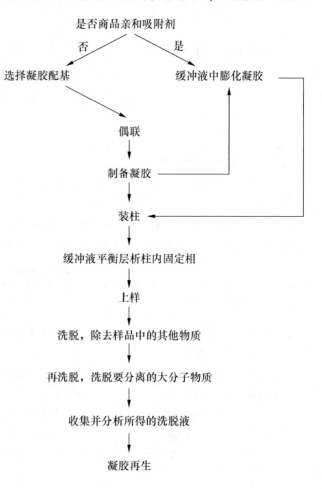

大分子物质的洗脱。但是有时亲和吸附存在着较强的非专一性吸附,亲和吸附剂不仅能吸附待分离的生物大分子,同时也能吸附一定量的杂蛋白或其他杂质。欲达到纯化的目的可选择一种与配基亲和力很强的物质加到洗脱缓冲液中洗脱,该物质及被吸附的大分子物质和配基发生竞争性结合,当洗脱液内物质抢占了配基之后,原来结合在配基上的生物大分子被取代而脱离配基,这种洗脱方式称为专一性洗脱。

亲和吸附剂使用一段时间后,会发生杂蛋白的积累,引起柱子性质的改变,因此层析洗脱之后柱子需要更加充分的洗涤,通常每次层析之后应该用 2 mol/L KCl - 6 mol/L 尿素洗涤层析柱。为了恢复亲和柱的吸附容量,通常把污染了的亲和吸附剂与非专一性的蛋白酶一起保温过夜,这种方法几乎可以完全恢复柱的吸附容量。通过这样的处理,可大大地延长层析柱的寿命。

4.5　凝胶层析

凝胶层析(Gel Chromatography)又称分子筛层析、凝胶过滤、排阻层析(Elusion Chromatography)等。它是 1960 年后发展起来的一种快速简便的分离方法,现已成为分离分析生物大分子和有机多聚物的一种非常有效的方法。

凝胶层析是指混合物(如蛋白质)随流动相经固定相(凝胶)的色谱柱时,混合物中各组分按其分子的大小不同进行分离的技术。其分离的分子的相对分子质量大小可以从几百到几十万,甚至上亿。用于凝胶层析的凝胶有交联葡聚糖(商品名为 Sephadex)、琼脂糖凝胶(商品名为 Sepharose)和聚丙烯酰胺凝胶(商品名为 Bio - Gel P)以及交联聚苯乙烯、氧化锌交联的氯丁橡胶等。

凝胶层析具有设备简单,操作简便,对高分子物质分离效果好等优点,现在它已在生物化学、分子生物学、医药学等的研究中得到了极其广泛的应用,成为分离提纯蛋白质、酶、核酸等生物大分子物质的不可缺少的技术,也已应用于测定大分子物质的相对分子质量等。它不仅适用于分析,也已较大规模地用于工业生产。

但是凝胶层析不管在方法学还是理论方面都需要进一步研究,以实现大分子的快速、高效的分离,它的应用潜力还要进一步地挖掘。

4.5.1　凝胶层析的基本原理

凝胶是一种具有立体网状结构的物质,凝胶层析的机理是分子筛效应。当含有大小分子的混合物样品加入色谱柱中时,这些物质随洗脱液的流动而移动。大分子不能进入凝胶内部而沿凝胶颗粒间的空隙随洗脱液移动,最先流出柱外;而小分子可通过凝胶网空进入粒子内部,然后再扩散出来,流速缓慢,以至最后流出色谱柱。换言之,凝胶层析是按溶质相对分子质量的大小,分别先后流出色谱柱,大分子先流出,小分子后流出。当两种以上不同相对分子质量的分子均能进入凝胶粒子内部时,则由于它们被排阻和扩散程度不同,在层析柱内所经过的时间和路程长短不同,从而使样品分子大小不同的物质得到分离,见图 4.5。

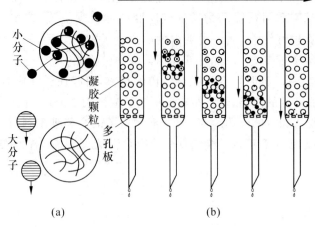

图 4.5　凝胶层析分离原理

凝胶装柱后,柱床容积(V_t)可分为三个组分,即:

$$V_t = V_o + V_i + V_g$$

式中,V_o 为外容积柱床内凝胶颗粒之间液体的体积,相当于一般层析法中柱内流动相容积;V_i 为内容积,即凝胶颗粒内部所含的液体体积,相当于一般层析法中的固定相容积;V_g 为凝胶颗粒本身的体积。每个溶质分子在流动相和固定相之间有一个特定的分配系数 K_d,则它的洗脱体积 V_e 为

$$V_e = V_o + K_d V_i$$
$$K_d = \frac{V_e - V_o}{V_i}$$

K_d 可有下列几种情况:

(1) 当 $K_d = 0$ 时,$V_e = V_o$,即溶质分子完全不能进入凝胶颗粒内,完全被排阻于凝胶颗粒微孔之外而最先洗脱下来。

(2) 当 $K_d = 1$ 时,$V_e = V_o + V_i$,即溶质分子完全渗入凝胶内部,在洗脱过程中将最后流出柱外。

(3) 当 $0 < K_d < 1$ 时,$V_e = V_o + K_d V_i$,即溶质分子以某种程度向凝胶颗粒内扩散,K_d 越大,进入凝胶颗粒内的程度越大,此时 V_e 在 V_o 与 $V_o + V_i$ 之间变化。

(4) 一般情况下,凝胶对组分没有吸附作用,有时 $K_d > 1$,即凝胶对组分有吸附作用,此时 $V_e > V_o + V_i$,例如苯丙胺在 Sephadex G - 25 中的 K_d 值为 1.2。

可以看出,对某一凝胶介质,两种全排出的分子即 K_d 都等于零,虽然分子大小有差别,但不能有分离效果。同样,两种分子如都能进入内部空隙,即 K_d 都等于 1,它们即使分子大小有不同,也没有分离效果。因此不同型号的凝胶介质,有它一定的使用范围。

总床体积 V_t,可由圆柱形层析柱的体积计算($V = 0.25 \pi D^2 h$),而外体积 V_o 的测定,可采用一个相对分子质量远超过凝胶排阻极限的有色大分子的溶液通过色谱床,其洗脱体积就等于 V_o,最常用的参照物为相对分子质量约 200 万的蓝色葡聚糖 - 2000。V_i 可由 Wg 求得,g 为干凝胶重(g),W 为凝胶的吸水量(mL/g),或选用一个自由扩散的小分子通过色谱床,此时 $K_d = 1$,则 $V_i = V_e - V_o$。

在实际工作中,对小分子物质也得不到 $K_d = 1$ 的数值,V_i 不易正确测定,故把整个凝胶都作为固定相,则分配系数 K_{av} 定义如下:

$$K_{av} = \frac{V_e - V_o}{V_t - V_o}$$

$$V_e = V_o + K_{av}(V_t - V_o)$$

4.5.2　凝胶层析的基本概念

有关凝胶层析的几个基本概念和性质分述如下:

(1) 得水率(water regain)

凝胶层析所使用的凝胶是以无水的粉末形式保藏。使用前必须用溶剂膨胀。通常是用纯水进行膨化处理。1 g 凝胶吸收水的克数称为得水率。对于商品凝胶,制造厂家都会注明每种凝胶的得水率。如 Sephadex G - 100,型号后的数字表示凝胶的得水率乘以 10,其得水率为 10,即 1 g Sephadex G - 100 干凝胶膨化时能吸收 10 g 水。这个数值只表示吸进凝胶颗粒内部的水分,不包括凝胶颗粒周围的水分。

(2) 排阻极限(exclusion limit)

排阻极限是指不能扩散进入凝胶颗粒网孔内部的最小溶质分子的相对分子质量。大于这一限度的所有分子,都在同一区带内并能快速洗脱。样品物质分子的相对分子质量,如果大于排阻极限,都不能进入凝胶颗粒网孔内部,只能从凝胶颗粒之间的空隙洗脱流出凝胶柱,不能有效地分离。如典型的葡聚糖凝胶 Sephadex G - 75,排阻限度相对分子质量为 7×10^4 Da[①],样品混合物中凡是相对分子质量大于 7×10^4 Da 的化合物分子在这种凝胶上层析时就得不到有效的分离。另外并不是说小于排阻极限的分子都可分离,凝胶容许溶质相对分子质量在一定范围内,才能得到线性分离,见图 4.6。使溶质分子在某种凝胶中得到很理想的线性分离的范围就称为这种凝胶的分级分离范围,如 Sephadex G - 50 的分级分离范围为 $1.5 \times 10^3 \sim 3.0 \times 10^4$ Da。

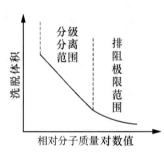

图 4.6　相对分子质量对数值与洗脱体积的关系

4.5.3　凝胶的结构和性质

天然的和人工合成的凝胶种类很多,但是能够用于凝胶层析的种类很少。用于层析的凝胶必须具备下列条件:

(1) 凝胶是惰性的　凝胶和待分离物质之间不能起化学反应,否则会引起待分离物质的化学性质的改变。在生物化学中要特别注意蛋白质和核酸在凝胶上变性的危险;

------

① 　1 Da = 1.65×10^{-24} g。

（2）凝胶的化学性质是稳定的　凝胶应能长期反复使用而保持化学的稳定性,应能在较大的 pH 和温度范围内使用;

（3）凝胶上没有或只有极少量的离子交换基团以避免离子交换效应;

（4）凝胶上必须具有足够的机械强度,防止在液流作用下变形。

凝胶层析中,常用的四种凝胶是葡聚糖凝胶(dextramnel)、聚丙烯酰胺凝胶(polyacrylamine gel)、琼脂糖凝胶(agarose gel)、琼脂糖及葡聚糖组成的复合凝胶,见表 4.6。

表 4.6　凝胶的种类和性能

种　类	化 学 组 成	部 分 型 号	分离蛋白质的范围(M·W)
葡聚糖凝胶 (Sephadex G)	由葡聚糖和甘油基通过醚桥交联而成	G－15 G－50 G－75 G－100 G－200	$\approx 1.5 \times 10^3$ $1.5 \times 10^3 \sim 3 \times 10^4$ $3 \times 10^3 \sim 8 \times 10^4$ $4 \times 10^3 \sim 1.5 \times 10^5$ $5 \times 10^3 \sim 6 \times 10^5$
聚丙烯酰胺凝胶 (Bio-Gel P)	由丙烯酰胺和双丙烯酰胺共聚而成	P－4 P－10 P－60 P－150 P－300	$8 \times 10^2 \sim 4 \times 10^3$ $1.5 \times 10^3 \sim 2 \times 10^4$ $3 \times 10^3 \sim 6 \times 10^4$ $1.5 \times 10^4 \sim 1.5 \times 10^5$ $6 \times 10^4 \sim 4 \times 10^5$
交联葡聚糖与双丙烯酰胺共聚凝胶 (Sephacryl S)	由葡聚糖和双丙烯酰胺共聚而成	S－200 S－300	$5 \times 10^3 \sim 2.5 \times 10^5$ $1 \times 10^4 \sim 1.5 \times 10^6$
琼脂糖凝胶 (Sepharose Bio－Gel A)	中性琼脂糖	AB A－0.5 m A－50 m	$6 \times 10^4 \sim 2 \times 10^7$ $1 \times 10^4 \sim 5 \times 10^5$ $1 \times 10^5 \sim 5 \times 10^7$
交联琼脂糖凝胶 (Sepharose CL)	由中性琼脂糖和甘油基通过醚桥交联而成	CL－2B CL－4B CL－6B	$7 \times 10^4 \sim 4 \times 10^7$ $6 \times 10^4 \sim 2 \times 10^7$ $1 \times 10^4 \sim 4 \times 10^6$
烷基化葡聚糖凝胶 (Sephadex LH)	由葡聚糖凝胶 G－25、G－50 与羟丙基反应而成	LH－20 LH－60	$\approx 1.5 \times 10^3$ $\approx 1 \times 10^4$
聚苯乙烯凝胶 (Bio－Beads S)	由苯乙烯和二乙烯苯共聚而成	S－XL S－X$_3$ S－X$_8$	$\approx 3.5 \times 10^5$ $\approx 2.1 \times 10^5$ $\approx 1 \times 10^3$

（1）葡聚糖凝胶

1959 年 Porath 和 Flodin 首先合成了交联葡聚糖凝胶,因其具有良好的化学稳定性等优点,目前在凝胶层析中已成为最常用的凝胶。

葡聚糖凝胶是由葡聚糖与环氧化氯丙烷通过交联反应制成的三维空间的网状结构的高分子化合物。其网孔大小可通过调节交联剂和葡聚糖的配比及反应条件来控制,交联程度越大,空隙越小;交联程度越小,空隙越大。交联葡聚糖的结构见图 4.7。

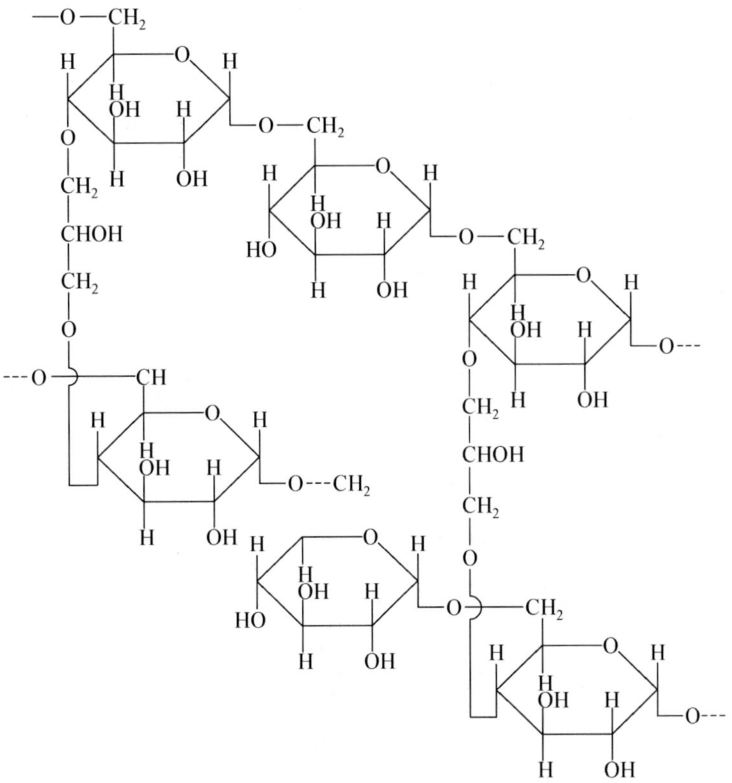

图 4.7　葡聚糖凝胶的结构

葡聚糖凝胶在水、盐溶液、有机溶液、碱溶液和弱酸溶液中都不溶而性质稳定。强酸溶液中其糖苷键易水解。不能和氧化剂并用,因为在氧化剂存在下,易使羟基氧化成羧基而增加离子电荷,从而影响层析特性。层析之后只要防止微生物生长,葡聚糖凝胶可反复使用多次,一般可在 100℃下消毒 40 min。

在实际工作中,根据要求选用特定颗粒大小的葡聚糖凝胶。一般情况下,超细颗粒(约 400 目)颗粒直径在 $10\sim40~\mu m$ 之间,用于要求分辨率十分高的柱层析中;细颗粒($100\sim200$ 目)直径在 $50\sim150~\mu m$ 之间,用于制备目的;中等和粗颗粒($50\sim100$ 目)直径约在 $100\sim300~\mu m$,则用于低操作压下高流速的制备柱层析。

(2) 聚丙烯酰胺凝胶

聚丙烯酰胺凝胶是由丙烯酰胺和交联剂 N,N'-次甲基双丙烯酰胺共价聚合而成的,其化学结构见图 4.8。

聚丙烯酰胺凝胶是颗粒状干粉,在溶剂中能自动吸水溶胀成凝胶。其商品名称为 Bio-gel P,其分级分离范围为 $1.8\times10^2\sim4.0\times10^5$ Da 之间,可分成十种类型。各种类型均以"P"和阿拉伯数字表示,从 Bio-gel P-2 至 Bio-gel P-300,P 后面的阿拉伯数字表示凝胶的排阻极限,单位是 1.0×10^3 Da。聚丙烯酰胺凝胶和葡萄糖凝胶在层析性质和吸附性能上极其相似,在 pH=1～10 的缓冲液内,结构和性质均不发生明显的变化。

(3) 琼脂糖凝胶

琼脂是海藻制得的天然多聚糖,琼脂糖凝胶是由琼脂中分离出来的天然凝胶,是由 D-半乳糖和 3,6-脱水半乳糖交替构成的多聚糖。琼脂糖制成的这种凝胶,由于分子内和分子间氢键,使得凝胶结构具有较大的稳定性。同时,此凝胶具有很高的排阻极限,适于分离较大的大分子化合物,常用于病毒、核酸及多聚糖的分离分析。在以水为溶剂的缓冲液、高浓度盐溶液及乙醇中,其结构和性能均不受影响,一般操作温度在 0～30℃。它的商品名因生产厂家不同而异,目前有 Sepharose(瑞典 pharmacia 公司)2B、4B、6B,阿拉伯数字表示凝

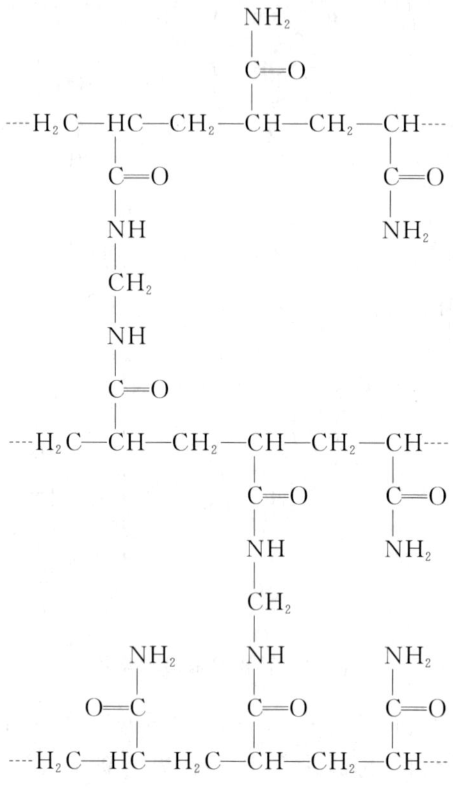

图 4.8　聚丙烯酰胺凝胶的结构

胶中干胶的百分含量;Bio-Gel A(美国 Bio-Rad laboratories 公司)有六种型号,即 Bio-Gel 0.5M, 1.5M, 5M, 15M, 50M 和 150M,阿拉伯数字乘以 10^6 表示排阻极限;Sagavac(英国)2F, 4F, 6F, 8F, 10F 和 2C, 4C, 6C, 8C, 10C,阿拉伯数字表示凝胶中干胶的百分数,F 代表粉末状,C 代表胶粒状;Gelarose(丹麦)2%, 4%, 6%, 8%, 10%,百分数代表干胶量。这类凝胶商品常悬浮于 0.01% 的叠氮化钠水溶液中。

4.5.4　应用

1) 复杂样品的预分离

凝胶色谱比较容易将样品按相对分子质量的大小分成若干组分,可判明试样的复杂程度并给出各组分的近似相对分子质量,以便选用其他方法进一步分离。

在生物化学上,常用凝胶色谱除去蛋白质中的盐及小分子物质,即脱盐,以便进一步分离纯化蛋白质。如 Sephadex G - 25 可排阻相对分子质量超过 5 000 的所有分子,因此常用来除去蛋白质中的盐及小分子物质,通常脱盐的凝胶为 Sephadex G - 25,Bio - gel P - 30。

2) 分离提纯

凝胶色谱已被广泛应用于天然有效成分的分离与纯化,尤其是水溶性大分子化合物的分离,如蛋白质、酶类、苷类、多糖、核苷酸等物质的分离和提纯。

(1) 应用葡聚糖凝胶柱色谱分离大黄蒽醌类成分

将大黄的 70％甲醇提取液加到凝胶色谱柱上,并用 70％的甲醇洗脱,分段收集,依次先后得到二蒽酮苷(番泻苷 B、A、D、C)、蒽醌二葡萄糖苷(大黄酸、芦荟大黄素、大黄酚的二葡萄糖苷)、蒽醌单糖苷(芦荟大黄素、大黄素、大黄素甲醚及大黄酚的葡萄糖苷)、游离苷元(大黄酸、大黄酚、大黄素甲醚、芦荟大黄素及大黄素)。

(2) 海带硫酸多糖的分离和纯化

采用酶解法从海带提取制备海带硫酸多糖(LPS):在海带浆中加入纤维素酶、半纤维素酶、果胶酶和蛋白酶,50℃水解 4 h。取滤液加入氯化钙,离心去除海藻酸钙。取上清液加入十六烷基三甲基溴化铵(CTAB)与 LPS 结合沉淀,离心收集 CTAB - LPS 沉淀物。加入氯化钙溶液进行盐解,将 LPS 游离释放出来,加入乙醇使 LPS 析出。离子交换色谱和凝胶色谱法分离纯化多糖组分,即取 LPS,加水溶解,经 DE - 23、DE - 41 两次离子交换色谱后,得 LPS 的 4 个组分,再分别进行 Sepharose - 2B 凝胶色谱得到 4 个峰形流分,再进行 Sepharose - 6B 凝胶色谱可分别得到 4 个单一峰形物质,即 4 个主要的多糖组分。Sepharose - 2B 凝胶色谱用相对分子质量为 500 kDa、282 kDa、100 kDa 的标准葡聚糖的洗脱体积对其相对分子质量对数作回归分析,制作回归曲线及方程,将 4 个组分的洗脱体积代入方程,可求得 4 个组分的相对分子质量分别为:210 kDa、120 kDa、400 kDa 和 140 kDa。

谭天伟等人分析了凝胶层析的优缺点,并比较了几种凝胶的性质特点。他们指出从安全上考虑,多糖凝胶型的层析比硅胶、聚酰胺好,而且处理负载量比硅胶和大孔吸附树脂高。多糖凝胶层析如 Sephadex LH - 20、Sephadex LH - 60 和 Superose 等,非特异性吸附少,一般以有机溶剂如甲醇、丙酮和氯仿等为流动相,对天然产物的负载量最高可达 300 mg/mL。在各种类凝胶中,Sephadex LH - 20 和 Sephadex LH - 60 是凝胶过滤介质经过羟丙基改性后的适合小分子天然产物及药物分离纯化的介质。其中 Sephadex LH - 20 适合小分子的分离纯化,Sephadex LH - 60 适合中小分子的分离纯化。这两种凝胶对天然产物和药物的负载量都达到 20～100 mg/mL。但单纯用 Sephadex LH - 20 和 Sephadex LH - 60 分离天然产物还有一定问题,如凝胶容易产生涨落,使分辨率降低。

3) 相对分子质量及相对分子质量分布的测定

测定大分子物质相对分子质量的经典方法很多,如渗透压法、光散射法、超离心沉降法等,但是每种经典方法只能测定一种平均相对分子质量,如果要得到各种平均相对分子质量就需要几种方法共同来完成,手续繁杂;同时经典方法在测定相对分子质量分布时要借助于样品分级方法,精度差,周期长,因此经典方法在生产中的应用受到限制。凝胶色谱的出现克服了经典方法的缺点,它不仅方便快速而且可同时测定各种平均相对分子质量及相对分子质量分布,尤其是近年来耐高压凝胶的出现,利用高压凝胶色谱法的高效、高速、高灵敏度的特点,就可能建成一种快速简便的测定蛋白质、多糖等大分子物质的相对分子质量及相对分子质量分布的实用方法。《中国药典》(2000 年版)就规定了多糖的相对分子质量分布测定可采用这种方法。

云芝多糖系杂色云芝 Polystictus Versicolor（L）Fr 菌体提取物。云芝多糖能激活人体内巨噬细胞,从而具有增强人体免疫功能的作用,临床上用于治疗慢性乙型肝炎、免疫功能低下等疾病。临床使用的云芝多糖及其制剂没有对其相对分子质量及相对分子质量分布做质量控制,而多糖的生物活性与相对分子质量、溶解度以及分子初级结构和高级结构等密切相关。本例应用高效凝胶色谱法测定了云芝多糖的相对分子质量及其分布,并比较测定了几个不同批号的云芝多糖产品。测定的 4 批不同来源的云芝多糖,重均分子量在 40~78 kDa,多糖分散指数在 9.7~14.8 之间。

4.6 层析实验技术

层析分离进行实验时,一般以柱层析、薄层层析和纸层析的形式来实现。因此以下着重介绍这三种实验技术。

4.6.1 柱层析

（1）装柱

柱层析是将固定相装在管中成柱形,在柱中进行的层析分离,柱层析系统一般应包括下列仪器:能获得洗脱溶剂按一定要求改变其浓度的梯度混合器;能驱使溶剂按恒定流速流过柱体的恒流输液泵(如蠕动泵);能检测并记录柱体流出液浓度变化的各种检测器以及能定容、定时或计滴收集各部分的部分收集器。如再用一台程序控制器(或微机系统)定时地启动和终止上述各部件工作,并控制电磁阀以切换溶剂的种类及流路,就可按需要的任何方式组合成一套自动(或半自动)的柱层析装置。这套系统装置的示意图如图 4.9 所示。

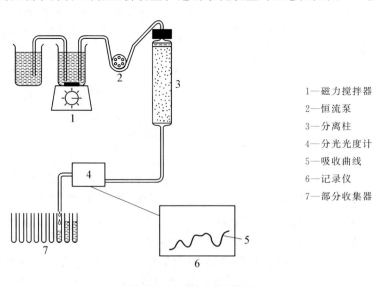

1—磁力搅拌器
2—恒流泵
3—分离柱
4—分光光度计
5—吸收曲线
6—记录仪
7—部分收集器

图 4.9 柱层析仪器装置

层析柱是下端有细口并带有筛板的玻管。为了能随意改变柱床的高度,使柱填料上的死空间减至最小并能进行由下至上的淋洗(对于软性填料有时是十分必要的),在柱体的上端或下端插入特制的承受器的设计是十分有用的,此时填料的支持板可用烧结的聚氯乙烯片制成。柱外加夹套用恒温水循环可保持层析过程于低温或高于室温的温度下进行。从理论上讲,只要柱足够长,就能获得理想的分辨率,因为层析分辨率 R_s 正比于理论塔板数 n,也正比于柱长 L。但由于层析柱流速同压力梯度 $\mathrm{d}p/\mathrm{d}L$ 有关,柱长增加使流速变慢。此外,峰宽度 σ 正比于 L,过长的柱又使峰变宽,分辨率降低。柱的直径大小与板高 H 没有直接关系,但它会影响柱效,因为柱直径增加,使液体流动的不均匀性增加,而溶质的纵向传递作用无法补偿这种不均匀性。一般柱的直径与长度之比为 $1:10\sim 1:40$。

固定相的粒径大小与理论板高有关。粒径越小,理论板高值降低,层析柱的理论塔板数增加。但是粒径越小会降低流速,要使用比较高的压力才能获得较好流速。一般色层分析中选用适当粒径的固定相才能获得良好效果。采用极细固定相装柱时,宜用直径与长度比例大的层析柱。反之,则宜用比例小的层析柱,这样有利于节省时间和提高分辨率。固定相的用量是根据其自身的操作容量和分离物中各成分的性质决定的。当操作容量高时,固定相用量少。一般固定相的用量为被分离样品的 $30\sim 50$ 倍。若样品中各成分的性质相似难以分开时,则吸附用量应增大,有时大于 100 倍。

在液相层析中,层析峰的展宽机理与流动相的流速有关,因此,柱的填充特性就非常重要。合理的装柱方法不但要使填充柱的截面密度均匀,而且要紧密。装柱前要先将层析柱垂直固定在支架上。装柱可用干法、湿法两种。

干法系将已选定并经处理的吸附剂通过漏斗缓缓加入管柱,必要时可轻轻敲打管柱,使之装填均匀。装填均匀后,打开下端旋塞,并从管口徐徐加入洗脱剂,注意勿冲起吸附剂。吸附剂湿润后注意柱内应无气泡。但干法装柱常会在柱内出现气泡,使层析柱发生沟流现象。硅胶和氧化铝吸附剂常用干法装柱。湿法系先在柱内加入已选定的适量溶剂,把预先用溶剂浸泡好的吸附剂搅匀,随即将此悬浮液连续倾入柱中。加入的速度不宜太快,以免带入空气。必要时可使层析柱轻轻振动,这有助于填充均匀,并可使吸附剂带入的气泡向上逸出。待其自然沉降至柱高的 $1/4\sim 1/3$ 时打开柱下端出口,让溶剂慢慢流出。使柱上端悬浮液徐徐下降至需要的高度,在整个过程中,应使固定相一直浸没于溶剂中,严防气泡产生。湿法装柱必须避免间歇操作,否则会使介质按粒子粗细分层沉积,造成流速不均匀。湿法装柱对各种基质都适用,特别如纤维素离子交换剂或聚丙烯酰胺凝胶必须采用湿法,以保证层析介质与流动相之间的充分平衡。

装好的层析柱立即与洗脱剂连接,在一定的流速下,让 $2\sim 3$ 倍柱体积的洗脱剂流过固定相,使其达到平衡,也使固定相高度恒定或离子强度与洗脱剂一致。

现代分离技术中应用较多的大孔吸附树脂在装柱前要进行预处理。新购树脂一般用氯化钠及硫酸钠处理过,但树脂内部存在未聚合的单体、残余的致孔剂、引发剂、分散剂等,用前必须除掉。

装柱方法:在洁净的分离柱内,放入已除去外来杂质,体积恒定的大孔吸附树脂,加入相当于树脂体积 $0.4\sim 0.5$ 倍的乙醇(或甲醇),浸泡 $24\ \mathrm{h}$,然后用树脂体积的 $2\sim 3$ 倍的乙醇(或甲醇)与水交替反复洗脱,交替洗脱 $2\sim 3$ 次,至最终以水洗脱后,保持分离使用前的状态,醇洗脱液加水不显混浊。

(2)上样与洗脱

样品液常用热水、适当浓度的乙醇或其他溶剂提取,经过过滤、沉淀、调节 pH 值等处理,除去部分杂质,制成澄清的上样液。经过平衡的层析柱,当平衡液流到与固定相表面一致位置时,把分离样品的溶液加到固定相表面,要尽量避免扰动基质。在整个层析过程中存在溶质的扩散,因此,对特定的层析柱而言,为达到最佳的分辨率,上样体积必须尽量地小,加入样品液的体积一般应小于床体积的1/2。只有在层析柱上保留性能比较强的溶质的稀溶液,其上柱量才可以大一些。只有这样才能在柱内形成狭窄的区带。

当样品液的液面流到固定相表面时,加入洗脱剂,用较慢的流速进行洗脱。为了获得满意的分离效果,洗脱液的流速务必恰当控制。如果太快,洗脱物在两相中的平衡过程不完全;如果太慢,洗脱物会扩散。同时,在柱下端与部分收集器接通,立即按体积或时间进行分级收集。随后将收集的每管溶液进行浓度或活性测定,根据测定结果,即可绘制出洗脱曲线。理想的洗脱曲线如图4.10所示。图中的A峰和B峰均呈对称形,两者没有重叠,这表明样品液中的组分已完全分开。层析峰的面积(FEG)、峰高(BE)和半峰高宽度(HI)等参数是定性、定量洗脱物的依据。

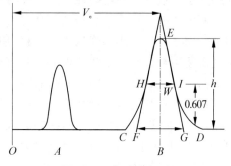

图 4.10　标准层析图

在层析分离时,恒定组分溶剂洗脱是最易实现的洗脱方法。但往往不能达到预期的目的。经常遇到以下三种情况:第一种是溶剂系统对分配系数大的组分分离好,对分配系数较小的组分分离很差,起始洗脱时使各溶质混杂在一起;第二种是溶剂系统对分配系数小的组分分离好,对分配系数大的组分保留能力较强,产出一个较宽的峰;第三种是洗脱的层析图谱出现不对称。

梯度洗脱是为了克服多溶质样品在层析分离时挤在一起,缩短样品洗脱时间而采用的逐渐改变溶剂的组成,逐渐增加洗脱剂强度的方法,它可使被洗脱的样品峰在整个柱中的K值一直保持最佳。增加洗脱剂的洗脱能力有多种方法,如在流动相中加入理想的洗脱剂,增加盐浓度和改变pH值等。由层析柱分离出的样品经浓缩或冻干处理后,可进行纯度测定。如杂质含量仍大时,应该用其他方法继续纯化。

对于大孔吸附树脂,一般先用水洗,再用浓度递增的乙醇、甲醇溶液进行洗脱,并控制洗脱剂用量与流速,以提高纯化的质量与效率。多糖、蛋白质、鞣质等水溶性杂质会随着水流下,极性小的物质后下。对于有些具有酸碱性的物质还可以用不同浓度的酸、碱液结合有机溶剂进行洗脱。中药中的许多成分有一定的酸碱性,在pH值不同的溶液中溶解性不同,在应用大孔树脂处理这一类成分时pH值的影响显得至关重要。对于碱性物质一般在碱液中吸附酸液中解吸,酸性物质一般在酸液中吸附碱液中解吸。例如,任海发现麻黄碱在pH为11.0时吸附最好,pH为5.0、7.0时由于其已质子化,吸附量极少。树脂经反复使用后,层析柱颜色变深,柱效降低,需再生处理后继续使用。再生处理方法:使用甲醇、丙酮或以稀酸、稀碱及水反复再生处理,即可恢复树脂的吸附能力。再生后的大孔吸附树脂可用一定浓度的醇浸泡以备下次使用。

（3）应用

柱技术应用广泛,下面介绍大孔吸附树脂在天然产物分离中的应用。

大孔吸附树脂对水溶性化合物的分离有独特成效,具有选择性好、吸附容量大、再生处理方便,吸附迅速、解析容易等优点,目前已在中药有效成分的分离与提取中被广泛应用。

目前,在中药有效成分的提取研究方面应用大孔树脂最多的是黄酮(苷)类、皂苷类和其他苷类、生物碱类,在游离蒽醌、酚类物质、微量元素等方面的研究中也有用到。国内常用于中草药成分提取分离中的大孔吸附树脂类型有 D - 101 型(天津农药股份有限公司树脂分公司)、DA - 201 型(天津制胶厂)、D -型(天津骨胶厂)等。国外常用的有美国 Rohm & Haas 公司的 Amberlite XAD 系列,日本 Organo(三菱)公司的 Diaion HP 系列和 SP 系列。

皂苷类和其他苷类:在苷类成分的提取物中,往往伴随着诸如糖类、鞣质等亲水性较强的植物成分,给苷类成分的分离纯化增加了难度。大孔树脂近年来在苷类成分的分离纯化中得到广泛的应用。在苷类成分的分离纯化中,利用弱极性的大孔树脂吸附后,很容易用水将糖等亲水性成分洗脱下来,然后再用不同浓度的乙醇洗下被大孔树脂吸附的苷类,达到纯化的目的。大孔吸附树脂法在提取其他苷类也有广泛应用,例如从甜叶菊干叶中提取甜味菊苷,从绞股蓝中提取绞股蓝皂苷,从刺参叶中提取刺人参苷,从丝瓜中提取丝瓜皂苷等。

黄酮类药物:黄酮类化合物存在于许多植物中,品种结构繁多。其中最有代表性的是银杏叶提取物(GBE)。银杏叶提取物药效确切、显著,已成为世界上著名的单味药物,其提取方法得到国内外最广泛的研究,各种分离方法都曾进行过探索。国外用溶剂萃取法进行生产,工艺步骤长,溶剂消耗量大。目前,国际上制定的质量标准是黄酮苷含量≥24%,萜内酯含量≥6%。利用大孔吸附树脂法提取富含银杏内酯的银杏叶提取物,其黄酮含量稳定在26%以上,内酯含量稳定在 6%以上。

生物碱类:生物碱又名有机碱,广泛分布于多种植物中,绝大多数具有生理活性。生物碱的种类很多,结构很复杂,有亲脂性生物碱,也有亲水性生物碱,但其共性是具有一定的碱性,可与酸成盐。生物碱的分离可用阳离子交换树脂,洗脱时需用酸、碱或盐类洗脱剂,这将会给后面的分离造成麻烦,而用吸附树脂可避免引入外来杂质的问题。张红等用大孔吸附树脂 AB - 8 提取喜树碱,可直接得到含量 50%左右的产品,经重结晶可以使喜树碱的含量达到 90%。小檗碱、莨菪碱可用非极性吸附树脂吸附。张效林等用树脂吸附法分离茶树叶提取液中的茶多酚、咖啡碱,他们认为,XDA 大孔吸附树脂对咖啡碱具有高的吸附量和选择性,用 85%乙醇洗脱,可用于咖啡碱的吸附分离。

纯化猪苓多糖:一般多糖的纯化较难,且纯化方法比较复杂,崔凯等采用 MG - 1 型大孔吸附树脂对猪苓多糖进行纯化。MG - 1 型大孔吸附树脂用丙酮浸泡,加热回流,抽滤,95%乙醇湿法装柱,用水洗脱,流速每分钟约 1~2 mL,收集洗脱液,苯酚硫酸法检测猪苓多糖是否洗脱完全。初步纯化的结果可达 60%以上,含固率显著降低。

4.6.2　纸层析

纸层析是在滤纸上进行的色层分析方法。它的分离原理一般认为是分配层析,滤纸被当作是一种惰性载体,滤纸纤维素中吸附着的水分为固定相。由于吸附水有部分是以氢键缔合形式与纤维素的羟基结合在一起的,一般条件下难以脱去,因而纸层析不但可以用与水不相混溶的溶剂做流动相,而且也可以用丙醇、乙醇、丙酮等与水混溶的溶剂做流动相。但实际上纸层析的分离原理往往是比较复杂的,除了分配层析外还可能包括溶质分子和纤维素之间的吸附作用,以及溶质分子和纤维素某些基团之间离子交换作用,这些基团可能是在造纸过程中引入纤维素上去的。

（1）层析条件的选择

为了获得良好的层析分离,必须适当选择和严格控制层析条件。首先,层析用纸的选择十分重要。层析用纸要组织均匀,平整无折痕,边缘整齐,以保证展开速度均匀。层析用纸的纤维素要松紧合适,如过于疏松,易使斑点扩散,如过于紧密,则层析速度太慢。但也要结合展开剂的性质和分离对象来考虑。如果用以正丁醇为主的较稠的展开剂系统,应选用较疏松的薄型的快速滤纸;如果用以石油醚、氯仿等为主的展开剂系统,应选用较紧密的较厚的慢速滤纸;试样中各组分的性质相差较大时可用快速滤纸,反之则用慢速滤纸。滤纸应质地纯净,杂质含量少,必要时可以加以纯化处理。此外,还应注意滤纸纤维素的方向,应使层析方向与纤维素方向垂直。

纸层析中的固定相大多为纤维素中吸附着的水分,因而适用于水溶性有机物如氨基酸、糖类等的分离,此时流动相多用以水饱和的正丁醇、正戊醇、酚类等,同时加入适量的弱酸和弱碱如乙酸、吡啶、氨水以调节 pH 值并防止某些被分离组分的离解。有时也加入一定比例的甲醇、乙醇,以增加水在正丁醇中的溶解度,增大展开剂的极性。分离某些极性较小的物质如酚类时,为了增大其在固定相中的溶解度,常用甲酰胺、二甲基甲酰胺、丙二醇等的溶液预先处理滤纸,使之吸着于纤维素中作为固定相,此时用非极性溶剂如氯仿、苯、环己烷、四氯化碳以及它们的混合溶剂等作为展开剂;分离非极性物质,如芳香油等,往往采用石蜡油、硅油、正十一烷等作为固定相,用极性溶剂如水、甲醇、乙醇等作为展开剂。

（2）点样和展开

试样需溶于适当的溶剂中,最好采用与展开剂极性相似且易于挥发的溶剂,一般可用乙醇、丙酮、氯仿,应尽量避免用水作溶剂,因为水溶液斑点易扩散,且不易挥发除去。但无机纸层析也常用水作为溶剂。如为液体试样,也可直接点样。纸层析是一种微量的分离方法,所点试样量一般为几微克到几十微克,随显色反应的灵敏度以及滤纸的性能和厚薄而定,可通过试验确定。点样可用管口平整的玻璃毛细管(内径约为 0.5 mm)或微量注射器,吸取试液,轻轻接触滤纸。一张滤纸条可并排点上数点试样,两点试样间应相距 1.5 cm,点样处应距离滤纸条的一端约为 1.5～2 cm。原点较小为好,一般直径以 2～3 mm 为宜。如试液较稀,可反复点样数次,每次点样后应待溶剂挥发后再点,以免原点扩散。为了促使溶剂挥发,可用红外线灯照或电吹风吹。

纸层析常用上升法,如图 4.11 所示。层析缸盖应密闭不漏气,缸内应先用展开剂饱和。上升法设备简单,应用较广,但展开较慢。对于移动速度较小的试样用下降法可得到较好的分离效果。对于移动速度较大的组分,可在圆形滤纸上进行径向层析。由于径向层析简单快速,也可用作试探性分析。

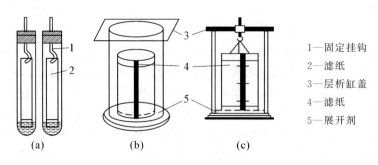

1—固定挂钩
2—滤纸
3—层析缸盖
4—滤纸
5—展开剂

(a)　　　　(b)　　　　(c)

图 4.11　纸色谱上行展开室

对于组成极为复杂的试样,一次层析往往不可能把各种组分完全分离,则可用双向层析。为此,可用长方形或方形的滤纸,在滤纸的一角点上试液,先用一种展开剂朝一个方向进行展开,展开完毕溶剂挥发后,再用另一种展开剂朝着与原来垂直的方向进行第二次层析。如果前后两次展开剂选择适当,可以使各种组分完全分离。例如,氨基酸的分离可用此法。

(3) 显色和应用示例

对于有色物质,展开后即可直接观察到各个色斑。对于无色物质,应用各种物理和化学方法使之显色。最简单的是用紫外光照,许多有机物对紫外光有吸收,或者吸收紫外光后能发射出各种不同颜色的荧光。因此可以观察有无吸收和荧光斑点,并记录其颜色、位置以及强弱从而进行检出,如生物碱在层析展开后即可用这种方法检出。也可喷以各种显色剂,如被分离物质可能含有羧酸时,可喷以酸碱指示剂溴甲酚绿,若出现黄色斑,可证明羧酸的存在;如可能为氨基酸,则可喷以茚三酮试剂,多数氨基酸呈紫色,个别呈紫蓝色、紫红色、橙色。

由于纸层析设备简单,操作方便,试样需用量少,分离后可在纸上直接进行定性鉴定,借比较斑点大小和颜色深浅还可以进行半定量,因此纸层析常用于有机化合物的分离和检出,但也可用于分离和检出无机物质。兹分别举例如下:

磺胺类药物如磺胺噻唑和磺胺嘧啶混合物的分离和检出,可用 1% 的氨水作展开剂,用对二氨基苯甲醛乙醇溶液(Ehrlich 试剂)为显色剂。

氨基酸的分离和检出,一般用双向层析。先用酚-水(体积比为 7∶3)作展开剂进行第一次展开;再用丁醇-醋酸-水(体积比为 4∶1∶2)作展开剂进行第二次展开,可分离出近二十种氨基酸。展开后用茚三酮的丁醇溶液,使之显色。

纸层析法也可用于分离各种常见的无机离子,由于它需用的试样量很少,因此在各种贵金属和稀有元素的分离方面也已得到了广泛的应用。例如金、铂、钯、铑离子的分离,可用乙醚-丁醇-浓盐酸(体积比为 1∶2∶2.5)混合溶剂作展开剂,展开后喷以 $SnCl_2$ 溶液,金、铂、钯立即出现色斑,铑则在稍加热后显色。铑、钌、钯、铂、铱、金离子的分离则可用 N, N-二仲辛基乙酰胺为固定相,5 mol/L HCl 溶液为展开剂进行纸上反相层析等。

4.6.3　薄层层析

近几十年来,薄层层析(TLC)技术得到迅速发展,它是在纸层析、柱层析的基础上发展起来的,但由于其本身特性,如快速,分离效率高,灵敏度高,显色方法多,操作简单等使其应用更广,在许多方面优于纸层析、柱层析。

薄层层析法是把吸附剂或载体涂布在玻璃板、聚酯薄膜、铝箔等上面形成一薄层来进行色谱分离的,广泛用在天然物纯化、提纯以及复杂样品的分析等,同时薄层的分离系统也可用于柱系统分离。

薄层层析法是把固定相铺在玻璃等载板上涂布成均匀的薄层,将被分离物质点在薄层的一端,把层析板放在层析缸中,由于薄层的毛细管作用,展开剂将沿着薄层渐渐上升;遇到点着的试样时,试样就溶解在展开剂中,随着展开剂沿着薄层上升;在此过程中,不同物质可以得到分离,分离的原理随所用的固定相不同而异,基本上与柱层析相同,也可分为吸附薄层法、分配薄层法、离子交换薄层法以及凝胶薄层法等。

1) 薄层色谱法的技术参数

比移值 各组分在层析谱中的位置,可用比移值 R_f 来表示。比移值是溶质分子和流动相分子在层析过程中移动速度的相对值:

$$R_f = \frac{\text{原点至斑点中心间的距离}}{\text{原点至溶剂前缘间的距离}}$$

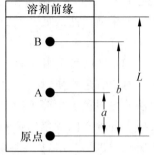

图 4.12 展开后的平面色谱

展开后的平面色谱示意图见图 4.12。对于组分 A,$R_f = a/L$;对于组分 B,$R_f = b/L$。上式中的原点即为层析开始前点试液处。因此,当 R_f 为 0 时,表示组分留在原点未被展开,当 R_f 为 1 时,表示组分随展开剂至前沿,即组分不被固定相吸附,所以 R_f 只能在 0~1 之间,故均为小数。为了应用方便,常乘以 100,用 HR_f 表示,即 $HR_f = 100 \times R_f$。

分离度 分离度 R 是两个相邻斑点的分离程度,以两个斑点中心距离之差与其平均斑点宽度之比,即

$$R = \frac{d}{\dfrac{W_1 + W_2}{2}}$$

式中,d 为相邻斑点中心的距离差;W_1、W_2 分别为相邻两斑点的宽度,见图 4.13。因此,相邻两斑点之间的距离越大,斑点越集中,分离度就越大,分离效能越好,当 $R > 1.5$ 时,相邻两斑点可达到基线分离。

分离数 分离数 SN 是指 R_f 在 0~1 之间能完全分离的斑点数,SN 可由下式表示:

$$SN = \frac{a}{W_{1/20} + W_{1/21}} - 1$$

式中,a 为 $R_f = 1$ 及 $R_f = 0$ 两种组分的斑点中心的距离,亦近似为原点至展开剂前沿的距离;$W_{1/20}$ 为 $R_f = 0$ 时组分的 1/2 斑点宽度;$W_{1/21}$ 为 $R_f = 1$ 时组分的 1/2 斑点宽度。由此可见斑点越集中,在相同展距中能分离的斑点数越多,说明板效越高,SN 越大,薄层板的容量越大,SN 是衡量薄层色谱分离能力的主要技术参数之一。

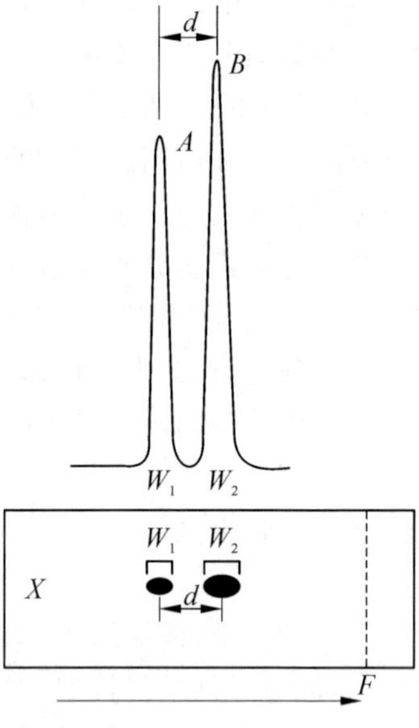

图 4.13 层析展开图

2) 理论基础

在各种色层分析中薄层层析发展较迟,对有关薄层层析理论问题的探讨,目前仍然在进行。从分析设备角度来看,薄层层析是比较简单的,但从作用原理来探讨,薄层层析较各种柱层析要复杂得多,在这里只能对有关理论做简单讨论。

溶剂在薄层中的流速问题 展开剂在薄层中的流速与展开剂的表面张力 γ、黏度 η 及吸附剂的种类、粒度、均匀度等因素有关,既和层析系统(包括固定相和流动相两方面)有关,也和展开距离有关。

薄层可认为是由各种粗细不同的毛细管构成,各毛细管之间又由毛细管联结沟通。开

始时薄层是干燥的,当薄层一端浸入展开剂中时,由于表面张力,展开剂从薄层一端有力地吸入毛细管中,使细毛细管首先充满,展开剂前缘就开始上升。接着展开剂也进入较粗的毛细管中,由于毛细管之间是相通的,因而展开剂又从粗毛细管流进细毛细管。其结果是细毛细管中溶剂前缘流动较快,粗毛细管中流动较慢。毛细管的粗细越是不均匀,流动也越是不均匀。

在层析过程中,展开剂前缘移动速度是个变数。设展开剂前缘移动的距离(即展开剂液面到前缘的距离)为 L,根据实际测定,它与时间 t 的平方根成正比,即:

$$L = (kt)^{1/2}$$

式中,k 为比例常数。对于一定的吸附剂,它正比于展开剂的表面张力 γ,反比于展开剂的黏度 η,即:

$$k \propto \frac{\gamma}{\eta}$$

于是展开剂前缘移动的速度 v_f 应为

$$v_f = \frac{\mathrm{d}L}{\mathrm{d}t} = \frac{1}{2} k^{1/2} t^{-1/2} = \frac{k}{2(kt)^{1/2}} = \frac{k}{2L}$$

即展开剂前缘移动速度反比于展开剂前缘移动的距离,亦即随着层析的进行,展开剂前缘移动的速度渐渐变慢。

上面讨论的只是简单的理想状态,实际情况要比这个复杂得多。因为在层析过程中,薄层一面是暴露在气相中的,而气相有时为展开剂蒸气所饱和,有时却未饱和,例如在打开层析缸盖放入薄层时,缸内气氛就不饱和了,这时薄层表面的展开剂将挥发。因而在薄层中不但存在着平行于薄层方向的展开剂流动过程,也存在着从薄层内部流向薄层表面,即垂直于薄层的溶剂流动过程,这两种流动过程的速度都是无法控制的。另外,尚未被展开剂所润湿(即展开剂前缘尚未到达)的吸附剂,已与展开剂蒸气接触,在吸附剂上逐渐地发生了吸附展开剂蒸气的过程。即在展开剂前缘到达之前,薄层早已部分地为溶剂所"沾湿"。随着层析时间的延长,这种"沾湿"情况越来越显著,吸附剂表面的孔穴也就越来越少。随着吸附剂表面特性的改变,展开剂的流速也就发生了改变。因此在薄层层析过程中展开剂的流速是时间和空间的复杂函数。

速率理论在薄层层析中的应用　如前所述,展开剂在薄层中的流速是时间和空间的复杂函数,而且流速由层析系统(包括吸附剂和展开剂)的特性所决定,分析者不能改变它,也不能控制它。因而要研究塔板高度与流速之间的关系是有困难的,这里讨论的是塔板高度与展开距离之间的关系。

为了把速率理论应用到薄层层析中来,必须作如下一些假定:薄层的组成是均匀的;展开剂的组成是恒定不变的;在薄层中的任何一点在任何时候展开剂的流速都是恒定不变,但是越是远离原点处,展开剂流速越慢;展开剂的流速比展开剂前缘移动速度稍慢些。在做了这些假定以后,G. Guiochon 推导得到薄层层析中的平均塔板高度公式如下:

$$\overline{H} = b(L + Z_0) + \frac{a}{L - Z_0}(L^{2/3} - Z_0^{2/3}) + \frac{c}{L - Z_0} \lg \frac{L}{Z_0} \tag{4-4}$$

式中,$\overline{H}$ 是平均塔板高;L 是展开剂前缘移动的距离;Z_0 是液面与原点间的距离;a,b,

c 是三个常数,对于一定的层析系统和一定的溶质(即被分离组分),它们的值不变。从式中可以看出,当 $Z_0=0$ 时,即原点就在展开剂液面上,这时 $\overline{H}$ 等于无穷大。实际上,在这种情况下进行层析时斑点极度扩张,分离效率极差。

式(4-4)包括三项,第一项为分子扩散项,它随着展开距离的增加而增大;第二项为填充项;第三项为传质项。它们都随着展开距离的增加而减小。在一般情况下,扩散项是主要的,当所用的吸附剂颗粒十分微小,而展开距离又较长时,尤其如此,因为这时展开剂的流速减慢,溶质分子的扩散就成为塔板高度增大的主要原因。随着吸附剂颗粒的增大,填充项和传质项迅速增大,这时填充项就成为塔板高度的决定因素。因而在薄层层析中,为了获得最小的塔板高度和最好的分离效果,就有必要选用最佳粒度的吸附剂。

扩散项常数 b 包括下述各项:

$$b=\frac{2\gamma D_{\mathrm{m}}}{\theta d_{\mathrm{p}}} \tag{4-5}$$

式中,D_{m} 是溶质分子在展开剂中的扩散系数;d_{p} 是吸附剂颗粒的平均直径;γ 是溶剂的表面张力;θ 是溶剂的比速度常数。从式(4-5)看来,似乎 b 值和比移值 R_{f} 无关。实际上实验结果表明,随着 R_{f} 值的降低(即保留值的增大),塔板高度显著增大,因而又有人建议把 b 改为

$$b=\frac{2\gamma D_{\mathrm{m}}}{\theta d_{\mathrm{p}} R_{\mathrm{f}}}$$

即分子扩散项常数 b 反比于 R_{f} 值,这样,b 值与某些实验结果就能较好地符合。

填充项的常数 a 为

$$a=\frac{3}{2}A\left(\frac{d_{\mathrm{p}}^5\theta}{2D_{\mathrm{m}}}\right)^{1/3}$$

式中,A 是随填充情况(即涂铺情况)而定的常数值。当填充情况极好时,$A=1$。

传质项的常数 c 为

$$c=\frac{S\theta d_{\mathrm{p}}^3}{2D_{\mathrm{m}}}$$

式中,S 是随传质情况而定的常数值。当传质情况良好时,$S=0.01$。于是式(4-4)的完整形式应如下式所示:

$$\overline{H}=\frac{2\gamma D_{\mathrm{m}}}{\theta d_{\mathrm{p}}}(L+Z_0)+\frac{3}{2}A\left(\frac{d_{\mathrm{p}}^5\theta}{2D_{\mathrm{m}}}\right)^{1/3}\frac{L^{2/3}-Z_0^{2/3}}{L-Z_0}+\frac{S\theta d_{\mathrm{p}}^3}{2D_{\mathrm{m}}}\frac{1}{L-Z_0}\lg\frac{L}{Z_0} \tag{4-6}$$

从式(4-6)可以看出,平均塔板高度 $\overline{H}$ 与各种参数之间的关系十分复杂。而这些参数又分别与被分离组分、展开剂、吸附剂的种类和性质(包括吸附剂颗粒大小及其均匀性等)以及填充情况等因素有关。因而要根据塔板理论来选择最佳层析条件是十分复杂和困难的问题。

一般来讲,当被分离组分的相对分子质量较大,它们在展开剂中的扩散系数 D_{m} 较小,而展开距离又较短时,可以获得较小的塔板高度和较好的分离效果。而展开距离对塔板高度的影响又和吸附剂颗粒平均直径的大小有关,颗粒细小的吸附剂(如直径 $d_{\mathrm{p}}=5\ \mu\mathrm{m}$)只有在短距离的展开中才能获得很小的塔板高度和良好的分离效果;随着展开距离的增加,塔板

高度就迅速增大了。对于颗粒较粗的吸附剂,展开距离对塔板高度的影响就不那么明显了。

如果试样组分十分复杂,各组分的性质相差悬殊,为了使各组分都能在最佳条件下分离,可采用组成逐步改变的薄层(即梯度板)或组成逐步改变的展开剂(即梯度洗脱)。

薄层层析的情况比较复杂,诚如上述,因此对于层析系统的选择,根据理论公式来处理,是十分困难的。到目前为止,薄层层析的发展主要依靠实践。因此本章中对于薄层层析的讨论也着重于实践。

3) 薄层

薄层层析法必须将被分离物质点在将固定相于玻璃片、铝箔或塑料片上均匀涂布成的薄层上进行分离。分离不同的混合物要选择不同的固定相,和柱层析相似,只是薄层层析用的固定相粒度更细些。分离亲脂性化合物常选择氧化铝、硅胶、乙酰化纤维素及聚酰胺;分离亲水性化合物常选择纤维素、离子交换纤维素、硅藻土及聚酰胺等。最常用的固定相是硅胶和氧化铝。

(1) 氧化铝

铺薄层时一般不加黏合剂,这样的层析板称为"干板"或"软板"。但也可以加煅石膏作黏合剂,这种混有煅石膏的氧化铝称为氧化铝 G。用氧化铝 G 加水调成糊状,铺层活化后使用的层析板称为"硬板"。薄层用氧化铝的技术数据见表 4.7。

表 4.7　薄层用氧化铝的技术数据

特　性	范　围	典型值	酸碱性	pH 范围	pH 典型值
比表面积/(m²/g)	100～250	160	中　性	7～7.5	7
孔径/nm	4～9	6.0	碱　性	9～10	9
粒度/μm	29～90	60	酸　性	4～5	4.5

(2) 硅胶

机械性能较差,必须加入黏合剂铺成硬板使用,常用的黏合剂有煅石膏、羧甲基纤维素钠(CMC)、聚乙烯醇等。煅石膏和羧甲基纤维素钠均用于实验室自制薄层板。用煅石膏作黏合剂的优点是能使用腐蚀性的显色剂,但其缺点是薄层的硬度不够,且不利于无机物的分离。羧甲基纤维素钠作黏合剂的常用浓度为 0.2%～1.0%,浓度越高薄层板硬度越大,但其缺点为不能耐受腐蚀性的显色剂。市售正相预制板的黏合剂有聚乙烯醇、聚丙烯酸或聚丙烯酰胺等高聚物。市售反相预制板的黏合剂有正十八烷及亲脂性高分子聚合物,这类预制板具化学惰性且机械强度高。薄层层析用硅胶的技术数据见表 4.8。

表 4.8　薄层用硅胶的技术数据

参　数	范　围	典型值	pH 范围	典型值
比表面积/(m²/g)	400～600	500	5～7	7
孔径/nm	2～15	6.0		
密度/(g/cm³)	0.3～0.5	0.4		

硅胶 H,不含黏合剂,用时需另加。硅胶 G 是由硅胶和煅石膏混合而成的。硅胶 GF$_{254}$

是在硅胶中既含煅石膏又含荧光指示剂的,在 254 nm 紫外光照射下呈黄绿色荧光。不含煅石膏只含荧光指示剂的硅胶则成为 $HF_{254+366}$,下标 254+366 系指波长为 254 nm 和 366 nm 的紫外光均可使之产生荧光。常用的荧光指示剂是锰激活的硅酸锌 $ZnSiO_4 \cdot Mn$,在 254 nm 紫外光下产生荧光;银激活的硫化锌,硫化镉 $ZnS \cdot CdS \cdot Ag$ 在 366 nm 紫外光下产生荧光。

硅胶带有弱酸性,在分离某些碱性化合物时,斑点拖尾,为了改善分离,抑制斑点拖尾,可以在硅胶中加入碱或碱性缓冲液制成碱性薄层分离生物碱等碱性化合物。

不饱和有机化合物能与硝酸银生成络合物,因此通常用 10% 硝酸银溶液代替水铺制薄层,或将制好的硅胶 G 板在 10% 硝酸银溶液中浸渍约 1 min,晾干后应用。在这种薄层上,不饱和程度不同的脂肪酸获得良好的分离。这主要是由于银离子与不饱和化合物形成络合物,和含有双键的络合比含三键的牢固,饱和脂肪酸则不与硝酸银络合。其他不饱和化合物与 $AgNO_3$ 也有类似的情况。据报道,这种薄层还可以用来分离杂环化合物、萜烯类、链烯类化合物等。此外,$Tl(NO_3)_3$、$Pb(NO_3)_2$、硼酸或硼砂、亚砷酸盐等也可以用来制备络合薄层。

在分配层析中,吸附在吸附剂上的水分是固定相,层析分离是基于试样中各组分在展开剂和固定液之间分配系数的不同。作为分配层析的固定液,除了水分外,还可以用其他各种物质。例如亲水性固定液可以用甲酰胺、二甲基甲酰胺、乙二醇、不同相对分子质量的聚乙二醇等,亲脂性固定液常用的是脂肪族碳氢化合物,如正十一烷、液体石蜡以及硅酮油等。

为了涂布固定液可以采用不同的方法,可以把固定液溶解在适当的溶剂中,配成溶液,就用这种溶液代替水,与吸附剂混合调成糊状,涂铺薄层。用这种方法涂铺,重现性较好。

还可以把固定液溶解于挥发性溶剂中,配成一定浓度的溶液,把已铺好的薄层浸入溶液中,取出,在空气中放置,使溶剂挥发除去,固定相留在薄层上。此法可把固定液均匀地涂布在薄层上,操作也较简单。但对于不牢固的薄层,在涂布固定液时吸附剂易从玻璃板上脱落。

还可以把固定液的溶液用喷雾器喷到薄层上,让溶剂挥发除去。这种方法也较简单,但涂布不均匀。

还可以把薄层的一端浸入固定液中,让溶液上升展开一次。这种涂布方式,固定液分布也不均匀,薄层下端较多,越往上越少,但不影响分离。

用颗粒十分细小,粒度十分均匀,一般直径为 5~7 μm 的硅胶吸附剂,加上高度惰性的黏合剂,可铺成质地十分紧密、均匀、平滑的高效薄层预制板。这种预制板性能极稳定,层析展开后斑点仍然保持圆形而不拖尾,分离清晰,分离效果极好。平均塔板高度 $\overline{H}$ 约为 10~15 μm,展开 3~7 cm,理论塔板数可达数千,为一般薄层的十倍。这主要是由于这种薄层的传质阻力极小,填充项也很小,这时扩散项是斑点扩张的主要因素。因此如果被分离组分的相对分子质量较大,扩散系数 D_m 值较小,展开距离 L 较短时,平均塔板高度 $\overline{H}$ 很小,分离效果很好。随着展开距离的增加,柱效率下降,因此高效薄层适合于较短距离的层析展开。

此外,硅藻土、纤维素等也可用作固定相。

(3)薄层的制备方法

当前国外的预制薄层板规格、类型非常多,这些产品足够满足各种应用的需要,国内预制板的规格、类型较少,进口价格又贵,且有时亦需要制备一些特殊性能的薄层,因此手工制板应用比较普遍。

把吸附剂均匀的涂铺在玻璃板上制成薄层以备层析用。所用的玻璃板一般为 10 cm× 10 cm，10 cm×20 cm，20 cm×20 cm，5 cm×25 cm 的 2 mm 厚的玻璃板。玻璃板表面应光滑平整，铺层前应用洗涤液浸洗，再用水洗净后烘干，不应沾有油污，水渍。否则湿法铺层时吸附剂不能均匀分布和黏着在玻璃板上，干燥后易起壳，开裂，剥落。铺好的薄层必须厚度均匀一致，表面光滑，无气泡小孔及裂纹。

手工制板一般分为不含黏合剂的软板及含黏合剂的硬板两种。相对应的铺层的方法可分干法和湿法两种。

干法铺层简单快速。用玻璃棒套上两段小套圈（可用塑料管或橡皮管等制成）做成铺层棒，套圈的厚度即为薄层的厚度，一般为 0.3～0.5 mm，也可用不锈钢管制成的铺层棒。铺层时将吸附剂撒于玻璃板上，两手捏住铺层棒的两端，把棒的中间的一段压在玻璃板一端的吸附剂上，缓缓向前移动，此时两手用力均匀，移动速度要前后一致，这样就可以铺成平滑、均匀的薄板。氧化铝常用此法铺层，这样铺的薄层称软板，也称干板。

干法铺层简单快速，随铺随用，事前不需要什么准备工作。但干板在层析展开后不能保存，喷显色剂时薄层易被吹散。铺干板用的吸附剂颗粒应较粗（150～200 目），太细的吸附剂在铺层时要随着铺层棒移动。由于干板中吸附剂颗粒较粗，填充项和传质项都增大，平均塔板高度增加，分离效果较差，展开后斑点扩散，分离较差；但层析展开较迅速。

湿法铺层是先在吸附剂中加入水或者其他溶剂、溶液，调成糊状，然后再进行铺层。目前国内重庆贝尔德仪器厂在 PBQ 多种类型的自动铺板器基础上推出最新的 939 型薄层自动制板器，集匀浆、制板功能为一体，可铺成厚度为 0.3 mm、0.4 mm、0.5 mm 及 0.6 mm 等 4 种规格的薄层板。武汉药科新技术开发有限公司生产的 BF－Ⅰ型及 BF－Ⅱ型两种薄层电动涂敷器，可涂 0.02～2 mm 厚的各种规格的薄层板。上海科贺生化科技有限公司生产的 TD－Ⅱ型全自动薄层色谱铺板器是在吸收了国内外同类仪器优点的同时融入最新的仪器设计制造理念开发的产品，可铺厚度分别为 0.15 mm、0.2 mm、0.25 mm 及 0.3 mm，宽度分别为 200 mm、100 mm 薄层色谱板。此外，还有手工简易涂布器及制备吸附剂梯度的涂布器，见图 4.14 及图 4.15。

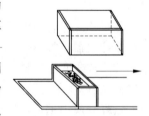

图 4.14　手工简易涂布器

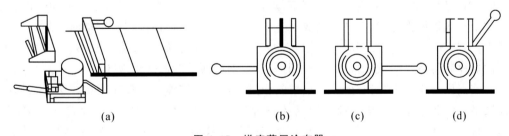

（a）　　　　　　　（b）　　　（c）　　　（d）

图 4.15　梯度薄层涂布器

（a）、（b）、（c）、（d）为不同方位视图

调制固定相的匀浆时可以在一定量的固定相中加入适量蒸馏水，所需用水量约为吸附剂质量的 2～3 倍。一般来讲，用倾倒法铺层时，用水量宜稍多一些，吸附剂和水的质量比以 1：3 较好；用涂铺器铺层时用水量宜少一点，以质量比为 1：2 较好。用水量又和吸附剂种类有关，即使同一种吸附剂，不同厂家产品吸水性也不同，用水量也应稍有改变，可通过初步

试验决定用水量。然后在研钵中用研磨或在烧杯中用玻璃棒顺一个方向搅拌,搅拌与研磨的时间根据具体情况而定。一般来讲,铺好的薄层应在水平位置放置,待凝聚固定后放入烘箱中,先在 60~70℃初步干燥,然后逐步升温至 105~110℃干燥半小时使之活化,保存于干燥器中备用。对于某些层析分离,薄层铺好后阴干即可,不必加热活化;有的甚至需要把薄层保存在一定湿度的气氛中,才能获得较好的分离效果。这些都需要通过初步试验后决定。有的吸附剂在调糊时易产生气泡,必须设法去除,否则在活化时气泡破裂,形成小空洞,会影响层析。为了去除气泡,可在调糊时加入几滴乙醇。

纤维素作吸附剂时一般加水调成悬浮液(含纤维素 15%),剧烈搅拌 30~60 s,然后铺层。纤维素易粘于玻璃板上,可以不另加黏合剂。铺层后薄层可以在空气中晾干。聚酰胺可加入甲醇,调匀后铺层,然后晾干。

定性定量时用的薄层厚度为 0.2~0.3 mm,制备薄层的厚度要求约为 0.5~2 mm。

预制板是用塑料片、玻璃板或铝板作为载板,使薄层附着在上面。预制板使用方便,涂布均匀,薄层光滑及有很好的牢度,分离的效果以及定量重现性等方面也较手工制的薄层好。此外,还有供制备用的厚薄层。

4)点样

和纸层析相似,首先应选用易于挥发的、极性和展开剂相似的溶剂溶解试样,配成浓度约为 1~5 mg/mL 的试液。如果溶剂与展开剂的极性相差太大,则应在点样并待溶剂挥发后再进行层析展开,以免残留的溶剂影响展开剂的极性,影响分离。

点样方式、点样量及点样设备的选择决定于分析的目的、样品溶液的浓度及被测物质的检出灵敏度。

如果单纯进行定性工作,可用玻璃毛细管点样;如要进行定量测定,则应用定量毛细管或微量注射器点样,把试液点成直径为 2~5 mm 的小圆点或长条状。在一块薄层板上并排点上几个或十几个试样点,视薄层大小而定。一般两试样点之间应相距 1~1.5 cm。为了进行对照,在薄层上应同时点上标样。

点样量应根据薄层厚度、试样和固定相的性质、显色反应的灵敏度及定量测定的方法而定,应通过试验确定。点样量过少,会使微量组分无法检出;点样量过多,会使展开后斑点拖尾,甚至相互重叠,分离不清。一般厚度为 0.25~0.35 mm 的薄层板,如果采用把斑点取下,把被测物用溶剂洗下后进行定量测定,点样量应该多些,每次点试液量 10~100 μL,内含试样数十至数百微克,这时把试液点成长条状。用薄层色谱扫描仪扫描定量时,点样量可大为减少,约为 0.1 μL 到数微升,含试样 0.1 μg 至数十微克。如试液浓度较小,可分次点上,即每次点样后待溶液挥发后再点。点样时要注意勿使薄层表面受到破坏。

以前点样采用手工操作,但手工点样的质量与操作者的经验与技能密切相关,于是人们就发展了各种各样的点样辅助装置,以及各种半自动和微机控制的自动点样仪。如瑞士 CAMAG 公司生产的系列点样设备,重庆南岸贝尔德仪器厂生产的 DYQ - I 薄层电动点样器等。

5)展开

点样后的薄层需置密闭并加有展开剂的展开室中进行展开,样品与展开剂及固定相之间相互作用的结果使样品中的各成分沿展开剂流动的方向被分开。

(1)展开剂的选择

选择适当的固定相和展开剂是薄层层析能够获得良好分离的关键。但是常用的固定相只有数种,可供选择的种类不多。而展开剂的种类却很多,不仅可用单一的溶剂,而且还常常把各种溶剂按不同比例混合配成混合溶剂以作展开剂,因此展开剂的选择就比吸附剂的选择更复杂。

溶剂强度是指单一溶剂或混合溶剂洗脱某种溶质的能力。在正相色谱中,它随溶剂极性的增加而增大;在反相色谱中则相反。常用的流动相按其极性增强顺序排列为:石油醚<环己烷<二硫化碳<四氯化碳<三氯乙烯<苯<甲苯<二氯甲烷<氯仿<乙醚<乙酸乙酯<乙酸甲酯<丙酮<正丙醇<乙醇<甲醇<吡啶<酸。对于吸附层析,主要根据极性的不同来选择流动相作展开剂。分配层析是基于试样中各组分在展开剂中的溶解度的不同,或是基于各组分在固定相和流动相中分配系数的不同,这在前面已经讨论过。薄层分配层析中所用的展开剂和纸层析中所用的相似,通常可把纸层析中所用的展开剂应用到薄层分配层析中来,同样,展开剂也应先用固定相饱和。可把展开剂放置于分液漏斗中,加入少量固定相,充分振摇,放置分层,分去固定相层,留下流动相层以供层析用。例如在硅胶薄层上,水为固定相时,展开剂正丁醇应以水饱和;又如用甲酰胺丙酮溶液处理过的纤维素薄层,甲酰胺为固定相,用苯-氯仿(体积比为 1:1)为展开剂应事先用甲酰胺饱和之。

按照展开剂、固定相及被分离物质三者间的相互影响,设计了三角图形(图 4.16),可供选择时参考。

如将三角形的一个顶点指向某一点,其他两个因素将随之自动地增加或减少,以帮助选择展开剂的极性或固定相的活度。例如用吸附薄层层析分离极性化合物时,要选用活度级别大,即吸附活性小的薄层板及极性大的强洗脱剂展开,否则 R_f 值太小,化合物不易被展开;而非极性化合物在吸附薄层层析分离时要采用活度级别小,即吸附活性大的薄层板及非极性溶剂的弱洗脱剂展开;中等极性的化合物的分离则应采用中间条件展开,以得到的大多数斑点的 R_f 在 0.2~0.8 之间为宜。

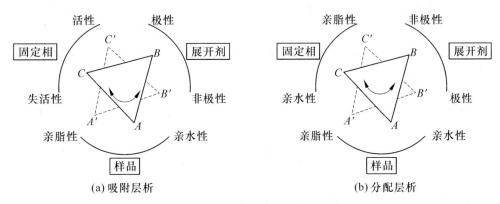

图 4.16　层析分离条件的选择

对于正相分配层析,溶剂的极性及溶剂强度与吸附层析相同,两者是平行的。溶剂极性大,洗脱能力强;溶剂极性小,洗脱能力弱。对于反相分配层析,溶剂的极性与其洗脱能力相反,极性大的溶剂,洗脱能力弱,因此在选择时必须注意。

图 4.16 可供选择展开剂时提供参考,但它仅仅说明了选择展开剂的最简单最基本原则。在具体工作中,展开剂的选择还必须进一步通过实践,一般可用下列两种方法:

微量圆形展开　将试样溶液点于已准备好的薄层上,点成同样大小的圆点。用毛细管吸取各种展开剂,加到试样点中心,让展开剂自毛细管中慢慢地流出进行展开,就可以看到如图4.17所示的不同圆形图谱。由图可以看出，当用己烷和四氯化碳为展开剂时，试样留在圆点未能展开，表示展开剂极性太弱；用苯为展开剂，得到了较好的分离效果。

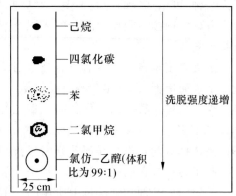

图 4.17　点滴实验技术

微型薄层　可用小玻片(和显微镜载玻片相似)铺上薄层，点上试样，用各种经初步选择认为可能应用的展开剂展开，从而选择适当的展开剂，再用于一般的薄层层析。用微型薄层，材料和时间都比较节省。

先观察两种实验的现象，再对展开剂的极性强弱和酸碱性加以调整。

在选择展开剂时，一般先用单一的溶剂，然后再用两种溶剂配成的混合溶剂进行实验。例如，在硅胶薄层上分离生物碱时，可先试用环己烷、苯、氯仿等单一溶剂，再用混合溶剂如苯-氯仿(体积比为9∶1或1∶1等)。如果用两种组分的混合溶剂，分离效果还不够好，可再考虑用三四种组分的混合溶剂，例如在硅胶薄层上分离生物碱的较复杂的混合溶剂有环己烷-氯仿-二乙胺(体积比为5∶4∶1)、苯-乙酸乙酯-二乙胺(体积比为7∶2∶1)、苯-正庚烷-氯仿-二乙胺(体积比为60∶50∶10∶0.2)等，后加进去的第三、四种组分是用以改变展开剂的极性，调整展开剂的酸碱性，以及增大试样的溶解度等，从而改善分离效果。

一般来说，类似结构的同系物，往往可用相同组分的展开剂。例如在中性氧化铝薄层上分离氨基蒽醌、甲基氨基蒽醌、氨基氯蒽醌的各种异构体时，都可用环己烷-丙酮(体积比为3∶1)混合溶剂作展开剂。

如果在一种吸附剂上，用多种展开剂经过系统检验后，仍不能获得较好的分离效果，可以在适当时机改用另一种吸附剂进行实验。

聚酰胺薄层也是一种吸附薄层，它与各类化合物形成氢键的能力不但取决于其本身，也与溶剂介质有关。一般来说，在水中形成氢键的能力最强，在有机溶剂中形成氢键的能力最弱。因此在聚酰胺薄层上展开剂洗脱能力的大小顺序大致是：水<乙醇<甲醇<丙酮<稀氢氧化铵(钠)溶液<甲酰胺<二甲基甲酰胺。

在聚酰胺薄层上也可以用混合展开剂，如水-乙醇(体积比为1∶1)、水-甲醇(体积比为1∶1)、水-乙醇-乙酰基丙酮(体积比为4∶2∶1)、水-乙醇-丁酮-乙酰基丙酮(体积比为13∶3∶3∶1)、水-乙醇-乙酸-二甲基甲酰胺(体积比为6∶4∶2∶1)、二甲基甲酰胺-苯(体积比为3∶97)。

层析系统的选择主要靠实践，这在前面已经一再指出，但近年来，运用数学方法进行展开剂最佳组合的研究正在展开。如在薄层上用10种展开剂分离26种食用染料，用56种展开剂分离22种磺胺类药物时，运用数值分析方法可较快地找到最佳系统组合，试验结果与计算结果是一致的。罗治权等运用逐步组合法为13种巴比妥类药物的14种薄层展开剂找到了最佳组合。此外运用系统分析法、信息论、图论及其他运筹法，对展开剂最佳组合的研究正在进行中。虽然在这方面已做了不少工作，但实践中仍然在依靠经验摸索展开剂的选择。

由于化合物在两相中的分配系数，以及固定相和流动相的相互溶解度都随温度不同而改变，因此在分配层析中温度对 R_f 值的影响较显著，为了获得重现性较好的 R_f 值，不但层析展开时的温度要尽量保持一致，就是用固定相处理展开剂时的温度，最好也和层析展开时的温度保持一致。

薄层层析展开剂的选择,首先考虑的是要能很好地达到分离目的;其次也要考虑到展开剂是否挥发,黏度是否较小,易挥发的展开剂在展开后能很快挥发除去,不致影响定性检出和定量测定,而且易挥发、黏度小的展开剂一般展开速度较快;最后还要考虑到展开剂是否有毒,价格是否便宜,是否容易买到等。

展开剂纯度必须加以注意。有时溶剂中含有少量杂质,如乙醚中含有少量水分,再如氯仿、乙酸乙酯、乙醚中含少量乙醇,卤代烃中含游离酸等都会使溶剂的极性发生明显的改变,影响分离。又如乙醚、烃类中含有过氧化物,会氧化或破坏试样中的某些组分。而有的溶剂如果保存不好,会吸收水分或被污染,影响分离。一般可用分析纯(试剂二级)或化学纯(试剂三级)溶剂来配制展开剂,必要时可用精馏法精制,此时应用全玻璃精馏装置,收集中间馏分备用。如用混合溶剂作展开剂,以新鲜配制为宜,因在保存过程中不同溶剂挥发性能不同,会使混合溶剂的组成发生变化。

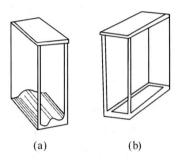

图 4.18　上行展开室
(a) 薄层色谱双槽展开室;
(b) 薄层色谱平底展开室

(2) 展开方式

层析展开操作常用上行法。将点样后的薄层的底边置于盛有展开剂的直立型的多种规格的平底或双槽展开室中,见图 4.18。对于干板,应采用近水平方向展开,薄层与水平方向夹角约为 $10°\sim20°$,倾斜角过大,薄层易脱落,过小,影响分离。对于硬板,采用近垂直方向展开。

层析展开必须在密闭不漏气的层析缸中展开,层析缸盖不严密,会影响层析展开。这主要由于展开剂中各种溶剂的挥发性不同。如果缸盖漏气,在层析展开过程中,展开剂不断挥发,缸内展开剂的组成就不断改变,因而影响分离。为了使层析缸密闭不漏气,可在缸口磨砂部分涂上甘油淀粉。甘油淀粉是用一般的面粉制成较干的糨糊再加入半份到一份甘油调匀而成。

展开时先将展开剂放入层析缸内,使液层厚度约 $5\sim7$ mm。然后将已点好试样的薄层放入缸内,使薄层下端浸入展开剂中约 5 mm,迅速盖紧缸盖,使之层析展开。待展开前缘已上升到达预定的高度(一般为 $10\sim15$ cm)或各种组分的色斑已明显分离时,层析可以终止,取出层析板以备定性检出或定量测定。吸附层析展开很快,约需 $10\sim60$ min,一般为 30 min;分配层析展开较慢,约需 $1\sim2$ h,随展开剂的黏度和吸附剂的粒度而定。

如果混合溶剂中含有低沸点组分,经过一次层析展开,组成往往发生了改变,应予以更换。

有的试样易被氧化,点样和展开都应在惰性气体如 CO_2、N_2 气氛中进行。

层析展开一般就在室温下进行。据研究,对吸附层析,温度影响较小,温度从 20℃降至 4℃,展开速度和 R_f 值都无显著变化。对于分配层析,情况有所不同,例如某些脂肪酸在用硅油浸过的硅胶板上展开,如温度为 $4\sim6$℃,展开效果较室温时为好。因此在某些展开中,保持一定温度还是必要的。

平面色谱中的下行展开,多用于纸色谱法。将点样后的滤纸悬放在展开剂槽中,用粗玻棒压纸以固定,展开剂往下移动以进行层析。下行法中展开剂除毛细管作用外还有重力作用,因此展速比上行法快一些。

据报道,利用高效薄层板进行径向展开可以获得很好的分离效果。径向展开可以是从圆心到周围的放射形展开,也可以是从圆周到圆心的展开。放射形径向展开,一般在预展开后用 U 形展开槽展开。由于展开距离短,适用于高效薄层,分离效果好。

对于组成比较复杂的试样,一次展开不能使各组分完全分离时可以采用多次展开,连续展开或双向展开。

多次展开即在第一次展开后把薄层自层析缸内取出,让溶剂挥发逸去,然后再放入层析缸内用同一种展开剂进行重复展开。这种展开的最大特点是出现斑点的再集中现象,即在第二次展开剂前缘经过斑点时,在前缘后面斑点内的组分就沿着展开方向前进,向斑点内靠前面的组分靠拢,从而出现了斑点集中的现象。当样品中存在的各成分的极性相差很大时,可用阶式展开,即用两种或两种以上极性不同的展开剂分别展开几次。

如果试样中的某些组分 R_f 值较小,分离不好,则可采用连续展开。上行法连续展开,是在特制的层析缸中使薄层的顶部敞于外界,当展开剂前缘上升到达薄层尽头处,就连续不断地从薄层的顶端向外界挥发,使展开可以连续进行。连续下行法,是用滤纸条把展开剂引到薄层上端,使展开剂沿着薄层往下移动,当溶剂前缘移动到薄层的下端,就滴落在层析缸内。

对于组成极复杂的试样,用双向层析可以获得良好的效果。将样品点在正方形薄层板一角,展开一次后将薄层板用加热、光照或用酸、碱蒸气等方法处理后,将薄层板转 90°,于垂直于第一次展开的方向用相同或不同的展开剂再展开第二次。图4.19所示是氨基酸在硅胶薄层上,用氯仿-甲醇-氨水(体积比为40:40:20)以及酚-水(体积比为75:25)为展开剂的双向层析结果,分出了 23 种氨基酸。

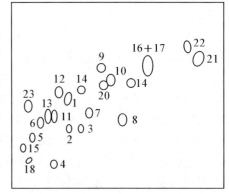

图 4.19　23 种氨基酸双向层析图谱

Perry 等人设计了程序控制多次展开法(PMD)。此方法的装置如图 4.20 所示。在薄层板上点样后,于三明治式(或称 S 形)展开槽[图 4.20(a)]中展开一定时间。打开展开槽上端,用辐射加热器加热,或通入氮气流,或者两种方法同时应用,使溶剂挥发逸去。然后停止加热、停止通氮,使层析展开再次进行,如此反复进行若干次。这种展开方式,分离效果良好,斑点面积较小(图4.21),展开时间较省。Perry 更建议把 PMD 装置分成两个单元,其中一个为程序控制单元,另一个为展开单元,整个操作过程都由程序控制单元自动操纵。

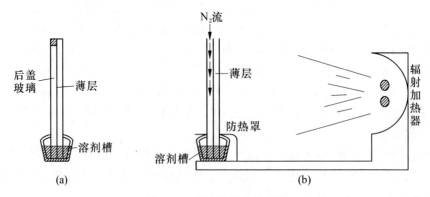

图 4.20　程序控制多次展开

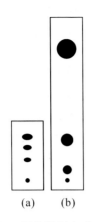

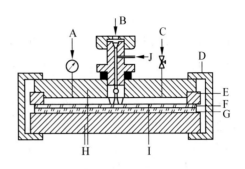

图 4.21　两种展开方式对比图

（a）多次展开法（PMD）；（b）一次展开法

图 4.22　圆形加压薄层色谱展开槽剖面图

　　Tyihak 则进一步提出了加压薄层展开。这是在空气压力下使覆盖于吸附剂薄层上的一层弹性塑料薄膜与薄层紧贴,在紧闭的无蒸气相的条件下进行展开。所用展开槽如图 4.22 所示。薄层 F 在玻璃或塑料板 G 上,薄层的上面盖一层塑料薄膜 I。由于薄层与上面支持块 H 之间的空间中的气体压力,使塑料薄膜 I 紧贴于薄层 F 上,用一只圆形环密闭。C 为气体进口,A 系压力表,由注射器 J 注入溶剂。进口 B 可于一定压力下引入样品。上下 H 块之间用几个夹子夹紧。使用 10 cm×10 cm 或 20 cm×20 cm 的标准尺寸的薄层板。展开时由于塑料薄膜紧贴薄层,溶剂是压入的,因此溶剂流速可以改变。由于是在加压、无蒸气相条件下进行展开,在某些方面本法综合了薄层色谱和高压液相色谱的优点,提高了分离效率,缩短了分离时间,节省了溶剂。

　　旋转薄层的分离原理是根据样品在固定相和流动相之间的吸附、分配作用的不同外,再加上离心加速度的作用,使试样中各组分之间原有的 R_f 值差异加大,从而提高分离效果,加快了分离速度。此法已广泛应用于合成和天然产物的制备分离。旋转薄层色谱仪有两种类型:一种是美国 Harrison 的 7924 型 Chromatotron 仪及北京青云仪器厂生产的 LBC–Ⅰ型离心薄层色谱仪;另一种是日本日立公司生产的 CLC 型离心液相色谱制备仪。

　　展开层析缸内展开剂蒸气的饱和问题　E. Stahl 在用氯仿-甲醇(体积比为 95∶5)为展开剂分离麦角生物碱时发现,同一种生物碱展开后,点在薄层中部的比点在薄层两边的 R_f 值较小,如图 4.23 所示。他称这种现象为边缘效应,并认为产生这种现象的原因是由于展开剂沿着薄层上升时,展开剂中极性较弱、沸点较低的组分氯仿较易挥发,因此挥发更快,结果就使薄层两边上升的展开剂中弱极性的溶剂氯仿浓度较低,强极性的甲醇浓度相对升高,从而促使处于薄层两边的斑点前进较快,R_f 值升高。当用单一的展开剂时不会发生这种现象,薄层

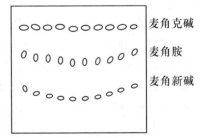

图 4.23　在未饱和展开室中薄层板上出现的"边缘效应"示意图

板较窄时这种现象也不明显。E. Stahl 认为,在层析缸内壁,贴上以展开剂润湿的滤纸,促使展开剂挥发,使层析缸内为展开剂蒸气所充分饱和,这种现象就可以消除。

　　Rokus A de Zeeuw 认为,层析过程中薄层要吸附展开剂蒸气,这种吸附的蒸气对展开

也起作用。因此各种溶剂不一定要全部都加到展开剂中,可以把溶剂盛在小槽内放在层析缸中,使其产生蒸气,发挥作用,这样也可以获得良好的分离效果。这种做法在用一些不相混溶的挥发性溶剂作展开剂时特别有价值。

由于薄层层析中所有的展开剂通常总是由两种或两种以上不同沸点、不同极性的溶剂混合而成。这样的展开剂在连续几次层析展开操作后,即使是在密闭的层析缸内,也会因展开剂的挥发而使其组成发生改变,使展开剂的极性也发生改变,从而使各种组分的 R_f 值发生改变,分离受到影响。因此 E. Röder 建议采用共沸混合溶剂作为薄层层析的展开剂,这样,展开剂的挥发并不影响其组成,故展开剂可以较长时期地连续使用,只需加以补充即可。利用共沸混合溶液,Röder 分离了磺胺、激素、生物碱、麻醉药等。

根据以上讨论可知,对于一种混合物的分离,层析缸是否需要预先饱和,不能一概而论,需要经过试验根据实际情况而定。

6)定性

展开完毕后,把薄层从层析缸中取出,挥发尽展开剂后,用铅笔画出或小针刺出展开剂前缘的位置,随即进行显色,以确定各个斑点的位置、R_f 值和显色情况,从而判断试样中含有哪些组分。

和纸层析相似,有色物质经展开后呈现明显的色斑,很易判断。对于无色物质,可用各种物理或化学方法使之显色。

(1)显色方法

常用的有三类,即在紫外光下观察,以蒸气熏使之显色,喷以各种显色剂以及生物自显影。

把展开后的薄层放在紫外光下观察时,含有共轭双键的有机物质能吸收紫外光,呈现暗色斑;如果采用硅胶 GF(或其他含有荧光指示剂的吸附剂)铺成的薄层,在紫外光照射下,整个薄层呈现黄绿色荧光,斑点部分呈现暗色,更为明显。也有的物质在吸收紫外光后能辐射出各种不同颜色的荧光,用来进行检测时灵敏度高,专属性也较好。由于紫外光停止照射后,荧光即消失,所以在观察斑点位置时,应用针沿斑点周围刺孔做出记号。

常用的紫外光灯是一种汞弧灯,它一般具有两种滤光片,一种能透过 254 nm 的紫外光,另一种能透过 365 nm 的紫外光。

由于利用荧光斑进行检测灵敏度高、专属性好,因此为了提高某些不具备荧光的化合物检测的灵敏度,薄层荧光衍生化技术引起了人们的兴趣,有了较好的发展。衍生化操作可在展开前或展开后进行。要求荧光衍生化试剂本身不具备荧光,应能在比较缓和的条件下与被测组分快速、定量的形成荧光衍生物。这类试剂以丹磺酰氯应用最广,可与胺类、生物碱、生物胺、氨基酚类、醛、酮、酚类、酸类和硫醇等生成荧光衍生物。也有利用环化、缩合、络合、氧化还原、酸碱反应等生成荧光化合物的。

利用蒸气熏显色时,常用的试剂有固体碘、浓氨水、液体溴。进行显色时,把这些易挥发的试剂放置在密闭容器内(如标本瓶、标本缸、干燥器等),使它们的蒸气充满整个容器,将已展开并已挥发去溶剂的薄层板放入其中,使之显色。显色快慢与灵敏度随化合物不同而异。多数有机化合物遇碘蒸气能显黄到黄棕色斑,显色作用可能是碘溶于被检出的化合物中,也可能是发生加成作用,更可能是化合物吸附碘而显色。增加温度或在碘蒸气瓶中加少许水增高湿度,可使显色加速。显色后放置空气中,在多数情况下,碘能挥发逸去而褪色。

喷雾显色时,应将显色剂配成一定浓度的溶液,然后用喷雾器均匀地喷洒在薄层上。要求喷出的雾滴细而均匀,喷雾器与薄层应相距 0.7～1 m。对于未加黏合剂的干板,应在展开后溶剂尚未挥发逸去时立即喷雾显色,否则,薄层易被吹散。使用刺激性与腐蚀性显色剂时,应在通风处中喷雾显色。

目前已有装在塑料瓶中,充有压缩性惰性气体的显色剂溶液出售。当按住瓶口针形阀时,即有雾状液滴喷出。

无机吸附剂薄层能耐受腐蚀性显色剂,并且还能在较高温度下显色,这些都是薄层层析的优点。

生物自显影包括生物与酶检出法。具有生物活性的物质,如抗生素等,在纸或薄层上分离后与有相当的微生物的琼脂培养基表面接触,经在一定温度下培养后,有抗菌活性物质处的微生物生长受到抑制,琼脂表面出现抑菌点而得到定位。

(2) 显色剂

显色剂可以分为两大类,即通用显色剂和专属性显色剂。

① 通用显色剂:对未知化合物的检测,可以考虑先用通用显色剂。这种显色剂是利用它与被测组分的氧化还原反应、脱水反应、酸碱反应及荧光反应等而显色的,常用的有以下几种方法:

硫酸-水(体积比为 1∶1)溶液、硫酸-甲醇或乙醇(体积比为 1∶1)溶液、1.5 mol/L 硫酸溶液与 0.5～1.5 mol/L 硫酸铵溶液,绝大多数有机物质,喷此种显色剂后立即或在加热到 110～120℃并经数分钟后出现棕色到黑色斑点,这种焦化斑点常常还显现荧光。

硫酸加醋酐、硫酸加重铬酸钠配成的溶液用来喷雾,可以获得类似结果。如改用体积比为 1∶1 的硫酸-硝酸混合溶液,可使难作用的有机物也发生显色反应。

酸碱指示剂溶液　例如喷以 0.3％溴甲酚绿的 80％甲醇溶液(每 100 mL 中预先加入数滴 NaOH 溶液),在绿色背景上显现黄色斑,表示是脂肪族羧酸。

5％磷钼酸乙醇溶液　喷后于 120℃烘烤,还原性物质显蓝色斑,再以氨气熏,背景变为无色。

碱性高锰酸钾试剂　还原性物质在淡红色背景上显黄色斑,1％高锰酸钾溶液与 5％碳酸钠溶液等量混合应用。

酸性高锰酸钾试剂　喷 1.6％高锰酸钾浓硫酸溶液(溶解时注意防止爆炸),喷后薄层于 180℃加热 15～20 min。

硝酸银-氨水试剂　喷后于 105℃烘烤 5～10 min,还原性物质显黑色。

荧光显色剂　薄层展开后,试喷以下任一溶液,然后在紫外灯下观察,不同的物质在荧光背景下可能显黑色或其他颜色斑点,如 0.2％ 2′,7′-二氯荧光素乙醇溶液、0.01％荧光素乙醇溶液、0.1％桑色素乙醇溶液、0.05％罗丹明 B 乙醇溶液等。

② 专属性显色剂:这是指能使某一类或少数几类官能团或化合物显色的试剂。例如:

2％ 2,4-二硝基苯肼乙醇溶液　喷后在 120℃加热 10 min,醛、酮在黄橙色背景上显红色或橙色斑。

Dragendorff 试剂　Munier 改良后的配方是由碱式硝酸铋、酒石酸溶液和 KI 溶液混合配成,用来检出生物碱和其他含氮化合物,包括抗组胺(antihistamines)、环己胺、内酰胺、类脂化合物等。

Ehrlich 试剂　4-二甲基氨基苯甲醛的 1％乙醇溶液,用来检测胺类化合物。

0.3％茚三酮的丁醇溶液(含有 3％醋酸)　用来检测氨基酸及脂肪族伯胺类化合物,在白色背景上显粉红色到紫色斑。

三氯化铁-铁氰化钾溶液　由 0.1 mol/L FeCl₃ 和 0.1 mol/L K₃Fe(CN)₆ 溶液临用前混合配成,用来检测酚类、芳香族胺类、酚类甾族化合物。

25％三氯化锑氯仿溶液　检出甾族化合物,萜类化合物也有正反应。

溴甲酚绿溶液　0.1 g 溴甲酚绿溶于 500 mL 乙醇和 5 mL 0.1 mol/L 氢氧化钠溶液,浸板,用来检测有机酸类,蓝色背景产生黄色斑点。

显色剂种类繁多,这里不多介绍,如有需要可参阅有关专著。

（3）定性

样品通过纸或薄层分离,并用适当方法定位后的斑点,常用以下几种方法达到定性的目的。

斑点的 R_f 值　在一定条件下,化合物的 R_f 值应该是个常数。但影响 R_f 值的因素很多,包括吸附剂的种类、质量和活度;展开剂的性质、组成和质量;层析缸的大小、形状和饱和程度;展开方式和温度等。R_f 值测定的重现性很差,因而从文献上查到的 R_f 值只能供参考,不能就根据它来定性鉴定。但根据文献的 R_f 值,往往能够看出一系列化合物在薄层上的相对位置,以及它们之间分离的难易程度,对于定性鉴定还是很有参考价值的。

为了消除由于层析条件的不尽相同而引起 R_f 值的变化,对于定性鉴定一般需要在同一薄层上平行点加标样,在完全相同条件下进行展开,如果试样中某一组分的 R_f 值与标样的相同,那么它们就可能是同一种物质。如果再用第二种不同极性的展开剂展开后,斑点的 R_f 值仍然相同,那么它们是同一种组分就可靠无疑了。也可以把标样与试样混合后点样,进行层析,如果在两种不同展开剂中展开后,两者都不发生分离,则这两种组分是相同的。此外,在展开前后进行化学反应,制备衍生物,再比较衍生物的 R_f 值,更增加鉴定的可靠性。

斑点的显色特性　在自然光下观察斑点的颜色,或在紫外光下观察斑点的颜色或荧光;或用专属性显色剂后斑点显色的情况与对照品比较可以定性。

斑点的原位光谱扫描　展开后的平面色谱,根据斑点的性质在薄层扫描仪上用不同光源进行斑点的原位扫描,得到的斑点扫描光谱图与对照品的光谱图比较其光谱图形以及最大吸收波长,借此作为定性的方法之一。

与其他分析技术的联用　利用与其他色谱法、电化学法或光谱法联用技术来进行定性鉴定,例如 Nakamura 等用薄层色谱-气相色谱-质谱联用技术对尿中大麻醇的主要代谢产物大麻酸进行鉴定,应用薄层色谱除去样品中的干扰物,然后用 GC-MS 联用仪进行分离鉴定。

7）含量测定

层析展开后对得到的斑点进行半定量或定量测定,可以应用以下几种方法。

（1）目视比较半定量法

将试液与一系列不同浓度的标准溶液并排点样于同一薄层上,层析展开后比较各斑点的大小及其颜色的深浅,可借以估计某一组分的大概含量。

这只是一种半定量的方法,方法简单,适用于作为试样中杂质含量控制的限度试验。例如要检查药物中某一杂质,先试验确定在所用层析条件下,该杂质的检出灵敏度,如确定最低检出量为 0.5 μg。若规定药物中杂质允许存在的最高限度为 1％,则在点 50 μg 试样进行层析后,不得出现该杂质斑。

（2）间接定量（洗脱测定法）

这是目前较常用的定量测定方法。这种方法是先将被测组分的斑点位置确定,将斑点连同吸附剂一起取下,用溶剂将被测组分洗脱下来,然后进行定量测定。这种方法的关键问题在于被测组分是否能够从薄层上定量地洗脱下来。如能定量地洗脱下来,则可以获得较为准确的测定结果。误差约为 1％～5％,视试样的种类、所用层析和测定的方法,分析者操作的熟练程度而定。这种测定方法所需仪器设备也比较简单,但操作步骤较长,比较费时。洗脱测定的几个主要步骤如下:

斑点定位　有色或在紫外光下能产生荧光的化合物定位比较简单,如为无色或无荧光的化合物,可用碘蒸气显色,如果某种显色剂不影响测定结果,也可以直接用显色剂显色。显色剂定位对测定有干扰时,可采用对照法定位。在薄层上,与试液并排点上被测组分的标准溶液作为对照,展开后用玻璃板将前者盖住,喷以显色剂。然后根据已显色的对照斑点的位置,判断试样被测组分的斑点位置。酚类、葡萄糖、维生素 B$_6$ 等常需用这种方法确定斑点位置,而直接在薄层上喷显色剂以定位的办法较少应用,因显色剂往往影响定量测定。

斑点的洗脱　最简单的方法是用小刀或小毛刷将斑点和吸附剂一起刮下或刷下,置于 4～5 号砂芯漏斗中;也可用吸集器将斑点连同吸附剂一起洗下,用适当的溶剂将被测组分洗脱,调整洗脱液的体积后进行测定。洗脱剂的选择十分重要,应选用既能完全洗下被测组分,又不干扰以后测定的溶剂。常用的有水、乙醇、甲醇、丙酮、氯仿、乙醚等。如用单一的溶剂洗脱效果不好时,也可用混合溶剂,如在乙醚、氯仿中加入一定量的醇,或在醇中加入少许氨水、乙醚等。

测定　进行定量测定时,层析点样量大致为数十微克到数百微克,展开、洗脱后某种被测组分的量当然更少于上述数值。这种少量组分的测定,一般采用可见及紫外分光光度法,也可采用荧光分光光度法等。对于有色的或能吸收紫外光的组分,测定比较简单,在收集洗脱液,稀释至一定体积后即可进行测定。但需注意,所用洗脱剂应不干扰测定。此外,在进行洗脱测定、收集斑点处吸附剂或滤纸上的色斑的同时,必须取下与斑点相应位置、同样面积的空白吸附剂,用与样品斑点相同的方法及溶剂进行洗脱,作为测定时的空白对照溶液以便对结果进行校正。

无色及不吸收紫外光的组分,可在洗脱后显色,稀释至一定体积再进行测定。在薄层上显色后,再洗脱下来,用光度法测定是不合适的,这样做会引起较大的误差,因显色剂用量不能控制一致。从滤纸或薄层上洗脱下来的被测物质还可以应用电化学方法,如库仑滴定或极谱等方法,也可用红外分光光度法等其他光度法测定。

(3) 直接定量(薄层色谱扫描仪)

在薄层上用薄层色谱扫描仪,以一定波长和一定强度的光束扫描分离后的各个斑点,以进行定量测定的方法,近年来发展极为迅速。测定方式可分透射光测定法、反射光测定法以及透射光和反射光同时测定三种。而扫描所用光线可分为可见光、紫外光及荧光三种。

薄层扫描仪有各种不同的形式,最常用的有两种:

单波长扫描　单波长扫描是使用一种波长的光束对薄层进行扫描。单波长扫描有两种方式:

单波长、单光束扫描仪。它不能消除由于薄层厚度不均匀、显色不均匀等背景不均匀造成的测定误差,因此对薄层的要求较高。

单波长、双光束扫描仪。光源发出的光经过单色器及棱镜系统分成两路均等光束,一束光照在薄层板被测定的斑点上,另一束光照在附近的空白薄层上,作为空白对照,测得的是消除薄层空白后斑点的吸收值,增加了仪器的稳定性,可得到较平稳的基线,但不能消除斑点与薄层之间的差别对测定的影响。CS-920 型薄层扫描仪就是这种仪器,见图 4.24。

双波长扫描　双波长扫描是采用两种不同波长的光束,先后扫描所要测定的斑点,并记录下此两波长吸光度之差。两种波长的选择需对欲测斑点进行原位光谱扫描,根据斑点的吸收光谱选择最大吸收峰波长作为样品的测定波长 λ_S;选择斑点吸收光谱的基线部分,即该化合物无吸收处的波长为样品的参比波长 λ_R。用双波长扫描,由于在 λ_S 扫描所得测定值中减去了 λ_R 扫描测定值(斑点所在处的空白薄层吸收值),薄层背景不均匀性得到了补偿,扫描曲线的基线较为平稳,测定精度得到了改善。

具有双波长扫描功能的薄层扫描仪有两种构型。

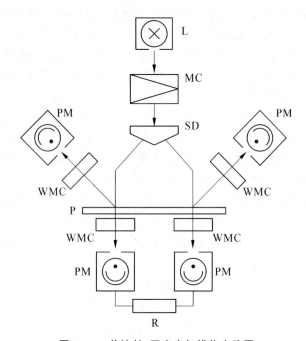

图 4.24　单波长、双光束扫描仪光路图
L—光源;MC—单色器;SD—光路切分装置;WMC—楔形补偿器;
PM—光电检测器;P—薄层板;R—比例调节器

一是双波长、双光束薄层扫描仪。光源的光分成两路,通过两个分光器出来两束不同波长的光。一路用于测量样品,称样品波长 λ_S;另一路作为对照,称参比波长 λ_R。这两束光通过斩光器以一定频率交替照射到薄层斑点上,测得结果为在此二波长的吸收度之差 ΔA。这样可以消除斑点处薄层的干扰,得到的基线明显改善,如 CS-910 型就是这种双光束、双波长的薄层扫描仪。

二是双波长、单光束薄层扫描仪。这种构造的扫描仪的光路系统是单波长、单光束型的,但借助计算机程序来完成双波长扫描。测定时斑点经参比波长扫描一次,将测得值存储于计算机中,然后斑点再用样品波长扫描一次,计算机将两次测定值的差值计算出来加以记录。如 CS-930 型及 Camag Ⅱ 型属于这种构造的仪器,这种仪器只有一个单色器,仪器构造比较简单,但扫描分两步进行,因此所需扫描时间较长。

对于外形规则的斑点,采用直线扫描,可以缩短测定时间。在进行荧光测定时一般只用直线扫描,当斑点性状不规则或浓度分布不均匀时,测量误差不大。用微小的正方形光束在对斑点进行 y 轴的等速直线扫描的同时,对斑点进行 x 轴的等幅往复扫描为锯齿扫描。由于把光束缩小到使光束内斑点浓度变化可以忽略的程度,因此锯齿扫描可以得到正确的测定值,适用于形状不规则及浓度分布不均匀的斑点。锯齿扫描的另一种用途是薄层的背景补偿。如若所测得斑点位于薄层上背景补偿较强的部位,在锯齿扫描时可用背景补偿装置自测得值中减去背景吸收值,得到更准确的测定结果。其工作原理是在扫描时取扫描振幅范围外的一点作为背景补偿零点,用计算机将此零点测定值从斑点测定值中减去,得到斑点的真正吸光度。

其他测定方法　用薄层色谱仪直接扫描时亦可用荧光来进行定量测定。在紫外光激发下产生荧光的物质,或在衍生化后能在紫外光下产生荧光的物质,所产生的荧光强度与斑点中被测物的含量直接有关,因而可通过测定荧光的强度进行定量测定。这时应采用不产生荧光的薄层板。

还可用荧光减退法进行测量。当紫外光照射含有荧光指示剂的薄层时,产生黄绿色荧光。如果在薄层上有吸收紫外光的组分,则在斑点位置由于紫外光被吸收,薄层中荧光指示剂所接受的紫外光强度减弱,产生的荧光的强度也因而减退。荧光减退的强度与斑点中该组分的含量存在一定的定量关系,因而根据荧光减退值可以进行测定。

荧光测定法的优点在于灵敏度高于吸收测定法 100~1 000 倍,最低可测定 10~50 pg;荧光测定的专属性质,可避免一些杂质的干扰,基线也较稳定;此外,定量的线性范围相当宽。

国内外生产薄层色谱仪的厂商主要有四家:瑞士 CAMAG(长玛)公司生产的系列薄层色谱产品,质量优异,国际认可度高,但价格昂贵,主流薄层色谱扫描仪为 SCANNER - Ⅲ;德国 DESAG(迪塞克)公司是薄层扫描仪的发明者,薄层产品系列齐全,质量优异,国际认可度高,价格比 CAMAG 稍低,主流扫描仪为 CD - 60;日本 SHIMADEU(岛津)公司生产的薄层扫描仪价格较其他进口产品低,进入中国市场时间长,销售量大,其主流扫描仪为 CS - 9300、CS - 9301;上海科贺生化技术有限公司,是国内唯一的薄层色谱扫描仪生产厂商,该公司起步虽晚,但目前已生产多种薄层色谱仪器,主流扫描仪是 KH - 2000 型双波长薄层色谱扫描仪,性能接近进口产品,填补了国内空白。除了上述常见的薄层色谱扫描仪外,还有一些专门的薄层色谱检测技术,如用于检测板上经放射性同位素标记物质的同位素检测扫描仪,这种扫描仪扫描速度快、灵敏度高,也可用于凝胶片扫描。有的可扫描^{33}S、^{32}P 和^{125}I,使薄层色谱法成功地用于生化和生物医学中常见的放射性同位素的研究。

8)薄层层析法的应用

薄层层析法优点是使用范围广,样品预处理比较简单,样品分析的时间短,优化展开剂的组成非常方便,可选择多种检测方法,可以扫描或彩色摄影永久保存等。因而近年来,薄层层析的发展相当迅速,应用日益广泛。在应用中根据粗略统计,医药方面约占 30%,临床、生化等约占 25%,环境化学约占 12%,食品、农药约占 10%,无机及金属有机化合物约占 5%,其他方面约占 15%,所解决的问题也是方方面面的。

(1)在医药方面的应用

薄层色谱法在中草药及成药分析中的应用发展得比较快。有关中药薄层色谱法分析方面的书籍也相继问世,例如李建业编著《中成药薄层色谱分析》,为从事这方面的工作人员提供了有价值的参考。

王珂等报道了 7 种黄芩的鉴别研究,除进行了生药性状、显微特征的鉴别外,还在聚酰胺-6 薄膜上,以苯-甲醇-丁酮-甲酸(体积比为 7:1:1.5:0.5)为展开剂,分离了 7 种黄芩中 8 种黄芩苷及苷元,结果见图 4.25。由图可见,7 种黄芩中均含有黄芩苷、汉黄芩苷、黄芩素和汉黄芩素,为各地区应用这些黄芩提供了科学的依据。

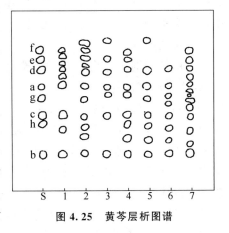

图 4.25 黄芩层析图谱

孙继军等在硅胶 G 薄层上以石油醚-乙酸乙酯(体积比为 95:5)为展开剂,用 0.5%对二甲氨基苯甲醛-10%硫酸溶液显色区分白术与苍术。白术挥发油主要成分为苍术酮,显红紫色斑点;苍术挥发油主要成分为苍术素,显绿色斑点。

薄层色谱法也常应用于合成药制剂的含量测定。一般先制备供试品溶液,经薄层分离后用洗脱法或薄层扫描法进行测定,多数用随行外标法计算供试品中被测定成分的含量,也有应用内标法计算含量的个别样品。

谢培山等利用优化的色谱条件获得人参药材的薄层色谱图像,其所提供的鉴别信息是用文字很难描述的。然而像一幅图画一样的薄层荧光彩色图谱却能生动地展现所有人参类药材(如人参、西洋参、三七)所共同含有的主要人参皂苷成分,如人参皂苷 Rb_1、Rd、Re、Rg_1 的存在,而且还展示了在同属不同种药材之间各种人参皂苷的分布及有无异同,如图 4.26 所示。如人参含有人参皂苷 R_f,西洋参却不含,西洋参含伪人参皂苷 F_{11},人参却检不出该荧光斑点。三七完整的色谱图相对比较简单,而且含特征的三七皂苷 R_1。

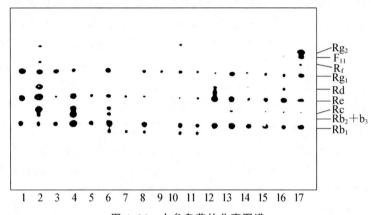

图 4.26　人参皂苷的分离图谱

过去茄科植物中的生物碱只能测定其总生物碱含量,要同时分离测定多个具生理活性且结构近似的成分有一定难度,在开展薄层色谱工作后,首先建立了在氧化铝薄层上分离莨菪碱、东莨菪碱、山莨菪碱、樟柳碱及红古豆碱,用改良 Dragendorff 试剂-Wagner 试剂(体积比为 1∶1)显色,收集显色后的斑点,用溴甲酚绿比色法测定除红古豆碱外的其他 4 种莨菪类生物碱。应用此法考察了茄科 19 个属的 54 种植物共 91 个样品中莨菪类生物碱的存在情况,为进一步寻找资源以及茄科植物的化学分类及系统安排,提供了有价值的参考。

利用被鉴别化合物的 R_f 值、斑点的颜色及原位光谱扫描等可作为药物的鉴别方法之一,因为方法简便易行,故应用非常广泛,也常被各国药典采用,但必须与被鉴别样品与已知对照品点于同一薄层上,以便于比较。例如在硅胶 GF_{254} 薄层上,以氯仿-乙醇-氨水(体积比为 80∶15∶5)为展开剂,在 254 nm 波长下观察,可鉴别巴比妥类药物。取硅藻土薄层板,经甲酰胺-丙酮(体积比为 1∶9)饱和后,点上乙酰毛花苷样品与对照品,以氯仿-四氢呋喃-甲酰胺(体积比为 50∶50∶6)为展开剂,展开后,在 120℃干燥 15 min,喷硫酸-乙醇(体积比为 1∶9),在 120℃加热 20 min,置紫外光灯 365 nm 下检视,供试品所显主斑点的荧光位置应与对照品的主斑点相同。

(2)产品质量控制及杂质检验

过去,有机产品的质量一般常以熔点等物理常数作为鉴定的指标来进行控制。用薄层分离法及显色的灵敏度来控制杂质的限量,则灵敏度更高,结果更为可靠,在一些国家药典中已采用这种方法。为此,取一定量试样,点样展开后,喷雾显色,除主斑点外,不得出现其他杂质斑,或者斑点的大小及颜色深度不得超过作对照用的标准斑。

例如四环素中差向四环素的含量应低于一定标准,因为后者毒性较大。溶四环素试样于甲醇中配成一定浓度的溶液,取一份点于硅藻土薄层上,用丙酮-氯仿-乙酸乙酯(体积比为 $3:1:1$)的混合溶剂为展开剂展开后,用浓氨水熏,然后在 254 nm 的紫外光下观察,除四环素主斑点外不得出现差向四环素的杂质斑。

(3) 反应终点的控制

在化学反应进行一定时间后,取反应液作薄层层析,借此可了解还剩下多少原料未起作用,从而判断和控制反应终点。

例如弱酸嫩黄 2G 酯化反应终点的控制。弱酸嫩黄 2G 是一种酸性染料,它是由对氨基苯酚重氮后与 1-($4'$-磺酸苯基)-3-甲基-吡唑啉酮偶合,再经过对甲基磺酰氯酯化而成。其中酯化反应完成的好坏直接影响产品的色光性能和牢度。酯化反应进行如下式:

$$H_3C-C-C=N-N-\langle\rangle-OH$$

$$+ \quad H_3C-\langle\rangle-SO_2Cl \longrightarrow$$

$$H_3C-C-C=N-N-\langle\rangle-O-SO_2-\langle\rangle-CH_3 + HCl$$

酯化反应的终点可通过薄层层析控制。在酯化反应过程中,取试样溶于丙酮与水(体积比为 $2:1$)的混合溶剂中配成 0.5% 溶液。点样于硅胶 G 薄层上,以丁醇-乙醇-氨水(体积比为 $2:1:0.7$)混合溶剂(相对密度为 0.88)为展开剂进行层析分离。在酯化反应刚开始时,层析后薄层上仅出现一个橙色斑 1,如图 4.27 所示,随着酯化反应的进行,橙色斑 1 渐渐减退,出现黄色斑 2,并渐渐增大变深,最后橙色斑完全消失,仅留下一个黄色斑 2,这表示酯化反应已进行完全,反应终点已经达到。

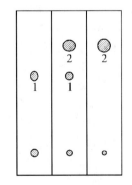

图 4.27　薄层层析控制反应终点示意图

(4) 未知物结构剖析

为了对某些未知物进行剖析以确定其结构,常常须用薄层层析。例如剖析某种彩色底片感红增感染料时,于硅胶 G 薄层上,以氯仿-甲醇(体积比为 $8:1$)混合溶剂为展开剂进行层析,得到如图 4.28 所示图谱。图中出现 7 个色斑,其中斑点 1 是非增感染料,斑点 7 包括一组斑点在内,是各种成色剂,其余 5 个都是增感染料。用柱层析把各增感染料分离提纯,分别剖析其结构。现以紫 Ia 剖析为例。根据紫 Ia 的色光、紫外吸收光谱、红外吸收光谱以及质谱分析结果来判断。紫 Ia 很可能是增感染料 7071-4 或 7501。将合成制得的 7071-4、7501 和紫 Ia 分别点在硅胶 G 薄层上,在相同条件下,用氯仿-甲醇(体积比为 8:1)为展开剂进行层析,紫 Ia、7071-4、7501 的 R_f

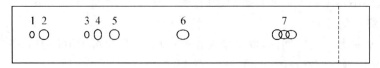

图 4.28　彩色底片感红增感染料薄层层析图

值分别为 0.25、0.25、0.16。紫 Ia 的 R_f 值和 7071-4 相同,紫 Ia 的结构很可能与 7071-4 一样。最后把紫 Ia 和 7071-4 分别进行红外吸收光谱分析,两者的图谱完全一样,证实了紫 Ia 的结构和 7071-4 完全一致。

此外,柱层析条件的探索可以在薄层上进行,一般来说,在薄层上分离良好的层析条件,对于柱层析是很有参考价值的。也可用薄层分离制备成品,把粗制品点在较厚、较大的制备型薄层板上分离杂质,可达到制备纯品的目的。

思　考　题

1. 什么是相对比移值(R_f),它如何测定?代表了什么?为什么可以利用它来进行定性鉴定?

2. 在薄层层析分离中,展开剂距原点的距离为 2 cm,原点距展开剂前缘的距离为 12 cm,原点距展开斑点 A、B 的距离各为 6 cm、8 cm。A、B 两斑点的比移值各为多少?

3. 在薄层层析过程中,为什么不讨论平均塔板高度与展开剂流速间的关系,而是讨论它与展开距离间的关系?

4. 设用一定的层析系统进行薄层层析分离时,展开剂前缘移动 5 cm 需要 5 min。如果展开前缘移动 10 cm 层析可以结束,需要多少时间?在展开剂前缘离原点 5 cm 和 10 cm 处,展开剂前缘的上升速度分别为多少?

5. 纤维素薄层和聚酰胺薄层的作用机理是什么?

6. 试比较软板和硬板的优缺点。

7. 简述混合薄层、酸碱薄层、络合薄层、涂布固定液薄层、具有浓缩区的薄层、高效薄层的分离原理。

8. 用 Al_2O_3 薄层层析分离并测定氨基蒽醌中的 α-氨基蒽醌时,用环己烷-丙酮(体积比为 3:1)的混合溶剂为展开剂。你认为下列三种溶剂中选用哪一种来溶解试样最为合适?为什么?吡啶、二氧六烷、丙酮,它们的沸点分别为 116℃,101℃,56℃,溶剂的极性和试样在它们之中的溶解度都依次递减。

9. 试说明薄层色谱扫描仪中采用双波长扫描的作用原理。

10. 为什么从文献查得的 R_f 值只能供参考?为了鉴定试样中的各组分,应该怎样处理?

11. 怎样选择薄层层析的展开剂?应该怎样来考虑?

12. 用中性氧化铝软板,以环己烷:丙酮为展开剂分离氨基蒽醌;用硅胶 G 硬板,80℃活化,以正丁醇-氨水-水(体积比为 2:1:1 上层)为展开剂分离蒽醌磺酸。这两种分离方法是吸附层析,还是分配层析?是正相层析,还是反相层析?

13. 解释下列名词:比移值,分离度,分配系数,边缘效应,凝胶的得水率和排阻极限。

14. 为什么硅胶薄层既可以进行吸附层析又可以进行分配层析?分别说明其作用原理。

15. 层析用硅胶,有硅胶 G、硅胶 H、硅胶 GF_{254}、硅胶 HF_{360} 等不同标号,它们分别表示什么含义?应用这些硅胶时应分别注意些什么问题?

参 考 文 献

［ 1 ］ 邵令娴.分离及复杂物质分析.北京:高等教育出版社,1994.

［ 2 ］ 何丽一.平面色谱方法及应用.北京:化学工业出版社,2005.

［ 3 ］ 赵永芳.生物化学技术原理及其应用.武汉:武汉大学出版社,2000.

［ 4 ］ 姚新生.天然药物化学.3 版.北京:人民卫生出版社,2001:154.

［ 5 ］ 刘轲,王琪琳,吕辉,等.海带硫酸多糖的提取、纯化及其理化分析.中国生化药物杂志,2002,23(3):
114 – 116.

［ 6 ］ 姜素琴,姜雄平.高效凝胶色谱法测定云芝多糖的分子量及其分布.江苏药学与临床研究,2002,10(2):
17 – 19.

［ 7 ］ 北岛.新型吸附树脂在中草药成分分离纯化中的应用.医学信息,2005.5:17 – 19.

［ 8 ］ 蔡雄,刘中秋,王培训.大孔吸附树脂富集纯化人参总皂苷工艺.中成药,2001,23(9):631.

［ 9 ］ 麻秀萍,等.大孔吸附树脂对银杏叶黄酮的吸附研究.中国中药杂志,1997,22(9):539 –542.

［10］ 罗集鹏,马红文,许敏清.大孔树脂用于小檗碱的富集与定量分析.中药材,2000,23(7):413.

［11］ 崔凯,等.MG – 1 型大孔吸附树脂纯化猪苓多糖的研究.黑龙江医药,2005,18(1):35 –36.

［12］ 谭天伟.天然产物分离新技术.化工进展,2003,22(7):665 – 668.

第5章

离子交换分离法

5.1 概述

离子交换现象是物质运动的一种形式,它普遍存在于万物的运动变化之中。古时候人类就已经利用沙砾净化水。在几千年前沙漠地带的人们就已经知道树木可以使苦水变甜、咸水变淡。1850年前后,英国人汤姆森(Thompson)和韦(Way)就已经系统地报告了土壤中钙、镁离子与水中的钾、铵离子的交换现象,引起了人们的广泛关注。后来艾科恩(Eichorrn)等人继续研究指出:土壤中可逆的离子交换以及等当量的关系是基于泡沸石(Zeolite)的作用。1903年,哈姆斯(Harms)和吕普勒(RumPler)报道了硅酸铝盐离子交换剂的合成,接着甘斯(Gans)首先把天然的和合成的硅酸盐应用于工业软水和糖的净化中。泡沸石等无机离子交换剂在应用上的缺点导致磺化煤阳离子交换剂的出现。

1933年英国人亚当斯(Adams)和霍姆斯(Holms)首先用人工方法制造酚醛类型的阳、阴离子交换树脂。在第二次世界大战期间,德国首先进行工业规模的生产。二战后,英、美、苏、日等国的发展很快。

1945年美国人迪阿莱里坞(D'Alelio)发表了关于聚苯乙烯型强酸性阳离子交换树脂及聚丙烯酸型弱酸性阳离子交换树脂的制备方法。后来聚苯乙烯阴离子交换树脂、氧化还原树脂以及螯合型树脂等也相继出现,在应用技术及其范围上也日益扩大。到了20世纪50年代后期,各种大孔型的树脂又相继发展起来,在生产及科学研究中,离子交换树脂起着越来越重要的作用。

新中国成立前,我国的离子交换树脂科研和生产完全空白。新中国成立后,从无到有,得到飞速发展,目前已有六十多个较大的生产厂家,产品的种类、质量和数量也日益增多,并广泛应用于工农业生产、国防建设、医药卫生、交通运输及科学研究等部门,在社会主义建设中起着巨大的作用。

5.2 离子交换树脂的组成、分类和命名

5.2.1 离子交换树脂的组成

离子交换树脂是一类带有功能基的网状结构的高分子化合物,其结构由三部分组成:不

溶性的三维空间网状骨架,连接在骨架上的功能基团和功能基团所带的相反电荷的可交换离子。根据树脂所带的可交换的离子性质,离子交换树脂可大体上分为阳离子交换树脂和阴离子交换树脂。

阳离子交换树脂是一类骨架上结合有磺酸($-SO_3H$)和羧酸($-COOH$)等酸性功能基的聚合物。将此树脂浸渍于水中时,交换基部分可如同普通酸那样发生电离。以 R 表示树脂的骨架部分,阳离子交换树脂 $R-SO_3H$ 或 $R-COOH$ 在水中时的电离如下:

$$RSO_3H \longrightarrow RSO_3^- + H^+$$
$$RCOOH \longrightarrow RCOO^- + H^+$$

RSO_3H 型的树脂易电离,具有相当于盐酸或硫酸的强酸性,称为强酸性阳离子交换树脂。而 $RCOOH$ 型的树脂类似有机酸,较难电离,具有弱酸的性质,因此称为弱酸性阳离子交换树脂。

阴离子交换树脂是一类在骨架上结合有季氨基、伯氨基、仲氨基、叔氨基的聚合物。其中,以季氨基上的羟基为交换基的树脂具有强碱性,称为强碱性阴离子交换树脂。用 R 表示树脂中的聚合物骨架时,强碱性树脂在水中会发生如下的电离:

$$R-N^+(CH_3)_3OH^- \longrightarrow R-N^+(CH_3)_3 + OH^-$$

具有伯氨基、仲氨基、叔氨基的阴离子交换树脂碱性较弱,称为弱碱性阴离子交换树脂。强碱性阴离子交换树脂一般以化学稳定的 Cl^- 盐型出售,应用时其碱性要用 $NaOH$ 溶液进行转型。

5.2.2　离子交换树脂的分类

离子交换树脂种类繁多,分类方法也有好几种。按树脂的物理结构分类,可分为凝胶型、大孔型和载体型;按合成树脂所用原料单体分类,可分为苯乙烯系、丙烯酸系、酚醛系、环氧系、乙烯吡啶系;按用途分类时对树脂的纯度、粒度、密度等有不同要求,可以分为工业级、食品级、分析级、核等级、床层专用、混合床专用等几类。

最常用的分类是依据树脂功能基的类别分为下面几大类:

(1) 强酸性阳离子交换树脂

这是指功能基为磺酸基$-SO_3H$ 的一类树脂。它的酸性相当于硫酸、盐酸等无机酸,在碱性、中性乃至酸性介质中都有离子交换功能。

以苯乙烯和二乙烯苯共聚体为基础的磺酸型树脂是最常用的强酸性阳离子交换树脂。在生产这类树脂时,使主要单体苯乙烯与交联剂二乙烯苯共聚,得到的球状基体称为白球。白球用浓硫酸或发烟硫酸磺化,在苯环上引入一个磺酸基。此时树脂的结构为

磺化后的树脂为 H^+ 型,为储存和运输方便,往往转化为 Na^+ 型。

(2) 弱酸性阳离子交换树脂

这种树脂以含羧酸基的为多,母体有芳香族和脂肪族两类。用二乙烯苯交联的聚甲基丙烯酸可以作为一个代表:

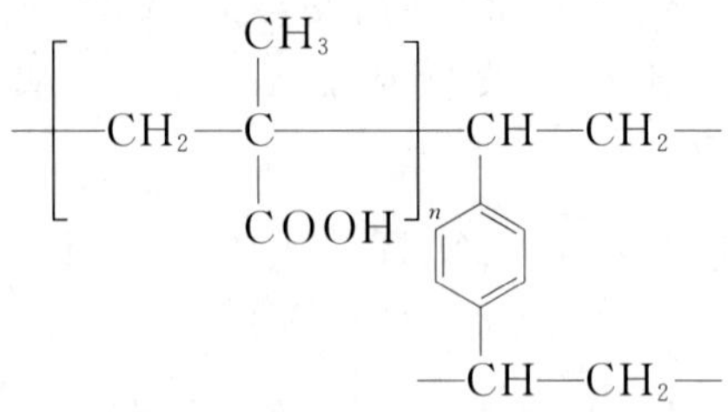

聚合单体除甲基丙烯酸外,也常用丙烯酸。

含磷酸基($-PO_3H_2$)的树脂,酸性稍强,有人把它从弱酸类分出来,称为中酸性树脂。磷酸基树脂的离解常数约在 $10^{-4}\sim10^{-3}$ 数量级,而羧酸基树脂的离解常数多在 $10^{-7}\sim10^{-5}$ 数量级。磷酸基树脂往往是在 $AlCl_3$ 催化下交联聚苯乙烯与三氯化磷与之反应,然后经碱解和硝酸氧化后而得到。酚醛型树脂也属于弱酸性阳离子交换树脂,如:

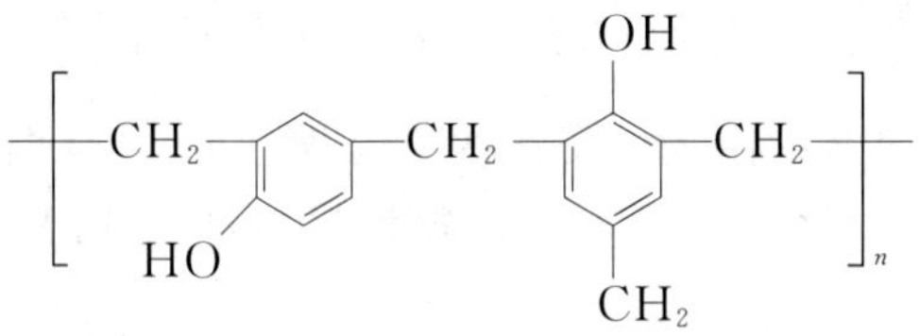

(3) 强碱性阴离子交换树脂

这种树脂的功能基为季铵基,其骨架多为交联聚苯乙烯。在催化剂如 $ZnCl_2$、$AlCl_3$、$SnCl_4$ 等存在下,使骨架上的苯环与氯甲醚进行氯甲基化反应,再与不同的胺类进行季铵化反应。使用三甲胺季铵化试剂得到 Ⅰ 型强碱性阴离子交换树脂:

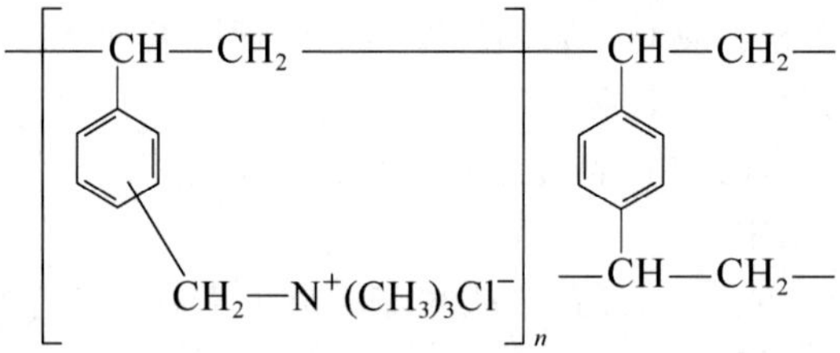

Ⅰ 型树脂碱性甚强,即对 OH^- 的亲和力很弱。当用 NaOH 使树脂再生时效率较低。为了略微降低其碱性,使用季铵化试剂二甲基乙醇胺得到 Ⅱ 型强碱性阴离子交换树脂,其结构为

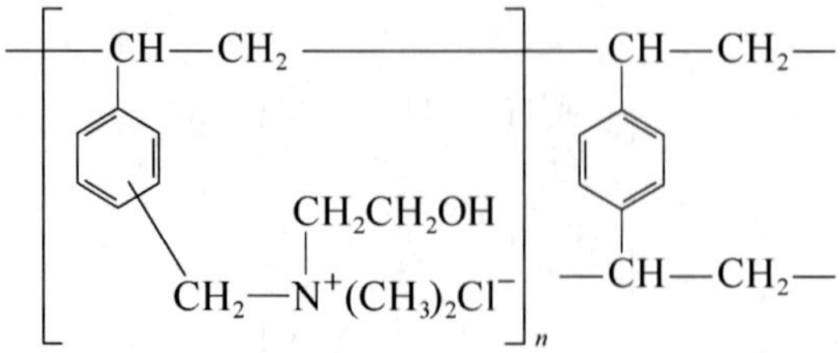

Ⅱ型树脂的耐氧化性和热稳定性较Ⅰ型树脂略微差些。

（4）弱碱性阳离子交换树脂

这是一些含有伯胺—NH_2、仲胺—NRH 或叔胺—NR_2 功能基的树脂。基本骨架也是交联聚苯乙烯。经过氯甲基化后，用不同的胺化试剂处理。与六次甲基四胺反应可得伯胺树脂，与伯胺反应可得仲胺树脂，与仲胺反应可得叔胺树脂。叔胺型树脂结构如下：

$$\left[\begin{array}{c} \text{—CH—CH}_2\text{—} \\ | \\ \bigcirc \\ | \\ \text{CH}_2\text{—N(CH}_3)_2 \end{array} \right]_n \begin{array}{c} \text{—CH—CH}_2\text{—} \\ | \\ \bigcirc \\ | \\ \text{—CH—CH}_2\text{—} \end{array}$$

有的胺化试剂可导致多种氨基的生成。如用乙二胺胺化时生成既含伯氨基又含仲氨基的树脂：

$$\left[\begin{array}{c} \text{—CH—CH}_2\text{—} \\ | \\ \bigcirc \\ | \\ \text{CH}_2\text{—NH(CH}_2)_2\text{NH}_2 \end{array} \right]_n \begin{array}{c} \text{—CH—CH}_2\text{—} \\ | \\ \bigcirc \\ | \\ \text{—CH—CH}_2\text{—} \end{array}$$

交联聚丙烯酸用多烯多胺 $H_2N(C_2H_4N)_mH_2$ 作胺化试剂时，也生成含两种胺的树脂：

$$\left[\begin{array}{c} \text{—CH}_2\text{—CH—} \\ | \\ \text{C=O} \\ | \\ \text{NH(C}_2\text{H}_4\text{N)}_m\text{H} \end{array} \right]_n \begin{array}{c} \text{—CH—CH}_2\text{—} \\ | \\ \bigcirc \\ | \\ \text{—CH—CH}_2\text{—} \end{array}$$

除与碳相连的氮原子外，其余氮原子均有交换能力，因此这种树脂的交换容量较高。

（5）螯合树脂

其功能基为胺羧基—$N(CH_2COOH)_2$，能与金属离子生成六环螯合物。其结构如下：

$$\left[\begin{array}{c} \text{—CH—CH}_2\text{—} \\ | \\ \bigcirc \\ | \\ \text{CH}_2\text{—N(CH}_2\text{COOH)}_2 \end{array} \right]_n \begin{array}{c} \text{—CH—CH}_2\text{—} \\ | \\ \bigcirc \\ | \\ \text{—CH—CH}_2\text{—} \end{array}$$

（6）氧化还原性树脂

其功能基具有氧化还原能力，如硫醇基—CH_2SH、对二酚基等。

(7) 两性树脂

同时具有阴离子交换基团和阳离子交换基团。比如同时含有强碱基团—$N(CH_3)_3^+$ 和弱酸基团—COOH，或同时含有弱碱基团—NH_2 和弱酸基团—COOH 的树脂。

还有一些具有特殊功能或特殊用途的树脂，如热再生树脂、光活性树脂、生物活性树脂、萃淋树脂、碱性树脂等。

5.2.3　离子交换树脂的名称、牌号及命名法

离子交换树脂种类繁多，世界各国对树脂的分类命名都有各自的系统。我国早期沿用的牌号也不够系统和统一。为避免混乱，我国科学工作者制定的一套比较合理的命名法则，并于 1976 年由化工部颁布，这就是部颁标准 HG‑884‑76，《离子交换树脂产品分类、命名及型号》。根据这一标准，离子交换的分类及命名的原则为

根据功能基的性质将离子交换树脂分为强酸、弱酸、强碱、弱碱、螯合、两性及氧化还原七类。

离子交换树脂的全名称是由分类名称、骨架(或基团)名称、基本名称排列组成。

离子交换树脂的形态分为凝胶型和大孔型两种，凡具有物理孔结构的称为大孔型树脂，在全名称前加"大孔"两字以示区别。

因氧化还原树脂与离子交换树脂的物性不同，故在命名排列上也有不同。其命名原则为基团名称、骨架名称、分类名称和"树脂"两字排列组成。

基本名称为离子交换树脂。

凡分类中属酸性的，应在基团前加"阳"字；凡分类中属碱性的，在基团前加"阴"字。

为了区别同一类树脂的不同品种，在全名前必须有型号。离子交换树脂的型号由三位阿拉伯数字组成。第一位数字代表产品的分类(表 5.1)，第二位数字代表骨架结构的差异(表 5.2)，第三位数字为顺序号，用以区别基团、交联剂等的差异。

表 5.1　离子交换树脂产品的分类代号		表 5.2　离子交换树脂骨架的分类代号	
代号	分类名称	代号	分类名称
0	强酸性	0	苯乙烯系
1	弱酸性	1	丙烯酸系
2	强碱性	2	酚醛系
3	弱碱性	3	环氧系
4	螯合性	4	乙烯吡啶系
5	两性	5	脲醛系
6	氧化还原	6	氯乙烯系

大孔型离子交换树脂其代号是在型号前加"D"表示。

凝胶型离子交换树脂的交联度数值，在型号后面用"×"号连接阿拉伯数字表示。遇到二次聚合或交联度不清楚时，可以采用近似值表示或不表示。型号的表示方法见图 5.1。

系统分类命名法自公布之后，已在很大范围内推广。但在很多地方仍沿用旧的牌号，或者在新的型号之后加括号注出旧的牌号。001×7 旧称 732，201×7 旧称 707。201×4 与201×7 只有交联度的差别，旧称 711。不同厂家有时也自定一个名称，如 001×7，南开大学

图 5.1　离子交换树脂型号图解

化工厂等把它称为强酸 1 号,上海树脂厂等称之为 732,宜宾化工厂则称之为 010。

　　无论国内的或国外的树脂,在选用时均应注意其型号所代表的树脂性能,最详尽确切的当然是厂家的产品说明书。有些专门的书籍和手册可以参考。如钱庭宝、刘维琳编的《离子交换树脂应用手册》(南开大学出版社,1989),王方主编的《国际通用离子交换技术手册》(科学技术文献出版社,2000)都提供了较为详尽的资料。

5.3　离子交换树脂的作用和性能

5.3.1　离子交换树脂的作用

　　离子交换树脂的交换反应与溶液中的置换反应相似,例如:

$$NaCl + AgNO_3 \rightleftharpoons NaNO_3 + AgCl$$

　　该反应可以看作是银离子交换了氯化钠中的钠离子。利用固载在聚合物骨架上的功能基所带的可交换的离子在水溶液中能发生离解,如磺酸树脂上可离解出氢离子,这种离子可在较大范围内自由移动,扩散到溶液中。同时,在溶液中的同类型离子,如钠离子,也能从溶液中扩散到聚合物网格和孔内。当这两种离子的浓度差较大时,就产生一种交换的推动力使它们之间发生交换作用。浓度差越大,交换速度越快。利用这种浓度差的推动力关系使树脂上的可交换离子发生可逆交换反应,如,当溶液中的钠离子浓度较大时,就可把磺酸树脂上的氢离子交换下来。当全部氢离子被钠离子交换后,这时就称树脂为钠离子所饱和。然后,如果把溶液变为浓度较高的酸时,溶液中的氢离子又能把树脂上的钠离子置换下来,这时树脂就“再生”为 H^+ 型。其他离子交换树脂的交换反应与此相类似。通过这种可逆交换作用原理,加上树脂上固载的功能基对不同离子具有不同的亲和性,使离子交换树脂能应用于离子的分离、置换、浓缩、杂质的去除和催化化学反应等。

　　由于离子交换树脂中聚合物骨架的稳定,使可逆交换反应能在树脂上反复进行,使用寿命长。在工业生产过程中,可以简化生产流程,缩短生产时间,提高生产效率和产品质量。

5.3.2　离子交换树脂的性能

　　1. 离子交换树脂的物理性能

　　(1) 粒度

　　离子交换树脂一般都做成球状,直径为 $0.3 \sim 1.2$ mm,树脂颗粒的直径分布呈连续分布。准确描述树脂粒度科学的方法是用有效粒径和均匀系数两项指标来表示。所谓有效粒径是指在筛分树脂时,颗粒总量的10%通过,而90%体积的树脂颗粒保留的筛孔直径。均匀系数是指通过60%体积树脂的筛孔直径与通过10%体积树脂的筛孔直径的比值。均匀系数值反映树脂粒度的分布情况,其值越小表示粒度分布越均匀。

文献上常用筛目数表示树脂的粒度。公制的筛目按筛孔数/cm^2 计。英、美制的筛子则按筛孔数/in^2 计。美国标准筛目数与毫米的换算经验式为

$$球粒直径 = 16/筛目数(mm)$$

英国标准筛目数与毫米的换算公式则为

$$球粒直径 = \frac{12.2 \sim 15.5}{筛目数}(mm)$$

式中,(12.5~15.5)是线性缩小系数的范围。

选用树脂的粒度由使用目的而定。大颗粒树脂的通透性较好,但交换速度慢。小颗粒树脂交换速度快,但床层压差大。粒度均匀的树脂交换速度一致,往往能得到比不均匀的树脂更好的分离效率。

(2) 含水量

将树脂颗粒放在水中,使其吸收水分达到平衡,然后用离心法在规定的转速和时间内除去外部水分,得到含平衡水的湿树脂。然后在105℃烘干,比较烘干前后的质量,即得到平衡水含量占湿树脂的质量分数,这就是通常所说的含水量。

含水量是树脂的固有性质,与树脂的类别、结构、酸碱性、交联度、交换容量、离子形态等因素有关。离子交换树脂是由亲水高分子构成的,水含量取决于亲水基团的多少及树脂孔隙的大小。有物理孔的大孔树脂含水量比凝胶树脂高。例如大孔的 Amberlite IRA-938 强碱树脂(氢氧型)含水量可达80%,而同类的凝胶树脂含水量为56%。

交联度对含水量影响很大,特别是对凝胶型树脂。交联度提高,一方面使引入的基团减少,另一方面使树脂孔隙度减小,这都使得含水量降低。强酸性001树脂含水量与交联度的关系甚至可以用来测定交联度的大小(表5.3)。

表 5.3　交联度对 001 强酸性树脂含水量的影响(氢型树脂、离心法测定)

交联度/%	7	10	12	14.5
含水量/%	55.75	48.21	44.19	10.22

树脂在使用中,因链断裂、孔结构变化、污染基团降解或脱落等现象,会使含水量起变化。强酸性阳离子交换树脂由于氧化造成的链断裂会使含水量上升,而阴离子交换树脂使用中发生的问题主要是基团降解、脱落或被有机物污染,常常使含水量下降,所以含水量的变化也反映着树脂内在质量的变化。

(3) 密度

离子交换树脂的密度有两种方式:一是湿视密度,二是湿真密度。

将质量为 W_1 的含有平衡水的湿树脂加到水中,观察排开水的量,即得树脂的真体积 $V_真$。将含平衡水的树脂装入量筒,敲击振动使体积达极小,即得树脂的空间体积,即视体积 $V_视$。则树脂的湿视密度为 $d_视 = (W_1/V_视)$,湿真密度为 $d_真 = (W_1/V_真)$。

树脂内在质量起变化也会使密度发生变化,但一般没有含水量变化那么明显。

树脂真密度的差别可以造成混合床和双层床中不同类型树脂的分层,这在工艺操作中是重要的。

（4）膨胀度

树脂在水或其他溶剂中,由于部分结构的溶剂化会发生体积的膨胀,而体积的增大会使交联网络产生一种张力,要把溶剂排挤出去。当溶剂化造成的使树脂膨胀的力与结构网络的抵抗力平衡时,树脂就不再膨胀了。

干燥的树脂接触溶剂后的体积变化称为绝对膨胀度。湿树脂从一种离子形态转变为另一种离子形态时的体积变化称为相对膨胀度或转型膨胀度。

树脂的膨胀度首先同交联度有关。交联度增大,膨胀度减少。当然,交联剂分子长度、大分子链的构象和相互缠绕的程度也对膨胀度有影响。

功能基的数量和离子类型在很大程度上影响膨胀度。离子交换树脂的化学结构可视为聚电解质。功能基的离子类型是不可变的,其水化能力是一定的。反离子是可变的,其水化能力因之变化。水化能力与离子势相关,即裸半径小而电荷数大的离子水化能力强。各种阳离子对强酸性阳树脂膨胀度的影响顺序为: $H^+ > Li^+ > Na^+ > Mg^{2+} > Ca^{2+} > NH_4^+ \approx K^+$。各种阴离子对强碱性阴离子树脂膨胀度影响的顺序为: $OH^- > HCO_3^- > SO_4^{2-} > Cr_2O_7^{2-}$。

在树脂转型时,水化力强的离子会使树脂的体积变大。若以体积变化率表示膨胀度,几种树脂的转型膨胀度的参考指标如表 5.4 所示。

大孔型树脂是凝胶树脂中具有孔结构的树脂。凝胶部分的膨胀在很大程度上被孔的部分"吸收"了,从视体积看,它的膨胀度比凝胶树脂小得多。弱酸性和弱碱性树脂的转型膨胀度大是由于弱电解质变成强电解质,水化水大量增加所致。

（5）机械性能

机械性能主要指与树脂颗粒保持完整有关的性能。树脂颗粒的破裂或破碎会直接影响操作,使树脂床的性能变坏。树脂破碎的原因有多种,包括原有的裂球,使用中受压、受摩擦造成的破碎,因受热、受氧化作用使树脂骨架破坏造成的强度下降,多次再生和转型过程中树脂经受反复膨胀与收缩造成的破裂等。

凝胶树脂因反复膨胀与收缩造成的颗粒破裂是造成破球的主要原因。在这方面,强酸性树脂破裂更严重一些。树脂颗粒越大,越容易破裂。大孔树脂要好得多。

表 5.4　几种常用树脂的转型膨胀度

树 脂 类 别	转型方式	转型膨胀度/％
凝胶型强酸树脂	$Na^+ \longrightarrow H^+$	＜10
大孔型强酸树脂	$Na^+ \longrightarrow H^+$	＜5
弱酸树脂	$H^+ \longrightarrow Na^+$	＜70
Ⅰ型凝胶型强碱树脂	$Cl^- \longrightarrow OH^-$	＜15
Ⅱ型凝胶型强碱树脂	$Cl^- \longrightarrow OH^-$	＜10
Ⅰ型低交联凝胶强碱树脂	$Cl^- \longrightarrow OH^-$	＜20
大孔强碱树脂	$Cl^- \longrightarrow OH^-$	＜10
大孔弱碱树脂	$OH^- \longrightarrow Cl^-$	＜25

2. 离子交换树脂的化学特性

1) 酸碱性

离子交换树脂是聚电解质,其功能团释出 H^+ 或 OH^- 能力的不同表示它们酸碱性的不同。树脂可以视为固态的酸或碱,实际上也可以用酸碱滴定的方法测出各种树脂的酸碱滴定曲线。在滴定过程中考虑到离子交换的速度,平衡的出现比通常溶液中的酸碱滴定要晚一些。

2) 交换容量

交换容量或交换量,是离子交换树脂性能的重要指标。树脂可交换离子的多少,取决于树脂中功能基的多少。实际上可进行交换的离子是功能基上解离下来的、与功能基上固定离子符号相反的离子。常用离子交换树脂功能基的电荷数为1或只能提供一对公用电子的基团,如 $-SO_3^-$,$-COO^-$,$-N^+(CH_3)_3$,$-N(CH_3)_2$,它们都相当于一价离子。交换容量的单位可以是 mol/g、$mmol/g$、mol/m^3、$mmol/mL$ 等。

交换容量在科学实验或生产上都是非常重要而实用的量,它随着实验或操作条件不同而表现出不同的数值,有必要分别加以说明。

(1) 总交换容量

总交换容量或称全交换容量、极限交换容量、最大交换容量,它是由树脂中功能基含量所决定的。对一种树脂,它是一个固定值。它的数值往往与树脂元素分析所得硫、氮、磷等的数量相吻合。001 树脂中几乎所有苯乙烯都被磺化,所以如果已知交联度后也可以相当准确地算出总交换容量。001×7 的总交换容量近于 $5\ mmol/g$。

在记录全交换容量时,一般有两种方式:一种是单位质量干树脂(指在 100℃ 干燥过的树脂)的交换容量;另一种是比较实用的,即被水充分溶胀的单位体积的树脂所具有的交换容量。前一种称干基全交换容量 $q_{干}$,后一种称湿基体积交换容量 $q_{湿}$,两者换算关系为

$$q_{湿} = q_{干}(1-x)d_{视}$$

式中,x 是含水量;$d_{视}$ 是湿视密度。

值得注意的是,谈到交换容量时须注明树脂的离子形态。如某磺酸型强酸树脂,在氢型时的交换容量为 $5.2\ mmol/g$(干树脂)。$1\ g$ 这样的树脂在转化为钠型后增重至 $1.114\ g$,则钠型树脂的交换容量将变为 $4.67\ mmol/g$(干树脂)。为避免混乱,一般阳离子树脂的交换容量以氢型树脂为准,阴离子树脂的交换容量以氢氧型(或游离胺型)树脂为准。

有的树脂功能基不是单一的,则它的总交换容量应为各种功能基交换容量极大值的总和。

(2) 工作交换容量

工作交换容量指在一定的工作条件下,树脂所能发挥的交换容量。所谓工作条件是指溶液组成、溶液温度、流速、流出液组成及再生条件等。这个交换容量可以在模拟实际工作条件的情况下测得,其值不同程度地小于总交换容量。同一种树脂在不同条件下表现出不同的工作交换容量。

3) 交联度

树脂的交联度对树脂的许多性能有影响。例如,随交联度的增加,树脂的含水量降低,溶胀度减小,离子交换速度下降,在催化反应中活性降低。但是在另一方面,树脂对离子的选择性会有所增加,机械性能有所改善,耐化学药品和氧化性能提高。

　　离子交换树脂的交联度一般是用生产过程中所加入的交联剂,如二乙烯基苯的质量分数来表示。强酸阳离子交换树脂 001×7 表示这种树脂是由 7% 的二乙烯基苯和 93% 的苯乙烯共聚物制备的,一般称这种树脂的交联度为 7%。一般分析用树脂的交联度为 8%,也有高达 12% 的。交联度越大,树脂在水中的溶胀度越小。但是交联度也不宜过大,否则树脂中的网状结构过于紧密,网间孔隙过小,阻碍了外界离子扩散到树脂内部,降低了离子交换反应速度。同时,体积较大的离子,如水合程度较高的无机离子和大分子的有机离子,就难以扩散到树脂网状结构内部,降低了树脂的有效交换容量。

　　交联度的测定方法很多,可参见有关文献。

　　4) 化学稳定性

　　离子交换树脂的化学稳定性主要指耐化学试剂、耐氧化和耐辐照的性能。

　　离子交换树脂对一般化学试剂都有较好的耐受能力,但耐受能力与骨架类型有一定关系。以聚苯乙烯为骨架的树脂化学稳定性更好一些。不同离子形式的树脂,化学稳定性也有不同。钠型树脂一般要比氢型树脂稳定。氢氧型强碱性阴离子交换树脂易于发生不可逆的降解作用,使季铵功能团逐渐变为叔胺、仲胺,以致最后使功能团失去交换能力。因此不应将阴离子交换树脂置于强碱性溶液中。

　　在强氧化剂如浓热硝酸(浓度大于 2.5 mol/L)、高锰酸钾、重铬酸钾、过氧化氢的作用下,树脂骨架高分子链也会发生断裂,交联度降低,溶胀度增加。这种作用在有铁、铜等离子存在时更加显著。

　　一般地说,树脂的交联度越低,其化学稳定性越差。

　　离子交换树脂常在核燃料和其他放射性物质的分离纯化中使用。放射性核素放出的 α、β 或 γ 射线会破坏树脂。照射剂量越高,时间越长,破坏越大。芳环的树脂骨架比脂肪链的树脂骨架耐辐照能力强,交联度大的树脂耐辐照稳定性更好一些。在阳离子交换树脂中,以磷酸基团的辐照稳定性最好,磺酸基团次之,羧酸基团最差。在阴离子交换树脂中,乙烯吡啶基团的辐照稳定性最好,吡啶基团次之,三甲胺最差。周围介质及树脂离子形式的不同也会影响辐照稳定性。

5.4　离子交换平衡与离子交换动力学

5.4.1　离子交换的基本理论——唐南理论

　　对于离子交换过程的解释有各种理论,目前一般公认的是唐南理论(Donnan Theory)。唐南理论把离子交换树脂看作是一种具有弹性的凝胶,它能吸收水分而溶胀。溶胀后的离子交换树脂的颗粒内部可以看作是一滴浓的电解质溶液;树脂颗粒和外部溶液之间的界面可以看作是一种半透膜,膜的一边是树脂相,另一边为外部溶液。树脂内活泼基团上电离出来的离子和外部溶液中的离子一样,可以通过半透膜往来扩散;树脂网状结构骨架上的固定离子,以 R^- 表示之(如强酸性阳离子交换树脂上的磺酸根离子),当然是不能扩散的。

　　如果将 H^+ 型阳离子交换树脂浸入于 HCl 溶液中,则树脂上电离出来的 H^+ 可以透过半透膜扩散进入外部溶液,而外部溶液中的 H^+ 和 Cl^- 也可以扩散透过半透膜进入树脂相。当膜内外的 H^+ 和 Cl^- 扩散透过半透膜的速度相等时,离子交换过程达到了平衡状态,溶液

中的 H^+ 和 Cl^- 的浓度不再改变。唐南理论认为质量作用定律也适用于离子交换过程,于是可以得到如下的关系式:

$$[H^+]_内 \times [Cl^-]_内 = [H^+]_外 \times [Cl^-]_外 \tag{5-1}$$

式中,$[H^+]_内$、$[Cl^-]_内$ 为树脂相中 H^+ 和 Cl^- 的浓度;$[H^+]_外$、$[Cl^-]_外$ 为外部溶液中 H^+ 和 Cl^- 的浓度。由于膜的两边电荷必呈中性,即:

$$[H^+]_外 = [Cl^-]_外 \qquad [H^+]_内 = [Cl^-]_内 + [R^-]$$

所以,

$$[Cl^-]_外^2 = [Cl^-]_内([Cl^-]_内 + [R^-])$$

由于膜内有较多的固定离子存在,因此

$$[Cl^-]_外 \gg [Cl^-]_内,[H^+]_内 \gg [H^+]_外 \tag{5-2}$$

这就是说,由于树脂相中固定离子的排斥作用,到达平衡后外部溶液中$[Cl^-]_外$将大大超过树脂相中的$[Cl^-]_内$;而树脂相中的$[H^+]_内$将大大超过外部溶液中的$[H^+]_外$。即阳离子可以进入阳离子交换树脂中进行交换,阴离子则不能,这就是唐南原则。极少量扩散入树脂相的 Cl^- 称唐南入侵,显然唐南入侵将随着外部溶液浓度的增加而增加,随着树脂交联度的增加而减少,又随着树脂交换容量的增加(即固定离子浓度的增加)而减少。

根据唐南原则阴离子交换树脂只能交换阴离子,而不能交换阳离子。

5.4.2　离子交换平衡

1) 选择系数和平衡系数

如果把树脂浸入含有不同离子的溶液中,例如将树脂 R—A 进入含有 B^+ 的溶液中,则 B^+ 将透过半透膜进入树脂相,与树脂上的 A^+ 发生交换,树脂相中的 A^+ 则透过半透膜进入外部溶液,即:

$$A_内^+ + B_外^+ \Longleftrightarrow A_外^+ + B_内^+ \tag{5-3}$$

在交换过程得到平衡后,可以求得平衡常数:

$$E_A^B = \frac{[A^+]_外[B^+]_内}{[A^+]_内[B^+]_外} \tag{5-4}$$

这个常数表示交换过程达到平衡后,A^+、B^+ 两种离子在两相间的分配情况。如果 $E_A^B > 1$,表示 B^+ 比较牢固地结合在树脂上;如果 $E_A^B < 1$,则表示 A^+ 比较牢固地结合在树脂上。E_A^B 的数值说明了离子交换树脂对于 A^+、B^+ 两种不同离子的选择性,因此称为选择系数(selectivity coefficient)。式(5-4)可以改写为

$$E_A^B = \frac{[B^+]_内/[B^+]_外}{[A^+]_内/[A^+]_外} = \frac{K_D^B}{K_D^A}$$

式中,K_D^B 和 K_D^A 分别代表 B^+、A^+ 两种离子在树脂相和水相间的分配系数。可见,选择系数即是分配系数之比,因而选择系数也就是"分离因素",常用 α_A^B 表示。

选择系数易于测定,只要把一定量的树脂 R—A,置于一定量已知浓度的 BX 溶液中,交

换达到平衡后,分别测定树脂相中和外部溶液中 A^+、B^+ 的浓度后可求得。

由于外部溶液和树脂相内部都不是处于理想状态,因此严格讲来应用活度代替浓度,上式应改写为

$$K_A^B = \frac{[A^+]_{外} \cdot [B^+]_{内}}{[B^+]_{外} \cdot [A^+]_{内}} \times \frac{\gamma_{A外} \cdot \gamma_{B内}}{\gamma_{B外} \cdot \gamma_{A内}} \tag{5-5}$$

于是,

$$K_A^B = E_A^B \times \frac{\gamma_{A外} \cdot \gamma_{B内}}{\gamma_{B外} \cdot \gamma_{A内}} \tag{5-6}$$

K_A^B 是热力学交换常数。由于树脂相中离子浓度很高,远远偏离理想状态,$\gamma_{B内}/\gamma_{A内}$ 的测定有困难,因此这个常数的测定也有困难,于是又引入了另一个常数 k_A^B:

$$k_A^B = E_A^B \times \frac{\gamma_{A外}}{\gamma_{B外}} \tag{5-7}$$

式中,k_A^B 称为平衡常数。在稀溶液中,对于一价离子交换系统,$\frac{\gamma_{A外}}{\gamma_{B外}}$ 接近于 1,平衡系数就可以认为等于选择系数。

当 H^+ 型强酸性阳离子交换树脂,用 Na^+ 来进行交换时,测得的平衡系数如图 5.2 所示。从图中可以清楚地看出:

(1) 随着交换作用的进行,树脂相中 R—Na 的增加,k_A^B 逐渐减小,低交联度的树脂例外。

(2) 当树脂中 R—Na 含量较低时,树脂的交联度增加,k_A^B 迅速增加,而且高交联度的树脂具有高选择性。但当树脂中的 R—Na 含量较高时情况就不同了。

当不同的离子在不同的树脂上进行交换时,k_A^B 与这些因素之间的关系曲线不完全相同。但是 k_A^B 要随着这些因素而改变还是肯定的。由此可见,平衡系数 k_A^B 不是常数。

如果把式(5-5)和式(5-6)推广到一般情况,以 p、q 分别代表离子的价数,则得

$$k_A^B = E_A^B \times \frac{\gamma_{A外}^q \cdot \gamma_{B内}^p}{\gamma_{A内}^q \cdot \gamma_{B外}^p} \tag{5-8}$$

各种不同的离子对于同一种离子交换树脂的"选择系数"或"平衡系数"的大小是不同的,这也就是说各种不同离子交换的亲和力不相同,或者说,离子交换具有一定的选择性,这就为离子交换层析法提供了可能性。

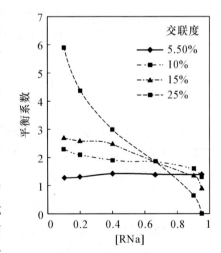

图 5.2　不同交联度的强酸性阳离子交换树脂上,Na–H 交换过程的平衡系数

2) 离子交换选择性问题

前面已经讨论到不同离子的平衡系数或选择系数不同。从表 5.5 可见各种一价阳离子在不同交联度的 Li-型强酸性阳离子交换树脂上的平衡系数,它们的平衡系数按下列顺序增加:$Li^+ < H^+ < Na^+ < K^+ < Rb^+ < Cs^+$。

这个顺序也就是离子交换亲和力的顺序。其中以 Li^+ 的交换亲和力为最小,因而把它的平衡系数定为 1,作为比较的基准。

但是在含有—COOH 基团的弱酸性阳离子交换树脂上,上述离子交换亲和力的顺序刚好与此相反。

碱土金属离子在不同交联度强酸性阳离子交换树脂上的平衡系数如表 5.5 所示。即它们的交换亲和力存在如下的顺序:$Mg^{2+} < Ca^{2+} < Sr^{2+} < Ba^{2+}$。

表 5.5　各种离子在不同交联度树脂上的平衡系数

离　子	不同交联度树脂上的平衡系数		
	4%	8%	16%
Li^+	1.00	1.00	1.00
H^+	1.32	1.27	1.47
Na^+	1.58	1.98	2.37
K^+	2.27	2.90	4.50
Rb^+	2.46	3.16	4.62
Cs^+	2.67	3.25	4.66
Ag^+	4.73	8.51	22.9
Tl^+	6.71	12.4	28.5
Mg^{2+}	2.95	3.29	3.51
Ca^{2+}	4.15	5.16	7.27
Sr^{2+}	4.70	6.51	10.1
Ba^{2+}	7.47	11.5	20.8

稀土元素离子在强酸性阳离子交换树脂上的交换亲和力是随着原子序数的增加而降低的,即:

$$Lu^{3+} < Yb^{3+} < Er^{3+} < Ho^{3+} < Dy^{3+} < Tb^{3+} < Gd^{3+} < Eu^{3+} < Sm^{3+} < Nd^{3+} < Pr^{3+} < Ce^{3+} < La^{3+}$$

以上各个顺序都是指在室温下较稀溶液中的情况。温度升高时,或在浓溶液中交换亲和力的差别要减小,甚至顺序发生改变。

至于不同价数的离子,其交换亲和力,随着离子价数的增加而增大,例如:

$$Na^+ < Ca^{2+} < Ai^{3+} < Th^{4+}$$

溶液越稀,这种差别越明显。

而各种一价阴离子,在强碱性阴离子交换树脂上的交换亲和力,常有如下的顺序:

$$F^- < OH^- < Cl^- < Br^- < I^- < CNS^- < ClO_4^-$$

对于螯合树脂,如含有氨基二乙酸基团的树脂,各种二价阳离子的交换亲和力顺序如下:

$$Mg^{2+} < Sr^{2+} < Ba^{2+} < Ca^{2+} < Mn^{2+} < Co^{2+} < Zn^{2+} < Cd^{2+} < Ni^{2+} < Pb^{2+} < Cu^{2+} < Hg^{2+}$$

而且各种离子的选择系数差异很大,因此选择性很好。这主要是由于各种阳离子与螯合物的稳定性不同而引起的。

影响离子交换选择性的因素很多,人们也曾从不同的角度来加以解释。目前比较令人满意的是 Eisenman 理论。现在从最简单的碱金属离子的交换选择性入手来进行讨论。

在碱金属离子中,离子裸半径最小的 Li^+,静电场引力最强。因此它吸引水分子形成水合离子的现象最显著,所形成的水合离子的半径最大,于是水合的 Li^+ 静电场引力最弱。而离子裸半径最大的 Cs^+,静电场引力最弱,于是水合的 Cs^+ 半径就最小,水合的 Cs^+ 静电场引力就最强。各种碱金属和碱土金属离子的裸半径和水合离子半径如表 5.6 所示。

表 5.6　不同离子的半径

离　子	裸半径	水合离子半径	离　子	裸半径	水合离子半径
Li^+	0.68	10.0	Mg^{2+}	0.89	10.8
Na^+	0.98	7.9	Ca^{2+}	1.17	9.6
K^+	1.33	5.3	Sr^{2+}	1.34	9.6
Rb^+	1.49	5.09	Ba^{2+}	1.49	8.8
Cs^+	1.65	5.05			

另外,离子交换树脂上的活性基团,在电离以后也存在着静电引力。但是不同的活性基团静电场的强弱不同,$-COO^-$ 与 $-SO_3^-$ 比较,前者强,后者弱。即在弱酸性阳离子交换树脂中交换基团上的静电场引力强,而强酸性阳离子交换树脂中交换基团上的静电场引力较弱。

对于具有弱静电场引力的强酸性阳离子交换树脂,它和水合 Cs^+ 间的引力最大,交换亲和力最大;而和水合 Li^+ 间的引力最小,交换亲和力最小。因而碱金属离子的交换亲和力顺序是:$Li^+ < Na^+ < K^+ < Rb^+ < Cs^+$。至于 Ag^+ 的交换亲和力特别大,这主要是由于 Ag^+ 易极化,诱导力起主要作用,它促使 Ag^+ 牢固地结合在交换树脂上。

弱酸性阳离子交换树脂,例如含有 $-COOH$ 的树脂,由于它具有较强的静电引力场,它将和水分子竞争阳离子,结果它从水合离子中夺取出阳离子来而与之结合。这时离子裸半径最小的 Li^+ 结合能最大,离子交换亲和力最大;离子裸半径最大的 Cs^+ 交换亲和力最小。交换亲和力的顺序是:$Cs^+ < Rb^+ < K^+ < Na^+ < Li^+$。

在强酸性阳离子交换树脂上,碱土金属离子的交换亲和力随离子裸半径的增大而增大,这也可以用同样的道理解释之。

5.4.3　离子交换动力学

离子交换过程一般都只以一个简单的反应方程式来表示,例如 Na^+ 交换树脂上的 H^+:

$$RH + Na^+ \rightleftharpoons RNa + H^+$$

但由于离子交换树脂是凝胶状的颗粒,它的活泼基团分布在树脂颗粒的网状结构中,因而一个交换过程实际上包含了五个步骤。

(1)溶液中的 Na^+ 扩散到达树脂颗粒表面。不论交换过程是在溶液流经交换柱时进行的或者是在容器中不断搅拌下进行,在树脂颗粒表面总存在着一薄层静止不动的溶液薄膜,其厚度约为 $10^{-2} \sim 10^{-3}$ cm。因而交换的 Na^+ 必须扩散通过这些薄膜才能到达树脂颗粒表面,这一过程称为膜扩散或外扩散。

(2) Na^+ 扩散透过树脂表面的半透膜进入树脂颗粒内部的网状结构中,这一过程称颗粒扩散或内扩散。

(3) Na^+ 和 H^+ 之间发生交换反应。

(4) 被交换下来的 H^+ 扩散通过树脂内部及其表面的半透膜即经过内扩散离开树脂相。

(5) 离开树脂相后的 H^+ 必须扩散经过树脂表面一薄层静止不动的溶液薄膜,即经过外扩散而后进入溶液主体。

由于外部溶液及树脂相内部都必须保持电中性,因此在 Na^+ 扩散通过静止的溶液薄膜到达树脂表面,以及扩散透过树脂表面半透膜进入树脂相内部的同时,必定有相同数目的 H^+ 以相同的速度朝相反的方向扩散离开树脂相进入溶液主体。因此这五个步骤实质上可以看作是三个步骤,即膜扩散、颗粒扩散和交换反应。在这三个步骤中,交换反应是较快的,膜扩散和颗粒扩散进行较慢,因此整个交换过程的速度就由膜扩散和颗粒扩散的速度所决定。对于溶胀的树脂,在很稀的外部溶液中(<0.01 mol/L),膜扩散比颗粒扩散更慢些,此时膜扩散速度决定整个离子交换过程的速度。当溶液浓度较大时(>0.1 mol/L),则颗粒扩散比膜扩散更慢些,此时颗粒扩散速度决定整个离子交换过程的速度。当外部溶液浓度在 0.01~0.1 mol/L 之间时,两种扩散速度相差不大,离子交换速度由两种扩散速度所控制。

膜扩散和颗粒扩散速度又和下列各因素有关,因此,为了加快离子交换过程的速度,应考虑这些因素。

(1) 树脂颗粒越小,膜扩散和颗粒扩散都越快。因为树脂颗粒越小,树脂和溶液接触的总表面积越大,单位时间内扩散透过薄膜的离子就越多,膜扩散就越快;树脂颗粒越小,进入树脂相的离子只需扩散经过较短的距离就可能与活泼基团的离子发生交换反应,即颗粒扩散也越快。根据 Helfferich 研究发现,颗粒扩散速度与树脂颗粒半径的平方成反比,即树脂颗粒大小对颗粒扩散速度的影响更为显著。因此在浓溶液中,颗粒扩散速度起决定性作用时,用较细颗粒的树脂更为重要。但树脂颗粒过细,交换柱的阻力增加,影响流速。

(2) Helfferich 又认为内扩散速度和内扩散系数成正比。内扩散系数又与下列各种因素有关。

升高温度可使内扩散系数迅速增大,从而使扩散过程变快。每增加 1℃,内扩散速度增加 4%~8%。

低交联度的树脂内扩散系数较大,例如交联度为 5% 的树脂,离子的内扩散系数约 6 倍于交联度为 17% 的树脂。因而适当地用较低交联度的树脂可使交换速度快些。

交换离子的种类不同,内扩散系数也不同。一般讲,水合程度高的离子,内扩散系数较小。高价离子由于所受到的树脂网状结构中固定离子的静电引力较大,行动受到阻碍,内扩散系数较小。例如 Na^+、Zn^{2+}、Y^{3+} 在 25℃ 时,在交联度为 10% 的磺酸基聚苯乙烯树脂中,其内扩散系数分别为 2.76×10^{-7}、2.89×10^{-8} 和 3.18×10^{-9}。离子体积较大时,内扩散系数较小,内扩散速度较慢。例如下列各离子其内扩散系数依次递减:$Na^+ < N(CH_3)_4^+ < C_6H_5N(CH_3)_2CH_2C_6H_5^+$,最后这个复杂庞大的阳离子的内扩散系数,仅为 Na^+ 的 1/400。

（3）外扩散速度与外扩散系数成正比。在低浓度溶液中外扩散速度是起决定性的因素,离子水合程度增加,离子价数增加都使外扩散系数变小,交换过程变慢,但其影响不如内扩散明显。温度升高,外扩散系数变大,但影响也比内扩散系数小些。此外,搅拌可使树脂颗粒表面的静止薄膜层变薄,使外扩散变快。但在离子交换柱上操作时不能搅拌,极稀的溶液在柱中的流速增加时,液膜厚度变小,有利于外扩散速度变快。

5.5　离子交换分离操作方法

5.5.1　离子交换树脂的选择

在分析化学中应用最多的树脂是聚苯乙烯型的强酸性阳离子交换树脂和强碱性阴离子交换树脂。

当需要测定某种阳离子而受到阴离子干扰时,应选用强碱性阴离子交换树脂。当被测试液通过阴离子交换树脂时,阴离子被交换而留在树脂上,阳离子仍留在溶液中可以测定。例如 Ca^{2+}、Mg^{2+} 等离子不论用重量法,还是用络合滴定法或原子吸收光谱法测定时,PO_4^{3-} 的存在都有干扰。如果通过 Cl^- 型强碱性阴离子交换树脂,交换除去 PO_4^{3-},则 Ca^{2+}、Mg^{2+} 就能顺利地测定。

$$R-N(CH_3)_3^+ Cl^- + H_2PO_4^- \rightleftharpoons R-N(CH_3)_3 H_2PO_4 + Cl^-$$

当需要测定某种阴离子而受到共存的阳离子干扰时,应选用强酸性阳离子交换树脂,交换除去干扰的阳离子,阴离子仍留在溶液中可供测定。

如果需要测定某种阳离子而受到共存的其他阳离子的干扰,则可先将阳离子转化为络阴离子,然后再用离子交换法分离。

由于强酸性阳离子交换树脂对于 H^+ 的亲和力很小,H^+ 型阳离子交换树脂易和其他阳离子发生交换反应,因此一般都把树脂处理成 H^+ 型使用。但用 H^+ 型阳离子交换树脂进行交换后,流出液的酸性将显著地增加。如果在交换过程中需要严格控制溶液浓度,或者溶液中有在酸性溶液中可以氧化树脂的离子时,则不应该采用 H^+ 型树脂,应改用 NH_4^+ 型或 Na^+ 型树脂。

阴离子树脂通常采用 OH^- 型或 Cl^- 型强碱性阴离子交换树脂,因为这类树脂对于 OH^- 或 Cl^- 亲和力较小,OH^- 或 Cl^- 易和其他阴离子发生交换。

羧酸型的弱酸性阳离子交换树脂,在分析上用来分离碱性氨基酸以及从弱的有机碱中分离较强的有机碱等,这时必须用一定酸度的缓冲溶液预先处理树脂和进行洗脱。这种树脂的特点是对于 H^+ 的亲和力特别大,因此只要用少量稀盐酸进行洗脱就可以使之再生。

树脂颗粒的大小与离子交换过程的速度密切有关,颗粒越小达到交换平衡的速度越快,另外树脂颗粒的大小也影响交换柱的始漏量。因此在分析中必须根据需要选择一定粒度的树脂。一般说来,制备去离子水可用较粗的树脂,对粒度均匀性的要求也可以低些。一般分析上进行分离用的树脂粒度应细些,粒度的均匀性要求也高些。用于离子交换层析法的树脂应更细些,例如用 100～200 目或者甚至用 200～400 目的树脂。但是填充了 200 目以上树脂的交换柱,阻力极大,溶液流速很慢,这时需要加压或减压,才能使溶液通过交换柱。不同用途树脂粒度的选择可参阅表5.7。

表 5.7　交换树脂粒度选择表

用　　　途	粒度/目	用　　　途	粒度/目
制备分离	50～100	离子交换层析法分离常量元素	100～200
分析中不同电荷离子的交换分离	80～100	离子交换层析法分离微量元素	200～400
分析中不同电荷离子的交换分离	100～120		

市售树脂有各种不同的交联度,分析用阳离子交换树脂交联度一般为8%,阴离子交换树脂一般用4%左右。

5.5.2　离子交换树脂的处理

市售的离子交换树脂,其粒度往往不均匀或粒度大小不符合要求,同时也或多或少地含有杂质,因此在使用前必须加以处理。处理过程包括研磨、过筛、浸泡、净化等。

市售的树脂常常是潮湿的,在研磨过筛前应先将其铺开,置于阴处晾干,不能把树脂放在烘箱中烘干或置于太阳下曝晒,防止树脂部分发生分解,引起性能改变。晾干后的树脂在研钵中研磨、过筛,筛取所需的粒度,这时应注意少研磨些时间,勤过筛,以免树脂磨得太细而浪费树脂。若树脂需要量很大,可在球磨机中进行粉碎,通常用瓷球的球磨机。

如果在离子交换层析中需用很细的、粒度十分均匀的树脂,可在研磨后用浮选法浮选出一定粒度范围的树脂,Hamilton介绍了一种简便的浮选技术。

经过研磨过筛后的树脂,放在 $4\sim6$ mol/L 的 HCl 中浸泡 $1\sim2$ d,以溶解除去树脂中的杂质。若浸出的溶液呈较深的黄色,应换新鲜的盐酸再浸一些时间,然后用去离子水洗至洗涤液呈中性。这样得到的阳离子交换树脂是 H^+ 型,阴离子交换树脂是 Cl^- 型的。如果在分析中需要的是其他型式的树脂,例如 Na^+ 型、NH_4^+ 型或 SO_4^{2-} 型的,则分别应用 NaCl、NH_4Cl 和 H_2SO_4 等溶液处理,然后用去离子水洗净,浸在去离子水中备用。

5.5.3　仪器装置

离子交换操作可分两种:一种是间歇操作(batch operation)或称静态法;另一种是柱上操作(column operation)或称动态法。间歇操作是将离子交换树脂置于盛有试液的容器中,不断搅拌或放置一定时间使之发生交换过程。这种方法的离子交换效率低,它常用于离子交换现象的研究。柱上操作是将离子交换树脂充填于玻璃管中制成交换柱,试液一般都是自上而下地流经交换柱。这种方法的离子交换效率高,在分析工作中常常采用柱上操作。如果试液中含有 CO_3^{2-}、S^{2-}、SO_3^{2-} 等,在 H^+ 型阳离子交换柱上交换时会产生气泡,混杂在树脂间隙中,影响液体流动,影响分离。在这种情况下,把两种方法结合使用,即先在试液中加入一部分树脂,搅动使之发生交换,然后把试液和树脂一齐倒入交换柱中。

图 5.3 所示是最简单的离子交换柱装置。如果没有这种装置,也可以用滴定管代替。图 5.3 中(a)的装置比(b)稍复杂些,它的优点是流出口高于树脂层上部,柱中溶液不会流

干,使离子交换树脂层始终浸没在液面下。在装置(a)中树脂层后面的流出管容积应尽可能小些,以免流出液在流出过程中发生混合现象,这对于离子交换层析分离尤为重要。

装柱前树脂需经净化处理和浸泡溶胀。用已溶胀的树脂装柱十分重要,否则干燥的树脂将在交换柱中吸收水分而溶胀,使交换柱堵塞。

在装柱前先在柱中充以水,在柱下端铺一层玻璃毛,将柱下端旋塞稍打开一些,将已溶胀的树脂带水慢慢装入柱中,让树脂自动沉下构成交换层。待树脂层达一定高度后再盖一层玻璃毛。这两层玻璃毛也可以用砂芯玻片代替。在装柱和整个交换洗脱过程中,要注意使树脂层经常全部浸在液面下,切勿让上层树脂暴露在

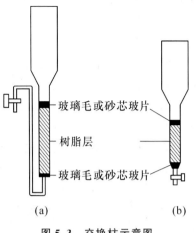

图 5.3　交换柱示意图

空气中,否则在这部分树脂间隙中会混入空气泡,这种空气泡在以后加水或加溶液时不会逸出。当树脂间隙中夹杂气泡时,溶液将不是均匀地流出树脂层,而是顺着气泡流下,不能流经某些部位的树脂,即发生了"沟流"现象,使交换、洗脱不完全,影响分离效果。如果发现树脂层中混有气泡,应将树脂倒出重装。

在分析工作中所用交换柱内径为 8~15 mm,树脂层高度为柱内径的 10~20 倍。但这个比值并不是固定的,如果希望操作快些,树脂层高度也可以小些。

交换柱准备好后,以去离子水洗涤,以后就可以开始交换。

5.5.4　柱上操作

交换柱准备完毕后就可以开始交换。将待分离的溶液倾入交换柱,溶液的浓度一般为 $0.05 \sim 0.1$ mol/L,转动旋塞使溶液按照适当的速度流经树脂层,发生了交换反应。以 Ca^{2+} 在 H^+ 型强酸性阳离子交换柱上的交换反应为例:

$$2R - SO_3^- H^+ + Ca^{2+} \Longrightarrow (RSO_3^-)_2 Ca^{2+} + 2H^+$$

通过交换过程,阳离子交换 H^+ 后留于树脂上,阴离子不发生交换而留在流出液中,阳离子和阴离子就此得以分离。如果用的是阴离子交换树脂,则阴离子将交换而留在柱上,阳离子不发生交换而留在流出液中,同样可以将阳离子和阴离子分离。

交换进行完毕后,进行洗涤。洗涤的目的是为了将留在交换柱中不发生交换作用的离子洗下。洗涤液一般用水,但为了避免某些离子水解析出沉淀,洗涤液可选用很稀的酸溶液,例如用 0.01 mol/L 的 HCl 溶液洗涤,由于酸很稀,不会发生洗脱过程。有时为了保持交换柱中一定的酸度,可应用和试液相同酸度的酸溶液来洗涤。例如,分离 Fe^{3+} 时,可在 4 mol/L 的 HCl 溶液中进行交换,这时铝以 Al^{3+} 形式存在,而铁则成为 $FeCl_4^-$ 络阴离子。如果采用阴离子交换树脂进行分离,则 $FeCl_4^-$ 交换留在柱上,Al^{3+} 进入流出液中。因此在交换前,交换柱必须以 4 mol/L 的 HCl 溶液淋洗,至流出液的酸度为 4 mol/L 为止;交换后仍需以 4 mol/L HCl 溶液洗涤,使铁仍以 $FeCl_4^-$ 形式交换留在柱上,同时将柱中残留的 Al^{3+} 洗涤下来。若此时用较稀的酸溶液洗涤,则 $FeCl_4^-$ 可以转变为 Fe^{3+},与 Al^{3+} 同时被洗下来,

达不到完全分离的目的。将流出液和洗涤液合并,就在该合并液中测定这种不被交换的离子。

洗净后的交换柱就可以进行洗脱过程。将被交换的离子洗脱下来,可在洗脱液中测定该交换组分。对于阳离子交换树脂常常采用 HCl 溶液作为洗脱液,HCl 溶液的浓度一般是 $3\sim4$ mol/L。对于容易洗脱的离子,亦可用较稀 HCl 的溶液作洗脱液,例如上述交换 Ca^{2+} 的示例中,就可以用 2 mol/L 的溶液洗脱 Ca^{2+}。又如上述 Al^{3+}、Fe^{3+} 分离的示例中,为了洗脱 $FeCl_4^-$,可用 0.5 mol/L HCl 溶液,此时 $FeCl_4^-$ 转变为 Fe^{3+} 而被洗脱;也可以用络合剂使 $FeCl_4^-$ 转变为络阳离子而被洗下。总之,洗脱液的选择还应根据交换离子的性质和以后的测定步骤。对于阴离子交换树脂,常用 HCl、NaCl 或 NaOH 溶液作洗脱液。通过洗脱过程,在大多数情况下,树脂已得到再生,在用去离子水洗涤后可以重复使用。

如果需要把离子交换树脂换型(例如把 H^+ 型变为 Na^+ 型),在洗脱后应用适当的溶液处理后再用。

5.6 柱上离子交换分离法

离子交换分离一般是在交换柱中进行的,已如前述,因此就有必要进一步讨论离子在柱中交换和洗脱过程的情况,以及影响交换和洗脱的各种因素,以便选择合适的操作条件,达到分离的目的。

5.6.1 交换过程及交换条件的选择

试液倒入交换柱后,试液就不断地流经离子交换层,交换层的树脂就从下而上地一层层地依次被交换。如果以"+"表示未交换的树脂,以"o"表示已交换的树脂,则在交换作用进行到某一定时候后,在交换柱中的树脂可以用图 5.4(a)

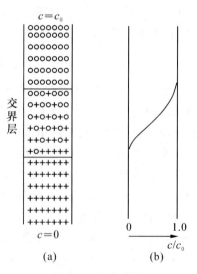

表示。在交换层的上面一段树脂已全部被交换,下面一段树脂完全还没有交换,中间一段部分未交换,部分已交换。当溶液流过这样的交换层时,在上面的一段中,交换作用不再发生,溶液浓度保持原来的浓度 c_0;当溶液流到中间一段时,由于该处存在未交换的树脂,交换作用开始发生,溶液中阳离子(或阴离子)的浓度渐渐降低,中间这一段称为"交界层"。当溶液流到下面一段时,溶液中的阳离子(或阴离子)已全部交换,溶液浓度趋于零。如果以 c 代表某一高度时的浓度,则浓度比(c/c_0)与高度间的关系曲线可用图 5.4(b)表示。

如果此时继续把欲交换的溶液倾入交换柱中,交换反应就继续向前进行,交界层中的树脂逐渐被全部交换,交界层下面的树脂也开始被交换。也就是说,在交换作用不断进行的过程中,交界层逐渐向下移动,于是图

图 5.4 交换过程

5.4(b)中浓度比与高度间的关系曲线也不断向下移动。最后交界层的底部到达了树脂层的底部,曲线也就下降到了底部。从交换作用开始直到这一点为止,通过交换柱的溶液中待交换的阳离子(或阴离子)全部被交换了,在流出液中待交换离子的浓度等于零,代之以等物质的量的交换下来的离子。

假如欲交换的溶液还继续加入交换柱中,交换作用还是不断进行,但是交换作用不能进行完全,在流出液中开始出现未被交换的阳离子(或阴离子)。因此当交界层底部到达交换层的底部的这一点称为"始漏点"或"流穿点"(break-through point)。到达始漏点为止交换柱的交换容量称为"始漏量",而柱中树脂的全部交换容量称为"总交换量"。由于到达始漏点时,交界层中尚有部分树脂未被交换,始漏量总是小于总交换量。始漏量和总交换量一般都以质量分数表示。

如果以 c 代表流出液中待交换阳离子(或阴离子)的浓度,c_0 代表溶液的总浓度。由于始漏点以前 c 始终等于零,因此 c/c_0 也等于零。始漏点以后,流出液中出现待交换离子,而且其浓度 c 迅速增加,c/c_0 也迅速增加。最后交换柱中的树脂全部被交换了,流出液的浓度等于溶液原来的浓度,$c=c_0$,$c/c_0=1$。如果以 c/c_0 比值为纵坐标,流经交换柱溶液中待交换阳离子(或阴离子)的质量分数为横坐标,可以得到图 5.5 所示的关系曲线。曲线上的 e 点为始漏点,从原点到 e 点之间的距离 a 所代表的为始漏量。到达 g 点时柱中的树脂全部被交换了,efg 曲线左面这一块面积代表总交换量。由于曲线 efg 对于 f 点上下对称,因此总交换量也可以距离 b 表示之。显然,b 大于 a,总交换量大于始漏量。

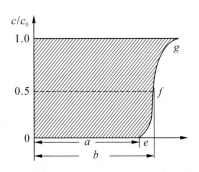

流经交换柱阳离子或阴离子的质量分数比

图 5.5 交换曲线

对于某一定的交换柱,总交换量是一定的,而始漏量却和许多因素有关。在分析工作中离子交换过程只能进行到始漏点为止,因此始漏量比总交换量更重要。下面简单讨论影响始漏量的各种因素。

(1) 离子的种类 某些离子交换亲和力大,或交换势大,更容易交换,这样的离子通过交换柱时交界层就比较薄些,这条曲线的斜率就较大,这样始漏量和总交换量比较接近,始漏量比较大。交换亲和力比较小的离子,交界层就比较厚,曲线的斜率比较小,始漏量和总交换量相差较多,始漏量就比较小。对于同一种离子,始漏量又和下列各种交换条件有关。

(2) 树脂颗粒的大小 树脂颗粒较细,交换速度快,交换过程达到平衡比较快,交界层比较薄,始漏量比较大。树脂颗粒较粗,交换过程达到平衡比较慢,始漏量比较小,交换柱容易流穿。

(3) 溶液的流速 流速大,交换过程还未达到平衡时溶液就往下移动了,这样交界层必定要厚些,始漏量就比较小。流速慢一些,始漏量就可以大些。对于颗粒较粗的高交联度的树脂,这个影响就更为明显。

(4) 温度 温度较高,加快交换,交换平衡容易达到,交界层薄些,始漏量较大。

(5) 交换柱的形状 对于一定量的树脂,交换柱直径小些,交换层会厚些,但交界层中树脂量较少,始漏量就大。

(6)溶液的酸度　对于 H^+ 型阳离子交换树脂,溶液酸度越高,交换反应越不易向前进行,始漏量就越小。

在选择工作条件时,总希望用较少量的交换树脂,起较大的分离作用,即希望始漏量大些。由上述讨论可知,要使始漏量增大,对于某些阳离子来说,树脂的颗粒应该小些,溶液的酸度应该低些,流速应该慢些,温度要高些,交换柱要细长些。但是这些条件是不能随便一一加以满足的。如果树脂颗粒很小,溶液流动时阻力增大,流速减慢,交换太费时间;溶液酸度太低,不少阳离子将水解而产生沉淀;温度高,需要把交换柱整个加热,装置麻烦,而且温度高会促进阳离子的水解作用,以及使某些类型树脂破坏;交换柱细长,则阻力增加,流速变慢,有时甚至要加压才能使溶液通过。因此,这些因素需要根据具体的任务加以适当的选择,常用的离子交换分离法的工作条件为:树脂的粒度是 $80\sim100$ 目,$100\sim200$ 目,柱高 $20\sim40$ cm,柱内径为 $0.8\sim1.5$ cm,流速为 $2\sim5$ mL/min。

5.6.2　洗脱过程及洗脱条件的选择

洗脱过程是交换过程的逆过程,当洗脱液不断地倾入交换柱时,已交换在柱上的阳离子(或阴离子),就不断地被洗脱下来。洗脱作用也是由上而下地依次进行的。开始时,由于柱的下端常常存在着一层未交换的树脂,从柱上端洗脱下来的阳离子(或阴离子),通过柱下部未交换的树脂层时,又可以再被交换。因此最初出来的流出液中洗脱下来的阳离子(或阴离子)的浓度等于零。但在不断加入洗脱液的情况下,流出液中阳离子(或阴离子)的浓度渐渐增大,达到一个最高浓度后又渐渐降低。如果以洗脱液体积为横坐标,流出液中阳离子(或阴离子)的浓度为纵坐标作图,可以得到如图 5.6 所示的洗脱曲线。图中曲线下所包围的那块面积即代表洗脱出来的,也就是交换在柱上的阳离子(或阴离子)的总含量,这含量可以通过分析来测定。

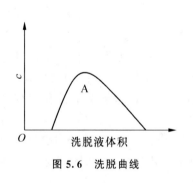

图 5.6　洗脱曲线

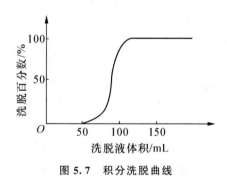

图 5.7　积分洗脱曲线

如果洗脱曲线的纵坐标以洗脱百分数来表示,则可以得到如图 5.7 所示的积分洗脱曲线。这种曲线的形状和许多因素有关,现就其中几个主要的因素讨论如下。

(1)树脂颗粒的大小　树脂颗粒越粗,曲线越向右向下移动,即要得到同样的洗脱效率,所需要的洗脱液的体积比较大。这主要是由于交换在树脂内部的离子比较难洗脱的缘故。

(2)洗脱剂的浓度　对于阳离子交换树脂,常常采用 HCl 溶液作为洗脱剂。太稀的

HCl 溶液,洗脱效率是比较差的。随着溶液浓度的增加,洗脱效率迅速增加,曲线向上和向左移动,当 HCl 溶液浓度为 $3\sim4$ mol/L 时,洗脱效率达到最高值。HCl 溶液浓度再增加,洗脱效率不再增加,相反地将渐渐降低。这主要是由于在太浓的酸溶液中,树脂因脱水而收缩,交换在树脂颗粒内部的离子不容易扩散出来;另外,浓度高了,洗脱液的黏度将增加,也阻碍扩散作用的进行,因而洗脱效率降低。

阳离子交换树脂用酸溶液洗脱后,就恢复为原来的 H^+ 型树脂,得到再生,经洗涤后就可再次使用;而且在酸溶液中测定阳离子也较好。用络合剂(如柠檬酸等)溶液作洗脱剂,常常可提高洗脱效率,但络合剂的存在有时会影响以后的测定。

(3) 流速　流速大,洗脱过程来不及达到平衡,洗脱效率就较低,要达到同样的洗脱百分率,所需的洗脱剂体积就增加,但洗脱所需时间不变。例如在一定条件下用 HCl 溶液洗脱 Fe^{3+} 时,流速由每分钟 2 mL/cm² 交换层增加到 10 mL/cm² 交换层,达到洗脱完全,所需洗脱液体积由 70 mL 增加到 350 mL,而洗脱时间都是 35 min。因此增加流速并不能使洗脱变快,相反地却多消耗些洗脱液。不过,在流速很慢的情况下,适当增加流速,还是可以使洗脱加快的。

总的来讲,要使洗脱效率增加,树脂颗粒应细些,洗脱液的浓度要合适,洗脱液的流速不能太快。但这也和交换过程一样,还应根据具体任务加以适当选择。

5.7　离子交换分离应用示例

离子交换分离法不但应用于分析中,也应用在工业生产上。这里把分析化学中应用的情况举例简单介绍如下。

5.7.1　去离子水的制备

在分析实验室中经常要用大量的纯水,用离子交换法制取的去离子水,纯度可以符合一般分析工作的要求。

让自来水先通过 H^+ 型强酸性阳离子交换树脂(聚苯乙烯和酚醛型的都可用),交换除去各种阳离子:

$$Me^+ + R{-}SO_3H \Longleftrightarrow R{-}SO_3Me + H^+$$

然后再通过 OH^- 型强碱性阴离子交换树脂,交换除去阴离子:

$$H^+ + X^- + R{-}N(CH_3)_3^+\,OH^- \longrightarrow R{-}N(CH_3)_3^+X^- + H_2O$$

用过的树脂分别用酸或碱溶液洗脱,使之再生。

由于交换反应是可逆反应,反应进行达到平衡为止。因此通过离子交换树脂后的水中存在着微量未交换的离子。如果把阳离子交换树脂和阴离子交换树脂混合装在一根交换柱中,制成混合柱,则当水流过混合柱时,由于两种交换过程同时进行,离子交换后生成的 H^+ 和 OH^- 结合成水而除去,可使离子交换反应进行到底,提高去离子水的质量。但混合柱再生困难,为了解决这个问题,可使自来水先依次通过一根阳离子交换柱和两根阴离子交换柱,交换除去存在于水中的盐类的大部分,然后再通过一根混合柱,以除去残留的少量盐类。

当水中盐含量不太高时,制取去离子水比制取蒸馏水方便得多。但存在于水中的有机物质是不能用离子交换法分离除去的。

5.7.2 试样中总盐量的测定

对于天然水、造纸厂废水、海水、土壤提取物、血清、麦粉、糖等,人们需要知道其中含有的盐类的总量,这种总盐量的测定可以利用离子交换法来进行。

让试液通过 H^+ 型强酸性阳离子交换树脂,进行交换,然后以去离子水洗涤之。存在于溶液中的各种硫酸盐、硝酸盐、氯化物等,通过交换转变成等物质的量 H^+ 的 H_2SO_4、HNO_3、HCl 等,存在于流出液中,可用标准碱溶液按中和法滴定。

如果试样中存在极弱的弱酸盐,如酚钠等,用标准碱溶液滴定流出液以测定其含量的方法不能获得准确的结果。如果试样中含有碳酸盐、重碳酸盐、氰化物等挥发性酸的盐类,则交换后生成的酸将从流出液中挥发逸去,或者在柱中已经挥发形成气泡,影响交换分离。在这类情况下,在进行交换前应用标准酸滴定其碱度,加以校正,驱除生成的酸,而后进行交换。如果试样中存在一些较难溶解的有机酸的可溶盐,如苯甲酸钠等,交换后形成的苯甲酸就较难用水洗下,影响测定,这时可用乙醇的水溶液,或就用乙醇洗脱之。

如果试样中可能存在络离子,则就要考虑在交换过程中络离子是否会分解而发生交换。某些较不稳定的络离子将离解,于是发生交换,析出等物质的量 H^+,如 CdI_4^{2-}:

$$CdI_4^{2-} + 2RSO_3H \rightleftharpoons (RSO_3)_2Cd + 4I^- + 2H^+$$

有些较稳定的络离子部分发生交换,如 $Fe(C_2O_4)_3^{3-}$、$Fe(C_2O_4)_2^-$、$Al(C_2O_4)_2^-$ 等;有些很稳定的络离子不发生交换,如 $Fe(CN)_6^{3-}$、$Fe(CN)_6^{4-}$ 等。因此对于含络离子的试样,必须明确是否能交换后才能用本法测定总盐量。

如果试样中含有多元酸盐,由于它们可能以各种不同的形式存在,如 NaH_2PO_4、Na_2HPO_4、Na_3PO_4,交换后产生的 H^+ 量不相同,计算分析结果时必须注意。

由于上述种种原因,这种测定总盐量的方法虽然已广泛达到应用,但如果应用不当,可能会产生种种误差。

当然,也可以使试液通过 OH^- 型强碱性阴离子交换树脂,交换得到等物质的量的碱,以标准酸滴定。但这种测定,不如前者。

5.7.3 干扰组分的分离

这里讨论的主要是被测组分与干扰组分具有不同电荷时的分离问题。例如欲测定试样中某些阴离子,共存的阳离子有干扰,可让试液通过 H^+ 型强酸性阳离子交换树脂,交换除去阳离子。交换柱以水或稀酸洗涤,合并流出液和洗液后进行测定。为了防止阳离子沉淀析出,交换的试液通常应保持酸性。虽然溶液中 H^+ 的存在,会妨碍交换作用的进行,例如 Ca^{2+} 的交换反应如下:

$$2R-SO_3H + Ca^{2+} \rightleftharpoons (R-SO_3)_2Ca + 2H^+$$

但由于各种阳离子(Li^+ 例外)与树脂的亲和力都较 H^+ 大得多,即对 H^+ 的选择系数都较高,因此反应实际上是可以进行完全的。

用重量法以 $BaSO_4$ 沉淀形式准确测定 SO_4^{2-} 时,Fe^{3+}、Ca^{2+} 等阳离子存在时常常发生共同沉淀现象而产生误差。为了减小这一误差,应在 $BaSO_4$ 沉淀前先把试液中的阳离子交换除去,然后以 $BaCl_2$ 溶液为沉淀剂,用重量法测定流出液中的 SO_4^{2-}。

硼镁矿中主要成分是硼酸镁,也含有硅酸盐和铁。为了测定硼镁矿中硼,可把试样碱熔分解后,溶于稀盐酸中。然后让试液通过 H^+ 型强酸性阳离子交换树脂,交换除去阳离子,硼以 H_3BO_3 形式进入流出液中,然后以酸碱滴定法测定流出液中的硼酸的含量。

为了除去干扰的阳离子,也可使被测定的阳离子络合成络阴离子,而后通过阴离子交换树脂以分离除去。例如用光度法测定矿石中的铀时,Fe^{3+}、Ti^{4+}、V^{4+} 等离子都有干扰,必须分离除去。为此,可将矿石溶于浓 H_2SO_4 中,稀释后在 0.1 mol/L H_2SO_4 溶液中,试样的铀变成 $UO_2(SO_4)_3^{4-}$ 络阴离子,其他干扰离子都呈阳离子存在。让试液通过 SO_4^{2-} 型阴离子交换树脂,$UO_2(SO_4)_3^{4-}$ 络阴离子交换留在柱上,以稀 H_2SO_4 溶液洗涤之,各种干扰阳离子就可分离除去。交换在柱上的 $UO_2(SO_4)_3^{4-}$ 络阴离子可用 1 mol/L HCl 溶液洗脱,然后在流出液中用光度法测定铀。

如果欲测定试样中的某些阳离子,而需分离除去干扰性阴离子,可使试液通过强碱性阴离子交换树脂,以交换分离之。所用树脂一般常用 Cl^- 型的,也可用 NO_3^- 型或 CH_3COO^- 型的,但不用 OH^- 型的,因为 OH^- 型树脂在交换后产生 OH^- 而使多种阳离子生成氢氧化物沉淀于柱中。如果欲使阳离子形成络阴离子形式进行交换分离,则应使阴离子交换树脂转变为该种阴离子型的,如上例所用的树脂是 SO_4^{2-} 型的。

在 V^{4+}、Fe^{3+}、Cu^{2+}、Co^{2+}、Ni^{2+} 存在下 K^+、Na^+ 的测定,Samuelson 曾建议采用下述的方法。让试液通过柠檬酸根型阴离子交换树脂,这时只有 K^+、Na^+ 不被交换而进入流出液中,其余各种阳离子与树脂上的柠檬酸根离子络合而留于柱上,如下式所示:

$$[R-N(CH_3)_3]_3Cit + Cu^{2+} + 2NO_3^- \rightleftharpoons R-N(CH_3)_3CuCit + 2R-N(CH_3)_3NO_3$$

式中,Cit 代表柠檬酸根离子。让含有碱金属离子盐类的流出液流经第二根交换柱,柱中填充以 OH^- 型强碱性阴离子交换树脂,交换后生成等物质的量的 NaOH 和 KOH,直接可用标准酸滴定之。

从上述各种示例中可以看出,用离子交换法分离不同电荷的离子是比较简单、方便的。

5.7.4　痕量组分的富集

试样中痕量组分的测定常常是一种比较困难的分析工作。利用离子交换法可以富集痕量组分。如果试样中并不含有大量的其他电解质,用离子交换法富集痕量组分是比较方便的。例如测定天然水中 K^+、Na^+、Ca^{2+}、Mg^{2+}、SO_4^{2-}、Cl^- 等组分时,可取数升水样,让它流过阳离子交换柱,再流过阴离子交换柱。然后用数十毫升以至 100 mL 的稀盐酸溶液把交换在柱上的阳离子洗脱,另用数十毫升以至 100 mL 的稀氨液慢慢地洗脱各种阴离子。经过这样交换、洗脱、处理,这些组分的浓度就增加数十倍至 100 倍,于是在流出液中测定这些离子就比较方便了。

蔗糖中金属离子的测定、饮用水中碘(131)的测定、牛奶中锶(90)的测定,都可利用离子交换法预先进行富集。

如果试样中含有大量的电解质而欲富集某种痕量组分,则往往需用对该种痕量组分具有高选择性的树脂,例如从 Na^+ 浓度为 $0.6\ mol/L$ 的海水中富集浓度为 $4\times10^{-9}\ mol/L$ 的 Cs 时,Smales 就是采用了选择系数 E_{Na}^{Cs} 特别高的树脂。如果痕量组分能与螯合树脂的活性基团形成稳定的螯合物,而大量的其他组分并不螯合,则采用螯合树脂是十分理想的。例如,Turse 和 Rieman 从 $1.0\ mol/L$ 的 NH_4Cl 溶液中富集 $1.6\times10^{-5}\ mol/L$ 的 Cu^{2+} 时就是采用了螯合树脂。张孙玮等从海水及矿泉水中富集微量铀时,采用了含有下列活性基团、对铀具有选择性的树脂。

近年来,Yoshimura 等人在用离子交换光度法测定水中的痕量元素方面做了不少工作,例如测定水中 10^{-9} 数量级的 CrO_4^{2-}、Zn^{2+}、Bi^{3+} 时,先使它们分别交换于离子交换树脂上,以与干扰组分分离,再用适当显色剂显色,而后就在树脂上进行光度法测定,这样的方法是把分离、富集和测定结合在一起了。

5.7.5 离子交换树脂在其他领域的应用

1)稀土元素的分离

虽然目前萃取法在稀土分离中也有很大优势,但为取得单个的高纯度的稀土元素,离子交换法仍有一定的地位。这个流程中使用强酸性阳离子交换树脂进行排代法操作,并应用延缓离子。由于所用淋洗剂是与稀土元素有很强结合能力的络合试剂乙二胺四乙酸(EDTA),如无任何阻挡,所有稀土元素都会较快地从柱中流出而不能达到有效分离。所谓延缓离子是这样的离子(如 Cu^{2+}),它与淋洗剂的结合能力比稀土强,事先充满整个树脂柱,当淋洗剂与稀土形成的配合物下行遇到 Cu^{2+} 时,Cu^{2+} 即与淋洗剂结合而将稀土元素离子释放出来使之滞留在树脂上。随着淋洗的继续,稀土元素经过反复地在淋洗剂和树脂间交换,之后按顺序在柱上排列,达到分离的目的。

EDTA 是四元酸,完全离解后的阴离子为

以 Y^{4-} 代表之。EDTA 与稀土元素形成的配合物稳定常数列于表 5.8。由表可见,配合物的稳定常数随原子序数的增大而增大。对 Cu^{2+}, $\lg K=18.80$,因此 Cu^{2+} 对大多数稀土元素来说,都可起到延缓离子的作用。Cu^{2+} 的另一优点是它有鲜明的颜色,在操作中便于观察。

表 5.8　EDTA 与稀土元素的络合物稳定常数

元　素	La^{3+}	Ce^{3+}	Pr^{3+}	Nd^{3+}	Sm^{3+}	Eu^{3+}	Gd^{3+}	Tb^{3+}	Dy^{3+}
lg K	15.50	15.98	16.4	16.61	17.14	17.35	17.37	17.93	18.30
元素	Ho^{3+}	Er^{3+}	Tm^{3+}	Yb^{3+}	Lu^{3+}	Y^{3+}			
lg K	18.74	18.85	19.32	19.51	19.83	18.09			

为了说明延缓离子的作用,安排两根离子交换柱,一根为吸附柱,另一根为分离柱。分离柱的树脂事先已用 Cu^{2+} 饱和,即全部树脂已转变成 Cu^{2+} 型。La^{3+}、Pr^{3+}、Nd^{3+}、Sm^{3+} 四种离子的分离过程如下:

(1) 首先让 La^{3+}、Pr^{3+}、Nd^{3+}、Sm^{3+} 料液流过吸附柱,使它们吸附在柱上。由于稀土元素的性质很相近,仅由于镧系收缩的原因,原子半径稍有差别,即重稀土的半径稍小、水化半径稍大,对树脂的亲和力由 $La \rightarrow Lu$ 稍有下降,故吸附时的分布基本上是均匀的,只是在柱子的上部轻的稀土稍多一些,柱子的下部重的稀土稍多一些,并不能彼此分开。

(2) 开始用 EDTA 淋洗。本来在吸附时,Sm^{3+} 就稍偏下,Sm^{3+} 与 EDTA 的结合能力又稍强于其他离子,因此首先流出吸附柱:

$$\overline{Sm^{3+}} + 3NH_4^+ + Y^{4-} \Longrightarrow SmY^- + 3\overline{NH_4^+}$$

由于 EDTA 首先已转变成 NH_4^+ 盐的形式,故在反应式中没有出现。淋洗下来的 SmY^- 进入分离柱,和分离柱上的 Cu^{2+} 进行交换,因为 Cu^{2+} 与 EDTA 的稳定常数大于 Sm^{3+} 与 EDTA 的稳定常数,所以 Cu^{2+} 与 EDTA 结合进入溶液,Sm^{3+} 则重新被吸附在树脂上:

$$SmY^- + \overline{Cu^{2+}} \Longrightarrow \overline{Sm^{3+}} + CuY^{2-}$$

(3) 继续淋洗,Nd^{3+} 开始从吸附柱上淋洗下来:

$$\overline{Nd^{3+}} + 3NH_4^+ + Y^{4-} \Longrightarrow NdY^- + 3\overline{NH_4^+}$$

NdY^- 进入分离柱,遇到吸附在分离柱上的 Sm^{3+},由于 SmY^- 比 NdY^- 更稳定,因此发生交换,Nd^{3+} 重新被吸附在分离柱上:

$$NdY^- + \overline{Sm^{3+}} \Longrightarrow \overline{Nd^{3+}} + SmY^-$$

交换下来的 SmY^- 在沿分离柱向下移动时,和延缓 $\overline{Cu^{2+}}$ 又发生交换,Sm^{3+} 又再次被吸附在树脂上:

$$SmY^- + \overline{Cu^{2+}} \Longrightarrow \overline{Sm^{3+}} + CuY^{2-}$$

(4) 再继续淋洗,Pr^{3+}、La^{3+} 先后从吸附柱上解吸下来:

$$\overline{Pr^{3+}} + 3NH_4^+ + Y^{4-} \Longrightarrow PrY^- + 3\overline{NH_4^+}$$

在分离中又依次发生了一系列交换反应:

$$LaY^- + \overline{Pr^{3+}} \Longrightarrow \overline{La^{3+}} + PrY^-$$
$$PrY^- + \overline{Nd^{3+}} \Longrightarrow \overline{Pr^{3+}} + NdY^-$$
$$NdY^- + \overline{Sm^{3+}} \Longrightarrow \overline{Nd^{3+}} + SmY^-$$
$$SmY^- + \overline{Cu^{2+}} \Longrightarrow \overline{Sm^{3+}} + CuY^{2-}$$

这样稀土离子在沿分离柱向下移动的过程中,不断地重复吸附、解吸,在某一阶段,相互之间经过重新分配,形成了各自单独的吸附带,最后逐一从分离柱中淋洗出来,达到分离的目的。

2)在医药工业中的应用

离子交换树脂在制药工业中的应用很广泛。例如在药物的纯化精制中,可用混合床离子交换法除去氨基酸、蛋白质、维生素 B_1 中的盐,也可以使一些本身带有酸、碱性的药物的盐型转化,例如使青霉素的钠盐变成钾盐,链霉素盐酸盐变成硫酸盐、磷酸盐、醋酸盐等。离子交换法还可以回收浓缩生物碱,如奎宁、颠茄碱等。

离子交换树脂在抗生素及生化药物的分离提纯中起着重要的作用。最突出的例子之一是用弱酸性阳离子交换树脂提取链霉素。由于大孔弱酸性阳离子交换树脂 Amberlite IRC－50 对链霉素有极高的选择性,可以从原浆中直接提取链霉素,使之与色素、有机和无机杂质相分离,可使链霉素的纯度和浓度有很大的提高,同时降低生产成本。

3)其他应用

离子交换树脂可视为固态的酸和碱,在许多有机反应中,它们和酸碱一样起催化作用,而且具有不腐蚀设备、不污染环境、条件温和、易于分离等优点。强酸性树脂可以代替硫酸等进行多种类型的水解、脂化、脂交换、分子内及分子间脱水、重排、烷基化等反应。强碱性阴离子树脂可以进行脱卤化氢、醇缩合、Cannizarro 反应、缩合、氰乙基化等反应。离子交换树脂通过功能基反应与均相催化剂结合可以构成多相催化剂,兼具均相和多相催化剂的优点。树脂用作催化剂目前尚存在耐热性差、寿命短等问题,需要改进。

离子交换法是测定物质溶解度、配合物稳定常数、离子半径、离子活度的重要方法。利用树脂的选择性制造离子选择性电极已是广泛采用的方法。湿度计、电池元件中也用到离子交换树脂。

矿浆中加入树脂,可以改变液体中的离子组成,有利于浮选剂吸附所需金属,提高浮选的选择性。

少量树脂粉末加到聚合物中可起到抗静电的作用。

强酸性阳离子能强烈地吸水,可以用作干燥剂,吸收有机溶剂或气体中的水分。天然气中的水分也可用树脂吸收除去。气体中的二氧化硫可用聚乙烯吡啶树脂吸收。氢气中混合的氢氧化钠可用强酸性树脂除去。

多孔泡沫离子交换树脂用作香烟过滤嘴,可滤去尼古丁、醛类等有害物质,减少吸烟的危害。

离子交换树脂在酿酒工业中也有很多用途。造酒的水用树脂除去杂质可以大大改进水质,为酿造优质酒提供条件。利用多孔树脂可以对酒进行脱色、去浑,除去酒中的酒石酸、水杨酸、二氧化硫等。去除铜、锰、铁之后的酒稳定性好,可延长保存期。利用树脂的功能基调节酒的酸碱性和酒的香味,使酒味更加醇厚。

离子交换树脂也可用作药物,内服可以解毒、缓泻、去盐、去脂肪酸、降低胃酸、除去肠道中的放射性物质等。树脂还用于药物改味,作崩解剂、酶抑制剂及延长药效的药物载体。

离子交换树脂在其他各种工艺、技术、材料中不同方式的应用还有很多,不胜枚举。

思　考　题

1. 离子交换树脂的结构如何? 交联聚苯乙烯磺酸树脂是怎样制成的?

2. 大孔离子交换树脂与凝胶离子交换树脂相比,有何特点?

3. 离子交换树脂怎样分类? 试对各类离子交换树脂分别举一例说明。

4. 什么是离子交换树脂的交联度? 它对树脂的性能有何影响? 交联度如何表示?

5. 平衡常数、选择系数、平衡系数这些名词的含义是什么? 它们之间有何关系? 离子交换亲和力与这些常数有何关系?

6. 始漏量和总交换容量的含义各是什么? 为什么始漏量总是小于总交换容量? 哪些因素影响两者的差距?

7. 举例说明阳离子交换树脂和阴离子交换树脂的交换过程和洗脱过程。

8. 怎样选择树脂? 如果要在盐酸溶液中分离 Fe^{3+}、Al^{3+},应选择什么树脂? 分离后 Fe^{3+}、Al^{3+} 分别出现在哪里?

9. 如果在交换过程中希望严格控制溶液的酸度,但实验室中只有 H^+ 型强酸性阳离子交换树脂,该怎么办?

10. 怎样处理树脂? 怎样装柱? 分别需要注意什么? 如果试样中含有 CO_3^{2-},用 H^+ 型阳离子交换树脂进行分离有无问题? 如有问题,该怎么处理?

11. 哪些因素影响洗脱曲线的形状? 为什么一般说来用 $3\sim4$ mol/L 的 HCl 溶液可以获得较好的洗脱效果?

12. 为什么制备去离子水时,总是先让自来水通过 H^+ 型阳离子、OH^- 型阴离子交换柱以后再通过混合柱?

13. 如果要测定天然水、海水、废水等试样中的总盐量,用什么方法最方便? 如果试样中含有可溶性磷酸盐,水样呈微碱性,计算总盐量时应怎样考虑?

14. 大量 PO_4^{3-} 存在下要测定 Ca^{2+}、Mg^{2+},应采用怎样的分离分析方法?

15. 称取干燥的 H^+ 型阳离子交换树脂 1.00 g,置于干燥的锥形瓶中,准确加入 100 mL 0.100 0 mol/L NaOH 标准溶液,塞好,放置过夜。吸取上层溶液 25 mL,用 0.100 0 mol/L HCl 标准溶液 14.88 mL 滴定到终点(以酚酞为指示剂)。计算树脂的交换容量,以 mmol/g 表示。

16. 含有纯 KBr、NaCl 混合物的试样 0.256 7 g,溶解后使之流过 H^+ 型阳离子交换柱,流出液用 0.102 3 mol/L 的 NaOH 标准溶液滴定到终点,需用 34.56 mL,求混合物中 KBr 和 NaCl 的百分含量各为多少?

参 考 文 献

［1］ Adams B A, Holmes E L. J Scc Chem Ind, 1935:54.

［2］ D'Alelio R. US, 2366007［P］.1944.

［3］ D'Alelio R. US, 2340110［P］.1944.

［4］ 何炳林,黄文强.离子交换.上海:上海科技教育出版社,1995.

［5］ 陆九芳,李总成,包铁竹.分离过程化学.北京:清华大学出版社,1993.

［6］ 钱庭宝.离子交换与吸附,1988,4:62.

［7］ Dorfner K. Ion Exchangeers. 3rd ed. Ann Arbor Science Publishers,1972.

［8］ 陶祖贻,赵爱民.离子交换平衡与动力学.北京:原子能出版社,1989.

［9］ 钱庭宝.离子交换应用技术.天津:天津科技出版社,1984.

［10］ 王方.国际通用离子交换技术手册.北京:科学技术文献出版社,2000.

［11］ 王锐.分析实验室,1982,1:46.

第6章

电泳分离法

6.1 概述

　　电泳是带电微粒在电场作用下发生迁移的过程。许多重要的生物分子,如氨基酸、多肽、蛋白质、核苷酸、核酸等都带有可电离的基团,它们在某个特定的 pH 值下可以带上正电荷或负电荷,在电场的作用下,这些带电分子会向着与其所带电荷极性相反的电极方向移动。电泳技术就是利用在电场的作用下,待分离样品中各种分子由于带电性质以及分子本身大小、形状等性质差异,产生不同的迁移速度,从而实现对样品进行分离、鉴定或提纯的技术。

　　早在19世纪中叶人们就发现了溶液中荷电粒子在电场作用下的泳动现象。后来在此基础上导出了离子移动的理论公式,描述了电泳的基本理论。

　　作为一门分离技术,电泳与离心法和色谱法一起成为生物高聚物分离中最有效和最广泛应用的三大方法,在生物化学的发展进程中起到了重要作用。据报道,生物化学方面的论文一半以上涉及电泳方法的应用。其中值得一提的是瑞典科学家 Arne Tiselius 的出色工作。他在二十世纪三四十年代致力于电泳研究使移动界面电泳成为研究生物大分子的准确方法,并成功分离了正常人血清蛋白中的白蛋白、$\alpha1$-球蛋白、$\alpha2$-球蛋白、β-球蛋白及 γ-球蛋白,从而获得 1948 年诺贝尔化学奖。

　　电泳技术的发展与生物化学中对蛋白质和酶的研究密切相关,同时也与电绝缘材料、检测器和电子学的发展分不开。在长期的电泳分离实践中,提出了众多电泳分离模式。随着科技的进步,也发展了多种形式的电泳技术。这些方法在生化研究和临床检测方面发挥了巨大的作用。

　　然而,传统电泳技术最大的局限在于两端高电压的作用引起电介质本身自热即产生焦耳热,这种焦耳热会引起区带展宽,降低分离效率。焦耳热的产生,限制了高电压的使用,使得一般电泳分析的时间较长,因而寻求一种能有效散失焦耳热使得电泳可以在高电压下进行的方法是十分必要的。1967 年,Hjerten 提出通过窄孔径管在高电场下进行自由溶液电泳,成功地获得了高效率的分离。1981 年,Jorgenson 和 Lukacs 用 75 μm 的玻璃毛细管,用电迁移法窄带进样,选用合适的样品,用灵敏的荧光检测器,达到了快速高效分离且峰形对称,每米理论塔板数超过四十万。该研究轰动了分离科学界,成为毛细管电泳技术发展史上的里程碑。

6.2　电泳技术

6.2.1　电泳的基本原理

　　带电粒子在直流电场中向相反的电极移动(即带正电的粒子向阴极移动,带负电的粒子向阳极移动)的现象叫作电泳。带电球粒子在电场中的电泳迁移率,即粒子在电场单位(1 V/cm)下的泳动速度 μ 为

$$\mu = v/E = Q/(6\pi r\eta)$$

　　式中,v 为粒子的泳动速度;E 为电场强度;Q 为粒子的净电荷;r 为粒子半径;η 为介质黏度。

　　由上式可见,电泳迁移率与样品携带电荷量成正比,与样品分子的半径和介质黏度成反比。在一定电场和介质条件下,不同的粒子可根据其所带净电荷的种类和大小以及粒子体积的差异而产生不同的电泳速度,从而达到分离的目的。一般来说,分子带的电荷量越大、直径越小、形状越接近球形,则其电泳迁移速度越快。

　　介质即缓冲溶液的 pH 值及离子强度也对电泳有较强的影响。缓冲液的 pH 值会影响待分离物质的解离程度,从而对其带电性质产生影响,对生物大分子而言,溶液 pH 值距离其等电点越远,其所带净电荷量就越大,电泳的速度也就越大,尤其对于蛋白质等两性分子,缓冲液 pH 还会影响到其电泳方向,当缓冲液 pH 大于蛋白质分子的等电点,蛋白质分子带负电荷,其电泳的方向是指向阳极。

　　为了保持电泳过程中待分离物质的电荷以及缓冲液 pH 值的稳定性,缓冲液通常要保持一定的离子强度,一般在 0.02~0.2 mol/L,离子强度过低,则缓冲能力差,但离子强度过高,会在待分离分子周围形成较强的带相反电荷的离子扩散层(即离子氛),由于离子氛与待分离物质的移动方向相反,它们之间产生静电引力,因而引起电泳速度降低。另外,缓冲液的黏度也会对电泳速度产生影响。

　　电场强度是每厘米的电位降,也是影响电泳的重要因素。电场强度越大,电泳速度越快。但增大电场强度会引起通过介质的电流强度增大,导致电泳过程中产生的焦耳热增大,进而引起介质温度升高,这会造成很多不良影响:①样品和缓冲离子扩散速度增加,引起样品分离带的加宽;②产生对流,引起待分离物的混合;③如果样品对热敏感,会引起待分离物质变性;④引起介质黏度降低、电阻下降等。电泳中产生的焦耳热通常是由中心向外周散发的,所以介质中心温度一般要比外周高,尤其是管状电泳,由此引起中央部分介质相对于外周部分黏度下降,摩擦系数减小,电泳迁移速度增大。由于中央部分的电泳速度比边缘快,所以电泳分离带通常呈弓形。降低电流强度,可以减小焦耳热产生,但会使电泳时间延长,引起待分离物质扩散效应增加而影响分离效果。所以电泳实验中要选择适当的电场强度,既保证分离时间又达到满意的分离效果。

6.2.2　电泳的分类

（1）按分离的原理分类

根据电泳分离原理不同,电泳可分为区带电泳、等速电泳和等电聚焦电泳等。

（2）按有无固体支持物区分

根据电泳是在溶液中进行还是在固体支持物上进行,电泳可以分为自由电泳和支持物电泳两大类。自由电泳又可分为显微镜电泳、移界电泳、柱电泳、自由流动幕电泳、等速电泳等。有支持物的电泳是多种多样的。电泳过程可以是连续的或分批的,支持物可以用滤纸、薄膜、粉末、凝胶颗粒、海绵等,仪器可以用水平或垂直的槽、柱小管或毛细管等。此外还有配合免疫扩散的免疫电泳,使用多孔凝胶,起分子筛作用的凝胶电泳,配合 pH 梯度的等电聚焦以及使用高压的高压电泳等。此外,还可以按电泳支持物的形状分类,如 U 形管电泳、柱状电泳、平板电泳、垂直电泳、毛细管电泳等。

目前科学研究中,聚丙烯酰胺电泳和毛细管电泳是最常用的电泳技术,以下重点对它们进行介绍。

6.2.3　聚丙烯酰胺凝胶电泳

以聚丙烯酰胺为支持介质的电泳是目前分离生物大分子的常用方法之一。其分离物质的原理是以物质的物理差别即分子大小和净电荷为基础的,即分离除了利用物质所带电位的差别外,还具有分子筛的特殊作用,这种性质为分开电泳率很近的大分子简单而有效的方法,除此以外,它具有凝胶孔径大小可以调节控制、机械强度好、弹性大、不产生电渗、化学惰性、需要的样品量少(1～10 μg 已足够)并不易扩散、使用的设备简单等优点,所以用途较广,可对蛋白质、核酸等生物大分子进行分离、定性、定量、制备和相对分子质量的测定等,此项技术的缺点是聚合反应必须用高纯度的试剂在没有空气的情况下控制其影响因素来实现,但丙烯酰胺毒性很大。

聚丙烯酰胺凝胶是由丙烯酰胺和 N,N-亚甲基双丙烯酰胺按一定比例,在化学试剂如过硫酸铵(APS)-四甲基乙二胺(TEMED)或核黄素-TEMED 或光的催化下聚合而成。由于聚丙烯酰胺凝胶是一种人工合成的物质,因此可根据需分离的物质分子的大小,合成交联结构、空隙度合适的凝胶。聚丙烯酰胺凝胶的孔径可以通过改变丙烯酰胺和 N,N'-亚甲基双丙烯酰胺的浓度来控制,丙烯酰胺的含量可以在 3％～30％之间。低浓度的凝胶具有较大的孔径,可以用于分离 DNA;高浓度凝胶具有较小的孔径,对蛋白质有分子筛的作用,可以用于根据蛋白质的相对分子质量进行分离的电泳中,一般来说,含丙烯酰胺 7％～7.5％的凝胶适于分离相对分子质量为 1～100 万的物质,含丙烯酰胺 15％～30％的凝胶适用于分离相对分子质量为 1 万以下的蛋白质,而相对分子质量特别大的物质可使用含聚丙烯酰胺 4％的凝胶或琼脂糖和聚丙烯酰胺的混合胶。所需凝胶的浓度取决于待研究蛋白质的分子大小和电荷量。

聚丙烯酰胺凝胶电泳的种类很多,有不连续凝胶电泳、制备凝胶电泳、SDS-聚丙烯酰胺凝胶电泳等,但是其操作大同小异,限于篇幅,在此只重点介绍 SDS-聚丙烯酰胺凝胶电泳。

一种加有阴离子去污剂十二烷基硫酸钠(SDS)的聚丙烯酰胺凝胶电泳被称为 SDS-聚

丙烯酰胺凝胶电泳,其主要用途是分离蛋白质和测定它的相对分子质量。基本原理是阴离子去污剂 SDS 能以一定比例和蛋白质结合并使蛋白质分子带有大量的负电荷,大大超过其原来所带电荷,从而使各天然蛋白质分子之间的电荷差别下降乃至消除,同时蛋白质的结构也在 SDS 作用下变得松散,形状趋于一致,排除了电泳过程中电荷的影响,使 SDS - 聚丙烯酰胺凝胶电泳时,蛋白质迁移率的差异是相对分子质量的函数:

$$\lg M = A - KR_m$$

式中,M 为相对分子质量;A 为常数;K 为斜率;R_m 为迁移率。

由于蛋白质结合 SDS 的量与蛋白质的种类有关,并受溶液 pH、离子强度和缓冲液组分的影响,这些因素使相对分子质量的测定产生偏差,所以都必须用已知相对分子质量的蛋白质作为"指示蛋白"与被测样品在同一条件下进行电泳,然后标绘出 $\lg M$ - R_m 曲线,求出样品的 R_m 值对应的 $\lg M$ 值,计算出被测样品的相对分子质量。下面以鳗弧菌 AngD 蛋白纯化过程的 SDS - 聚丙烯酰胺凝胶(15%)电泳分析为例加以说明。

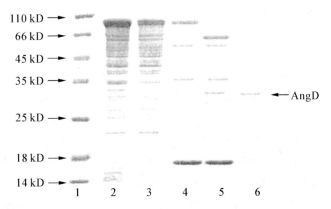

图 6.1　AngD 蛋白大肠杆菌表达纯化时得到的组分的 SDS - 聚丙烯酰胺凝胶电泳照片
1—相对分子质量标准;2—全细胞;3—细胞裂解上清;4—Ni 亲和色谱洗脱的 NusA-AngD 融合蛋白组分;
5—经凝血酶消化后的蛋白;6—进一步经 SP 阳离子交换色谱柱洗脱的 AngD 蛋白

由图 6.1 可以看出,鳗弧菌 AngD 蛋白的相对分子质量约为 32 kDa。

此外还有在有机溶剂中的凝胶电泳、亲和电泳等,它们也都是以聚丙烯酰胺凝胶或其衍生物为支持体进行的电泳,有的是为解决疏水性蛋白质在水中的难溶性而设计的,有的是将亲和配位体结合到支持体上以提高电泳分离选择性的,随着科学的发展,这类技术还会不断出现。

6.2.4　其他电泳技术

除上述提到的电泳技术外,还有琼脂糖凝胶电泳、纸电泳、醋酸纤维素膜电泳、免疫电泳、双向电泳、印迹转移电泳等各种各样的电泳技术,限于篇幅,在此就不一一介绍了。

6.3　高效毛细管电泳

毛细管电泳又称为高效毛细管电泳(HPCE),是 1980 年出现的当前分析化学的前沿,也是我国分析化学领域与国际先进水平差距最小的分支之一。它具有试剂消耗少(μL 级)、进样量小(ng 级)、分离效率高(10^5 板/米)、快速(一般为几分钟至十几分钟)、应用广泛、容易自动化、操作简便、环境污染小等特点。由于它能够对微(痕)量组分进行高效、快速分离并完成定性定量测定,因此,在短短十几年中,毛细管电泳得到了很大的发展,现已成为分析化学、生物化学、分子生物学、药物化学、食品科学、环境科学、医学等领域最受瞩目且发展最快的一种分离分析新技术。

高效毛细管电泳依据与色谱不同的分离机理在开发新的分离分析方法上引起了分析工作者的普遍关注,许多不能用普通、反相液相色谱分离的样品可用毛细管电泳完成分离。但由于毛细管电泳检测灵敏度较低、重现性不够理想等原因,使其在很多领域的实际应用中受到限制。提高毛细管电泳检测灵敏度最经济有效的方法是在毛细管内实现堆积,堆积技术最早由 Mikkers 等人在 1979 年提出,此后,相继出现了许多新的堆积方法,相关理论研究也不断深入,大大扩展了毛细管电泳在痕量分析中的应用范围。

6.3.1 高效毛细管电泳原理

1) 基本原理

在 HPCE 中,分析物由于电泳淌度(迁移速率)不同而实现分离。毛细管电泳是在一根充满电解质的很细的石英毛细管中实现的。分析物在毛细管中的迁移受到两种因素的影响,即电泳流和电渗流(EOF)。石英毛细管的表面含有硅醇基团,在电解质存在的条件下(pH>2 时)硅醇基团可以离子化,使毛细管的内壁带负电荷。电解质溶液中的阳离子吸附在带负电的毛细管壁,这些阳离子不足以中和管壁的所有负电荷,所以形成了外层阳离子层。紧密吸附在硅醇基团上的内层称为固定层,离硅醇基团较远的外层阳离子层由于吸附不紧密,成为可移动层,这两层形成了扩散的双电层,见图 6.2。当有外加电场时,可移动层即外层阳离子向阴极方向移动。由于这些阳离子是溶液化的,带动介质溶液主体一起移动,这样就导致了电渗流。固定层和可移动层之间有一剪切面,固定层和可移动层由于带电量不同在此面上产生电势差,即 Zeta 电势电位 ζ。电渗流的迁移速率正比于 Zeta 电势电位,Zeta 电势电位又正比于双电层厚度,双电层厚度与电泳介质的浓度成反比。

$$\mu EOF = \varepsilon\zeta/(4\pi\eta)$$
$$\zeta = 4\pi\delta e/\varepsilon$$

式中,δ 为双电层厚度;e 为单位表面积上的电荷数;ε 为电泳介质的真空介电常数;ζ 为 Zeta 电势电位;η 为电泳介质黏度。

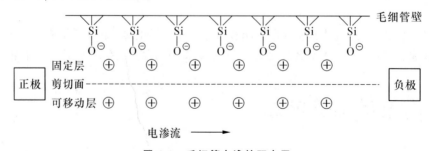

图 6.2　毛细管电泳的双电层

由于电渗流的驱动使液体在管内流动时的流形分布呈塞形(图6.3)。在毛细管内,电解质的迁移速度等于电泳和电渗两种速度的矢量和,阳离子向阴极迁移,与电渗流方向相同,因而它的速度被加强。阴离子向阳极电泳,与电渗流方向相反,但由于电渗流淌度远远大于分析物的电泳淌度,也会随着电泳介质的整体流动而流向阴极。在这种条件下,荷质比大的阳离子最先流出毛细管;中性分析物也会靠电渗流的作用流出,但由于它们的荷质比为零,因此不能彼此分开;电泳淌度最大的阴离子将最后流出。

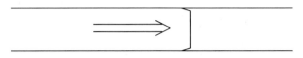

图 6.3　毛细管电泳中的电渗流

2) 毛细管电泳仪结构

毛细管电泳(CE)最主要的优点之一就是仪器简单,其由一个高压电源、两个电极、两个缓冲液储液槽、一根毛细管和一个检测器组成。这个基本装置被精心地与其他部件(如自动进样器、复合进样装置、样品/毛细管的温度控制程序、控制电源、多级检测器、流分收集和计算机接口)组合在一起,便成为现代的电泳仪,见图6.4。

HPCE所用高压电源要能提供30 kV的直流电压和200~300 μA的电流。为了获得高重现性的迁移时间,要求电压稳定在±0.1%以内。电源应能切换极性,最好使用双极性电源。

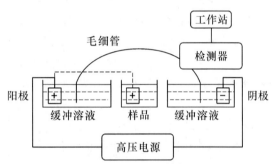

图 6.4　毛细管电泳仪结构示意图

HPCE中进样方法有两种,即流体力学法和电动进样法。流体力学法可采用在进样端口加压、出口端抽空、出口高度改变产生虹吸三种方法,通过控制加压、抽空的压差、虹吸高度和时间等控制进样量。电动进样法是在样品液和出口端缓冲液加一定的电压,通过控制时间来控制进样量,进样区带一般控制在毛细管有效长度的1%以下,否则分辨率下降。

HPCE中使用的毛细管通常是石英毛细管,它具有化学和电学惰性、紫外可见光透光性、柔韧性强度高等性质,且价格低廉。为了增加其强度,毛细管外壁涂一层聚酰亚胺保护层,使用时应在适当位置上除去几毫米涂层作为检测窗。毛细管内径通常为10~100 μm,外径为350~400 μm。最常用的毛细管内径为50~75 μm。毛细管使用前均应用碱性缓冲溶液冲洗。在电泳过程中毛细管应保持恒温,一般应控制在±0.1℃之内。控温的方法有高速气流和液体恒温两种,用液体恒温比较有效。另外在 HPCE 中也可使用聚四氟乙烯毛细管,它可以透过紫外光、不带电荷,但内径难以制备均匀、吸附样品、散热性能较差是其缺点。

目前最常用的检测器仍然是紫外-可见光检测器。当使用石英毛细管时可以在190 nm到可见光谱的范围内进行检测。由于 HPCE 中使用的毛细管内径通常在 75 μm 以下,给检测带来很大困难。因此有的毛细管设计成"泡状池"以增加光通量,减少光散射,提高灵敏度。HPCE使用的检测手段还有普通荧光、激光诱导荧光、放射化学、化学发光,电导、圆二色谱、拉曼光谱等,其中激光诱导荧光检测器十分灵敏,利用该检测技术可对单细胞中的核酸进行定量测定。对于荧光效率较高的物质甚至可以达到单分子检测水平。

3) 高效毛细管电泳分离模式及原理

高效毛细管电泳是以高压电场为驱动力,以毛细管为分离通道,依据样品中组分之间淌度和分配行为上的差异而实现分离的一类液相分离技术。HPCE 有六种常用的操作模式,即毛细管区带电泳(CZE)、毛细管胶束电动色谱(MECC)、毛细管凝胶电泳(CGE)、毛细管等电聚焦(CIEF)、毛细管等速电泳(CITP)、毛细管电色谱(CEC)、亲和毛细管电泳(ACE)和非水毛细管电泳(NACE),以下分别做以简单介绍。

(1) 毛细管自由溶液区带电泳

毛细管区带电泳又叫自由溶液毛细管电泳,是 CE 中最基本和最常用的分离模式。分离原理是基于不同分子处于电场中时所表现出的迁移速率差异。电渗流(EOF)是毛细管电泳的重要现象,是推动流体前进的驱动力,它使毛细管内的流体形成"塞式流",也使溶质区带在毛细管内不会扩散。当 pH≥3 时毛细管内壁带负电荷,与所接触的缓冲溶液形成双电层,在高电压的作用下,缓冲溶液整体向负极方向移动,此即电渗流。在毛细管内,电解质的迁移速度等于电泳和电渗两种速度的矢量和,在缓冲溶液中荷正电的粒子迁移方向与电渗流相同,荷负电粒子运动方向与电渗流相反,中性离子的迁移与 EOF 速度和方向相同,由于电渗流速度一般大于电泳速度,所以迁移速度依次为正电荷离子,中性离子,负电荷离子,各种粒子因差速迁移而达到区带分离,见图 6.5。

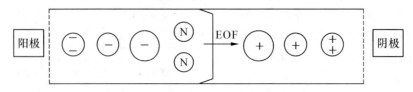

图 6.5 毛细管区带电泳分离原理示意图
一负电荷离子;+正电荷离子;N 中性离子;EOF 电渗流

CZE 用于分离多肽、蛋白质、药物及其代谢产物、无机离子、有机酸等均获成功,见图 6.6,但对于中性物质的分离,CZE 则无能为力。

CZE 中,溶质的迁移时间由式 $t = L^2 uV$ 决定,其中 t 为迁移时间,L 为毛细管长度,u 为溶质总速度,V 为施加电压。

毛细管电泳具有极高的分离能力。理论塔板数 N 可用式 $N = uV/(2D)$ 表示,其中 u 为溶质流速,V 为施加电压,D 为溶质的扩散系数。由上式可知,理论塔板数 N 与施加电压 V 成正比,高电压得到高柱效,而 N 与溶质的扩散系数成反比,可预测大分子可得到高柱效。

(2) 毛细管胶束电动色谱

毛细管胶束电动色谱是一种基于胶束增溶和电泳原理的新型电动色谱。该方法将电泳技术和色谱技术巧妙结合,通过在毛细管电泳的缓冲溶液中加入离子型表面活性剂(如十二烷基磺酸钠),其浓度超过临界胶束浓度后,形成有一疏水内核,外部带电荷的胶束(假固定相),溶质由于在水相和胶束相之间的分配系数不同而得以分离,是目前应用比较广泛的毛细管电泳模式之一,其分离原理如图 6.7 所示。在毛细管中,胶束因其表面带负电,泳动方向与 EOF 相反,朝阳极方向泳动,在多数情况下,EOF 速度大于胶束速度,所以胶束的实际移动方向和 EOF 相同,均向阴极移动。中性溶质在以由电渗流驱动的流动相水溶液和胶束相之间进行分配,疏水性较强的溶质与胶束的作用较强,结合到胶束中的溶质较多也较稳定,相对疏水性较弱的溶质迁移较慢,未结合的溶质随 EOF 流出,因此中性溶质按其疏水性不同,在两相间的分配系数不同而分离。

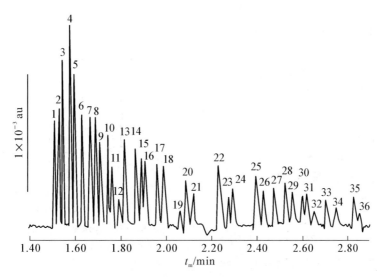

图 6.6　无机阴离子与有机酸的 CZE 分离谱图

样　　　品:1—$S_2O_3^{2-}$;2—Br^-;3—Cl^-;4—SO_4^{2-};5—NO_2^-;6—NO_3^-;7—钼酸根;8—叠氮(化物);9—WO_4^{2-};10——氟磷酸根;11—ClO_3^-;12—柠檬酸根;13—F^-;14—甲酸根;15—PO_4^{3-};16—亚磷酸根;17—次氯酸根;18—戊二酸根;19—邻苯二甲酸根;20—半乳糖二酸根;21—碳酸根;22—乙酸根;23—氯乙酸根;24—乙基磺酸根;25—丙酸根;26—丙基磺酸根;27—天冬酸根;28—巴豆酸根;29—丁酸根;30—丁基磺酸根;31—戊酸根;32—苯甲酸根;33—L -谷氨酸根;34—戊基磺酸根;35—d -葡糖酸根;36—d -半乳糖醛酸根

分离条件:50 μm(i.d.)×60 cm,−30 kV
缓冲溶液:5 mmol/L 铬酸盐+OFM−BT(pH=8.0)
检　　　测:阳极端,间接 UV 吸收(254 nm)

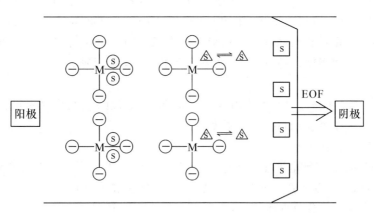

图 6.7　毛细管胶束电动色谱分离原理示意图

电动色谱是以电渗流驱动的一种色谱技术。除 MECC 外,还有分别以环糊精及其衍生物、高聚物离子、微乳胶为假固定相的环糊精电动色谱、离子交换电动色谱和微乳胶色谱等。CZE 是基于溶质淌度不同进行分离,而 MECC 是基于溶质在胶束中分配系数的差异而进行分离,因此,MECC的突出优点是可以分离不带电荷的中性物质,从而把电泳分离的对象从可电离化合物拓展到中性化合物。对含有离子和中性化合物的混合样品,以及淌度相同的化合物方面明显优于CZE。此外,由于MECC能快速改变流动相与胶束相的组成来增加分离选择性,所以广泛应用于手性化合物的分离。在MECC中,中性离子的分离是基于其与胶束之间的相互作用,疏水性强的中性离子与胶束结合的比较牢固,洗脱时间较长,就会与水溶性较好的离子分离。对带电离子而言,分离则同时基于电泳迁移、静电作用、两相分配等原理。

MECC是电泳技术与色谱技术的交叉,是HPCE中应用最广泛的方式之一。MECC是充满活力的一种分离模式,广泛应用于药物、氨基酸、核酸、维生素等的分离分析,见图6.8。

MECC具有分离效果好(理论塔板数可达数十万每米)、灵敏度高(可以检测ng甚至pg级溶质)和带电荷成分和无极性成分均可分离等特点。

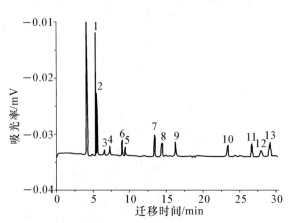

图6.8 MECC分离13种黄酮类化合物

缓冲溶液为10 mmol/L磷酸二氢钠–5 mmol/L硼砂–90 mmol/L SDS–10％乙腈,pH7.3

(3) 毛细管凝胶电泳

毛细管凝胶电泳(CGE)是毛细管电泳的重要模式之一。1983年,Hjerten首先将聚丙烯酰胺凝胶用于CE分离,发展了毛细管凝胶电泳,它综合了CE和平板凝胶电泳的优点,成为当今分离度极高的一种电泳分离技术。Cohen等最先采用CGE分离蛋白质碎片。CGE分离和激光诱导荧光(LIF)检测相结合,成为DNA快速序列分析的优选方案。

在CGE中,毛细管内充有凝胶或其他筛分介质,带正电荷的不同大小和价态的溶质在充满凝胶的毛细管中根据其分子大小和电荷不同迁移。当溶质具有相同的电荷与分子大小之比时,依据分子大小不同而分离,较小的溶质先到达阴极,负电荷溶质可反转电极得以分离。应用最多的是交联和非交联聚丙烯酰胺凝胶(PAG)。交联PAG由聚丙烯酰胺单体与1,2-二甲基双丙烯酰胺作交联剂聚合而成。非交联(线性)PAG在无交联试剂存在下聚合而成。除PAG外,琼脂糖、甲基纤维素及其衍生物,以及葡聚糖、聚乙二醇等也被用作CE分离介质。

影响CGE柱效和分离度的主要因素有:①凝胶组成及浓度:组成又决定孔径的大小,浓度低、孔径大;②缓冲溶液pH;③电场强度。

(4) 毛细管等电聚焦

1985年,Hjerten将等电聚焦引入电泳分离中,使该技术成为一个非常有效的蛋白质微柱分离分析工具,它可以达到分辨等电点仅差0.01pH的蛋白质的水平。近年来,该技术还用于研究蛋白质异构和分离抗体。

蛋白质是两性电解质,当pH>pI时带负电荷,在电场中向正极移动;当pH<pI时带正电荷,在电场中向负极移动;当pH=pI时净电荷为零,在电场中既不向正极移动也不向负极移动,此时的pH就是该蛋白质的等电点(pI)。各种蛋白质由不同比例的氨基酸组成,不同的蛋白质有不同的pI。利用pI不同,以PAG为电泳支持物,并在

其中加入两性电解质载体,在电场作用下,两性电解质载体在凝胶中移动,形成 pH 梯度,蛋白质在凝胶中迁移至其 pI 的 pH 处,即不再泳动而聚焦成带,这种方法称为等电聚焦(IEF)。分离原理如图 6.9 所示。毛细管等电聚焦(CIEF)技术在蛋白质分离中已经成为一个强有力的微柱分离分析工具,达到能分辨等电点仅相差 0.01pH 的高分辨水平,近来 CIEF 技术还用于蛋白质的异构研究和抗体分离。图 6.10 为毛细管等电聚焦分离原理示意图。

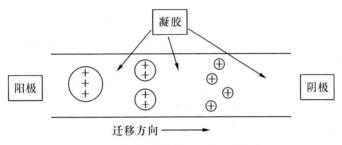

图 6.9　毛细管凝胶电泳分离原理示意图

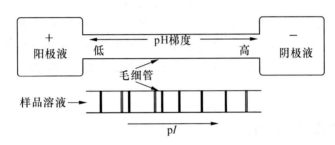

图 6.10　毛细管等电聚焦分离原理示意图

（5）毛细管等速电泳

等速电泳(CITP)是基于离子淌度差异的又一种电泳模式。样品注入到前导(即较高电泳淌度)和尾随(较低淌度)电解质之间。因为前导离子有最大迁移率,电泳时,样品中离子永远不能超越它,同样,尾随离子也不能超越样品中的同离子。因此,样品区带夹在前导和尾随电解质之间,按其淌度大小连续排列,建立一种稳态迁移模式。CITP 对痕量样品是一种浓缩技术,而对样品中的基体成分又是一种稀释技术。它比区带电泳有高得多的负载,进样量可达到 μL 级。

（6）毛细管电色谱

毛细管电色谱(CEC)是在毛细管电泳技术的不断发展和液相色谱理论的日益完善的基础上逐步兴起的。它包含了电泳和色谱两种机制,溶质根据它们在流动相和固定相中的分配系数不同和自身电泳淌度差异得以分离。CEC 结合了 CE 的高效和 HPLC 的高选择性,开辟了微分离技术的新途径。

CEC 可以视为是 CZE 中的空管被色谱固定相涂布或填充的结果。它的介质的选择首先是固定相的选择,其次才是流动相或缓冲溶液的选择。根据固定相的特性(正相、反相等),缓冲溶液可以是水溶液或有机溶液。固定相的选择主要根据 HPLC 的理论和经验。目前反相毛细管电色谱研究最多。

（7）亲和毛细管电泳

亲和毛细管电泳（ACE）是指毛细管电泳过程中具有生物专一性亲和力的两种分子（受体和配体）之间，通过静电、疏水、氢键等非键作用结合在一起，发生特异性相互作用，形成受体-配体复合物，具有特异性高、可逆等特点，通过研究发生亲和作用前后电泳图谱的变化获得有关亲和力大小，结构变化，作用产物等方面的信息。该技术在分离分析蛋白、多肽、核酸等生物样品方面有独特的优越性和很大的应用潜力。

（8）非水毛细管电泳

非水毛细管电泳（NACE）是在有机溶剂为主的非水体系中进行的毛细管电泳。在非水毛细管电泳中，增加了在 CE 中的可优化参数，如介质的极性、介电常数等，使在水中难溶而不能用 CE 分离的对象能在有机溶剂中有较高的溶解度而实现分离。与水体系相比，非水体系可承受更高的操作电压产生的高电场，因而有更高的分离效率。它可在不增大焦耳热的条件下提高溶液中的离子浓度，或增大毛细管内径，从而增加进样量。

作为 NACE 介质的有机溶剂，最好不易燃烧、挥发和氧化，并应具有良好的溶解性。非水溶剂的介电常数和黏度对分离选择性和分离效率的影响最为显著。甲醇、乙腈、甲酰胺、四氢呋喃、N-甲基甲酰胺等是 NACE 中最常用的有机溶剂。

在有机溶剂中加入电解质使之具有一定的导电性是实现 NACE 的必要条件。与经典电泳相比，在 NACE 中也需要加入一些电解质来调节介质的 pH 和分离选择性。大多数电解质在有机溶剂中的溶解度较低，这限制了电解质的选择范围。酸及其铵盐是最常用的电解质。

6.3.2 高效毛细管电泳的特点

CE 自问世以来就引起了人们的广泛关注，近年来逐渐被有关工作者视为继 TLC、HPLC 之后又一种重要的分离、分析及微量制备的有效技术手段。HPCE 多采用空心毛细管柱，柱子很少被污染，即使毛细管柱被污染，也易于彻底洗净。由于 HPCE 可通过控制电渗流速度等手段来控制流过检测器的物质类型，如只使带正电荷物质、或带负电荷物质流过检测器，或使样品组分按带正电荷、不带电荷、带负电荷顺序分成三组物质类型依次流过检测器，从而使被测组分的干扰物质减少，分离效率提高，图谱中杂质峰少，甚至无杂峰出现。

与 HPLC 相比，HPCE 主要具有以下特点：①不但能分析 HPLC 颇能胜任的中小分子样品，而且能更快速高效地分离分析 HPLC 等技术不易分析的大分子样品，如核酸、蛋白质、多肽类药物，这为中药中动物药及其制剂，以及生物样品的分离分析开辟了广阔的前景；②HPCE 所采用的毛细管柱易于全面清洗，不需考虑中药样品、生物样品及血样对柱子造成的污染，然而，对 HPLC 而言，中药样品及血样等复杂样品容易造成 HPLC 柱子的污染，而难于清洗，导致柱子报废；③分析时间比 HPLC 短，通常为 3～30 min；④柱效高，理论塔板数在 10^4 块每米以上；⑤所用化学试剂少、分析成本低；⑥分离模式多，其中 CZE、CGE、CITP 及 CIEF 的分析对象为可解离的物质或带电荷的物质，适用于分离中药中的生物碱、黄酮及其苷、香豆素类、有机酸类、氨基酸类、核酸类、多肽类及蛋白质类化合物，而 MECC 则适用于包括中性物质在内的各类物质的分析。

思 考 题

1. 影响电泳迁移速率的因素有哪些?

2. 高效毛细管电泳有哪些分离模式? 如何根据待分离化合物性质选择分离模式?

3. 与高效液相色谱相比,毛细管电泳有哪些优点和缺点?

参 考 文 献

[1] 张维铭.现代分子生物学实验手册.北京:科学出版社,2003.

[2] Hjerten S. J Chromatogr, 1984,347:191.

[3] Jorgenson J W, Lukacs K D. Science, 1983,222:226.

[4] 严希康.生化分离工程.北京:化学工业出版社,2000.

[5] 刘琴.海洋病原菌 O1 血清型鳗弧菌鳗弧菌素合成酶基团 angE 和 angD 的克隆、表达及功能鉴定 [D].上海:华东理工大学,2005.

[6] 谭仁祥.植物成分分析.北京:科学出版社,2002.

[7] 邓延倬,何金兰.高效毛细管电泳.北京:科学出版社,2000.

[8] Dale R B. Capillary Electrophoresis. JOHN WILEY & SONS, INC, 1995.

[9] Wang S F, Zhang J Y, Chen X G, et al. Chromatographia, 2004,59(78):507 -511.

[10] Monning C A, Kennedy R T. Anal Chem, 1994,66(12):280R.

[11] Cohen A S, Kager B L. J Chromatogr, 1987,397:409.

[12] Oda R P, Lander J P, Landers J P. Handbook of Capillary Electrophoresis. London: CRC Press, 1997.

[13] Weston A, Brown P R. HPLC and CE: Principles and Practice. New York: Academic Press, 1997.

[14] Patrick Camilleri. Capillary Electrophoresis: Theory and Practice. 2nd ed. New York: CRC Press, 1997.

第 7 章

泡沫浮选分离法

7.1 引言

　　某种物质(如离子、分子、胶体、固体颗粒、悬浮微粒),因其表面活性不同,可被吸附或黏附在从溶液中升起的泡沫表面上,从而与母液分离,此即为泡沫浮选分离法。物质表面的性质是浮选分离成败的关键,许多场合,在溶液中加入少量试剂可以改变溶液中某物质的表面性质。加入的试剂使物质表面形成疏水薄膜并能随气泡上浮者,称为浮选剂,分析化学中常用的为离子型表面活性剂和某些疏水性非极性溶剂。表面活性剂多为复杂极性分子,即一端带有极性基团,能附着于固体微粒表面,另一端非极性链烃基向外,使整个微粒表面疏水附着于气泡而浮升。

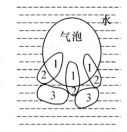

图 7.1　浮选分离示意图

1—为表面活性剂分子的非极性端;
2—为表面活性剂分子的极性端;
3—为非表面活性物质(即亲水性物质)

　　泡沫浮选作为一种分离富集技术用在选矿上已有近百年的历史,应用在分析工作中却还是最近二十余年的事。Langmuir 等人在 1937 年提出浮选法有可能用于溶液中离子的富集。但直到 1959 年南非学者 F.Sebba 提出离子浮选技术可用于分析化学中分离、富集各种离子,并于 1962 年在其《离子浮选》一书中专列一章——"在分析化学中的应用"之后,才有较快的发展。该方法的特点是使用简单的装置能迅速处理大量试液,进行富集分离,并可实现自动化和连续化,已有六十多种元素,其中包括 Ag、As、Au、Be、Bi、Cd、Co、Cu、Cr、F、Fe、Hf、Hg、In、Ir、Mn、Mo、Ni、Os、P、Pb、Pd、Pt、Rh、Ru、Se、Sn、Te、Ti、U、V、Zn、Zr 等以阳离子、阴离子或络离子的形式,不同程度地采用泡沫浮选法进行过分离富集研究。该法适合于从海水、河水、饮用水中分离富集痕量元素,也可用于岩石、矿石、金属中微量元素的分离富集。

7.2　装置与基本操作

　　浮选装置如图 7.2 所示,其中图 7.2(a)最简单,浮选槽下部装置一烧结玻璃板(4 号或 5 号砂芯板)作为配气板。用这种装置时应先鼓入气体,然后加入试液,以免试液漏出。图

7.2(b)是在量筒中插入鼓气管,其下端装一烧结玻璃板作配气板。在加入试液和试剂后鼓气数秒、数分钟至十余分钟,使沉淀与泡沫一起浮起。如果在试液中加入少量甲醇、乙醇或丙酮(如 1%),以减小试液的表面张力,不但产生的气泡直径很小(<0.5 mm),而且较稳定,不会合并成大泡,于是形成稳定的泡沫层把沉淀托起,便于收集和分离沉淀。图 7.2(c)则是整套的浮选装置。

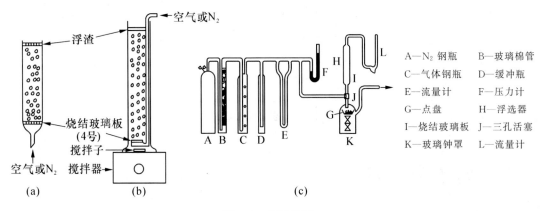

图 7.2　浮选装置

　　浮选完毕后进行采样。分离和收集沉淀(浮渣)又称采样,装置如图 7.3 所示。其中图7.3(a)使用抽气法收集沉淀于采样管中,除去母液,或者就用小匙刮取沉淀,沉淀中加入消泡剂乙醇以消除泡沫。溶沉淀于适当的溶剂中送去分析测定。有时沉淀牢固地黏着在浮选槽壁上不易取下,可在浮选槽内壁加一塑料套管,见图7.3(b)。图 7.3(c)装置是把母液从浮选槽下部抽滤出去。

　　图 7.4(a)是连续分离装置中的浮选槽,从槽下端鼓气,试液和试剂则从槽的下部引入,浮选后产生的沉淀和泡沫从顶部溢出,用一收集器接受,母液从浮选槽上部流出。图 7.4(b)则是一种

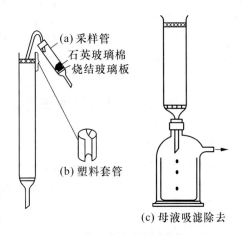

图 7.3　从母液中分离浮渣与泡沫

连续分离的整套装置。利用这套装置可连续地进行分离富集,这种装置最适宜于水的连续监测。

　　泡沫浮选分离法按作用机理可分为离子浮选法、共沉淀浮选法以及溶剂浮选法三种,分别介绍如下。

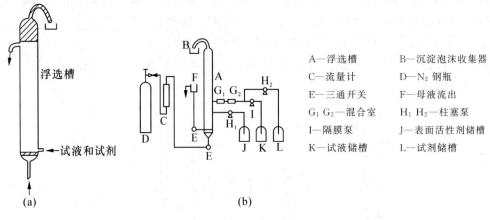

图 7.4　连续分离装置

7.3　离子浮选法

在待分离金属离子的溶液中,加入适当的络合剂,调至一定的酸度,使它们形成稳定的络离子,然后加入具有带相反电荷离子的表面活性剂,生成疏水性的离子缔合物,从而使它们附着在小气泡上而被浮选。因此根据反应机理来看,称为离子对或离子缔合物浮选法更为恰当。若加入的络合剂为螯合显色剂,则与表面活性剂生成有色缔合物,经浮选分离后溶于适当的有机溶剂即可进行光度测定。

7.3.1　影响离子浮选效率的主要因素

(1) 溶液 pH

溶液酸度主要影响到表面活性剂与欲富集成分于溶液中的存在状态及所带电荷情况,所以溶液的最佳 pH 范围,应通过实验来确定,从待测离子同络合剂及表面活性剂反应的角度进行选择。

(2) 表面活性剂

在浮选过程中,表面活性剂可改变被浮选物的表面性质,选用恰当与否,直接影响到浮选分离的成败。在离子浮选时,通常使用一种与待测离子或其络合离子有相反电荷,与它们又有选择性反应的表面活性剂。为了使反应发生完全其用量要比化学计算量稍大一点,但不宜超过临界胶束浓度,否则表面活性剂产生胶束增溶作用,降低浮选效果。表面活性剂浓度有时对浮选的影响很大,对每个浮选实验都要具体研究。

表面活性剂非极性部分链长度增加,会使它在气泡上的吸附增加,从而提高分离效果。一般说来,烃链愈长浮选效果越好;但太长泡沫的稳定性增大,浮选平衡时间增长,反而对浮选不利。烃链太短则表面活性下降,泡沫不稳定,使浮选率下降。烃链的碳原子数以 14～18 为宜。

(3) 溶液中的离子强度

溶液中离子强度对泡沫分离有很大的影响。离子强度大时对浮选分离不利,可能是由于表面活性剂和其他离子对待测离子产生竞争引起的。例如用溴化十六烷基三甲基胺（CTMAB）为表面活性剂浮选 V(Ⅴ)、W(Ⅵ)、Mo(Ⅵ)、Cr(Ⅵ)等含氧酸根离子,在没有其他电解质存在时,它们的浮选率均可达到 100%。当加入电解质 NaCl 时,浮选率急剧下降。这可能是由于含氧酸根离子与阳离子的结合存在着选择性。由于 Na^+ 的水合离子半径远小于表面活性剂离子 $R(CH_3)_3N^+$ 的水合离子半径,因而含氧酸根离子与 Na^+ 的亲和力较大,容易结合;致使含氧酸根离子不能与 $R(CH_3)_3N^+$ 结合而被浮选。但当离子强度进一步增加时,对浮选率的影响,在一定范围内渐趋于稳定。

(4) 络合剂

离子浮选法选择分离金属离子时,可利用其能否与络合剂络合及络合能力的大小来浮选分离。如利用 U(Ⅴ)、U(Ⅵ)与 CO_3^{2-} 作用的不同,使用季铵型离子表面活性剂可将其浮选分离,因为 U(Ⅵ)能生成 $[UO_2(CO_3)_3]^{4-}$ 络离子而被浮选。

(5) 气体流速和气泡大小

气体流速不宜过大,如流速过大或通气过猛,会使浮选物从气泡表面脱落,影响浮选。在浮选过程中,被富集离子形成的络合物或缔合物常以单分子层吸附在气泡表面,因而气泡宜小。随着气泡的减小,浮选率增加。在连续的溶剂浮选系统中曾观察到,气泡半径由 0.25 mm 增加至 0.30 mm 时,浮选率由大于 96% 降到 86%。即以缓慢上升的小气泡为最好,有较长较多的接触机会。

(6) 有机溶剂的影响

少量有机溶剂的存在会使表面活性剂泡沫变多,增加了泡沫与欲富集成分的接触面积,从而提高浮选率。

7.3.2　在无机酸或络合剂溶液中的离子浮选

野崎享曾对离子浮选分离法进行了广泛深入的研究,他对 20 种微量金属元素[(4~5)×10⁻⁴ mol·L⁻¹]的氯络阴离子与阳离子表面活性剂氯化十六烷基吡啶(CPC)的浮选行为进行研究,结果表明:在适宜的 HCl 溶液内,Cu(Ⅱ)、Zn(Ⅱ)、Ga(Ⅲ)、Cd(Ⅱ)、Sn(Ⅳ)、Sb(Ⅲ)、Hg(Ⅱ)、Tl(Ⅰ)、Tl(Ⅲ)、Pb(Ⅱ)、Bi(Ⅲ)可以浮选;Al(Ⅲ)、Fe(Ⅲ)、Ni(Ⅱ)、Cr(Ⅲ)、Ti(Ⅳ)、Mn(Ⅲ)、Co(Ⅱ)、Zr(Ⅳ)和 In(Ⅲ)不能浮选,因而可使两类离子分离。而可以被浮选的各种离子又因为它们的氯络阴离子稳定性的不同。因而控制溶液中的酸度和 Cl^- 的浓度,利用阳离子表面活性剂的浮选作用,有时可以达到分离的目的。例如 0.01 mol·L⁻¹ Cl^- 溶液中 Au(Ⅲ)可与 Zn(Ⅱ)、Cd(Ⅱ)、Hg(Ⅱ)分离;在 0.5 mol·L⁻¹ 的 Cl^- 溶液中 Au(Ⅲ)、Hg(Ⅱ)可与锌、镉分离。

吕文英等研究了 Pb^{2+} 在阳离子表面活性剂溴化十六烷基吡啶(CPB)-I⁻体系中的浮选行为。Pb^{2+} 与 I⁻ 生成络阴离子 PbI_4^{2-} 后,再与阳离子表面活性剂 CPB 形成离子缔合物而进行浮选的。在少量硫酸铵存在下,此三元缔合物浮于盐水相形成浮选相,并且两相界面清晰,在分相过程中,Pb 被定量浮选。在一定条件下,控制 pH=4.0,能使 Pb(Ⅱ)与常见离子 Zn(Ⅱ)、Fe(Ⅲ)、Co(Ⅱ)、Ni(Ⅱ)、Mn(Ⅱ)、Al(Ⅲ)分离。由于铅是一种蓄积性毒物,也是环境分析、生命科学中测定的有毒元素之一,其共测元素又受上述离子的干扰,因此研究建立浮选分离铅的新方法有一定的实际意义。

水池敦等研究了大量基体元素存在下的浮选分离过程。例如在 200 mL 0.5~3 g Na^+、

Mg^{2+}、Zn^{2+}盐的试液中,加入 2 mL $H_2C_2O_4$、KCN、$Na_2S_2O_3$ 等 0.01 mol·L^{-1}的络合试液,调节控制溶液的 pH 值,0.1~1 μg 的 Fe(III)、Co(II)、Cu(II)、Ag、Au(III)与 $C_2O_4^{2-}$、CN^-、$S_2O_3^{2-}$ 形成络阴离子,加入阳离子表面活性剂氯化苄基烷基季铵的乙醇溶液,鼓气浮选数分钟后,液面上形成厚的泡沫沉淀层。用小匙取出,加入乙醇消泡剂后,加水稀释至200 mL,用同样方法再次浮选。二次浮选可使微量元素回收率达92%以上,基体元素则完全分离。

在无机酸或络合剂溶液中的离子浮选分离应用见表7.1。

表 7.1　在无机酸或络合剂溶液中离子浮选分离的应用

分离元素	表面活性剂	介质	要点
Au	氯化十六烷基三甲基胺	HCl,Cl^-	在0.01~3.0 mol/L HCl - 0.01 mol/L Cl^- 溶液中,加表面活性剂,浮选 Au,与 Hg、Cd、Zn 分离
Au、Hg	氯化十六烷基三甲基胺	Cl^-	在0.5 mol/L Cl^- 溶液中,加表面活性剂,浮选 Au、Hg 与 Cd、Zn 分离
Au、Pt、Pd	氯化十六烷基吡啶、氯化十四烷基苄基二甲基胺或氯化十六烷基三甲基胺	HCl	在0.02~3 mol/L HCl 溶液中,加入表面活性剂,浮选 Au、Pt、Pd,浮选率为 94%~98%,Rh、Ir、Ru 极少浮选
Au、Pt、Pd	溴化十六烷基三丙基胺	NaCl	在大于或等于 0.3 mol/L NaCl 溶液中,加表面活性剂,浮选 Au、Pt、Pd 与 Ir、Rh 分离
Au、Pt、Ir	溴化十六烷基三丙基胺	HCl	在大于 2 mol/L HCl 溶液中,加表面活性剂,浮选 Au、Pt、Ir 与 Pd 分离
Au、Ag、Cu	氯化苄基烷基季铵	CN^-、草酸盐或硫代硫酸盐	在pH = 3~13,含 Cl^- 及 CN^-、草酸盐或硫代硫酸盐的溶液中,加表面活性剂,浮选 Au、Ag、Cu 与基体元素分离
Au、Ag、Pd、Bi	氯化十六烷基吡啶	SCN^-	在8.5×10^{-4} mol/L 硫氰酸盐和 0.5 mol/L 硝酸铵溶液中,加表面活性剂,浮选 Au、Ag、Pd、Bi,与其他元素分离
Au、Pt、Pd、Hg	氯化十六烷基吡啶	HBr	在0.1 mol/L HBr 溶液中,加表面活性剂,浮选 Au、Pt、Pd、Hg 与 Cu、Zn、Ni、Co、Mn、Fe、Al、Ga、In、Cr、Sn 分离
Bi	氯化十六烷基三甲基胺或氯化十六烷基吡啶	HCl	在0.35~2.0 mol/L(或 0.35~3.4 mol/L)HCl 溶液中,加表面活性剂,浮选 Bi,回收率为 100%
Cd、Pb、Bi、Sn、Sb	氯化十六烷基吡啶、氯化十四烷基二甲基苄基胺或溴化十六烷基三甲基胺	HBr	在0.01~3.7 mol/L HBr 溶液中,加表面活性剂,浮选 Cd、Pb、Bi、Sn、Sb 与 Ni、Co、Cu、Mn、Al、Ga、Cr 分离

7.3.3　在有机试剂溶液中的离子浮选

可用于离子浮选的有机试剂有偶氮胂（Ⅲ）、二苯卡巴肼、丁基黄原酸钾、对氨基苯磺酸胺、邻二氮菲、3-(2-吡啶基)-5,6-二苯基-1,2,4-三吖嗪等，这些试剂常用作配位剂，与某些痕量元素进行配位反应，形成可溶的带有电荷或中性的络合物，加入适当表面活性剂，可被浮选分离。

水中微量铬的测定是引起人们重视的问题。$Cr(Ⅵ)$在$0.1\ mol \cdot L^{-1}$的H_2SO_4溶液中，可与二苯卡巴肼[DPCI，$CO(NHNHC_6H_5)_2$]发生氧化还原反应后络合生成Cr^{3+}与二苯卡巴腙（DPCO）的络阳离子，加入阴离子表面活性剂十二烷基磺酸钠（SDS），形成疏水性离子缔合物而被浮选。取出浮渣，加正丁醇消泡后，溶解，稀释至一定体积后分光光度法测定。$Cr(Ⅵ)$的浮选亦可以在图7.4的装置中进行连续分离。因此向图7.4的浮选槽中按一定流速泵入已调节好的H_2SO_4浓度为$0.1\ mol \cdot L^{-1}$的试液、1%DPCO溶液和表面活性剂溶液。浮选所得的沉淀和泡沫则从泡沫浮选槽顶部溢出，收集、消泡后分析测定。

在表7.2中列出了在有机试剂溶液中离子浮选的其他应用示例。

表 7.2　有机试剂中的离子浮选分离应用

分离元素	有机试剂	表面活性剂	要　点
Cu	丁基黄原酸钾	溴化十六烷基三甲基胺	在pH 9溶液中，加正丁基黄原酸钾、表面活性剂，浮选Cu，AAS测定
甲基汞	丁基黄原酸钾	溴化十六烷基三甲基胺	在pH 9溶液中，加正丁基黄原酸钾、表面活性剂，浮选Hg
U	偶氮胂（Ⅲ）	氯化十四烷基二甲基苄胺	在pH 3.5的海水中，加入偶氮胂（Ⅲ）、表面活性剂，浮选U^{6+}，回收率约100%，偶氮胂（Ⅲ）光度法或中子活化法测定
Th	偶氮胂（Ⅲ）	氯化十四烷基二甲基苄胺	在0.3 mol/L HCl溶液中，加入偶氮胂（Ⅲ）、表面活性剂，浮选Th，富集倍数可达200，以偶氮胂（Ⅲ）光度法测定
Zr	偶氮胂（Ⅲ）	氯化十四烷基二甲基苄胺	在酸性介质中，加偶氮胂（Ⅲ）、表面活性剂，浮选Zr，分离系数为10^3以上，富集倍数为100，回收率为99%，偶氮胂光度法测定，用于分离和测定镍合金中的锆
Cr	二苯卡巴肼	十二烷基磺酸钠	在海水中加入H_2SO_4至0.1 mol/L，加入二苯卡巴肼、表面活性剂，浮选Cr，泡沫加0.5 mL正丁醇消泡，稀释，光度法测定铬
Cr	二苯卡巴肼		用二苯卡巴肼饱和的泡沫处理水样，定性或半定量测定水中微量铬

分离元素	有机试剂	表面活性剂	要　　点
Cr	二苯卡巴肼	十二烷基磺酸钠	在HCl溶液中,加二苯卡巴肼、表面活性剂,浮选 Cr^{6+},加入少量丙酮消泡,光度测定 Cr
Cr	二苯卡巴肼	十二烷基磺酸钠	在pH 1~2 溶液中,加二苯卡巴肼、表面活性剂,浮选 Cr,除去水相,加丁醇,光度法测定,用于水分析
Cr	二苯卡巴肼	十二烷基磺酸钠	在 $8×10^{-3}$ mol/L H_2SO_4 溶液中,加二苯卡巴肼、表面活性剂,振荡浮选,分去下层清液,加乙醇消泡,于 540 nm 处,测量吸光值,可用于水分析
S	N,N-二甲基对苯二胺	十二烷基磺酸钠	在pH 1(0.18 mol/L)H_2SO_4 溶液中,加 N,N-二甲基对苯二胺、表面活性剂,浮选 S^{2-},光度法测定,用于水分析
Fe	邻二氮菲	十二烷基磺酸钠	在HCl溶液中,加盐酸羟胺、邻二氮菲、表面活性剂,浮选 Fe,泡沫加丙酮,在 510 nm 处光度测定,可用于水分析
NO_2^-	对氨基苯磺酸-盐酸萘乙二胺	十二烷基磺酸钠	在pH 1.43 或 0.24 mol/L HCl 溶液中,对氨基苯磺酸钠、盐酸萘乙二胺与 NO_2^- 形成偶氮染料,加表面活性剂,浮选,加丙酮消泡,光度法测定,可用于水分析

离子浮选法选择性较好,为分离性质相近似的元素开辟了新的途径。

7.4　共沉淀浮选法

利用共沉淀分离富集痕量、微量组分是分析化学中早已应用了的方法。但一般的共沉淀富集法,要经过滤、洗涤,操作很费时间,特别对于大体积试液的处理更是如此。如果采用共沉淀浮选法则方便快速得多。这时可在试液中加入少量载体(或称捕集剂),再加入无机或有机沉淀剂,在载体沉淀的同时,将欲分离富集的微量、痕量元素共沉淀捕集。然后加入与沉淀表面带相反电荷的表面活性剂,使表面活性剂离子的亲水基团在沉淀表面定向聚集而使沉淀憎水化。置于图 7.2 所示的浮选槽中鼓气浮选,沉淀随着气泡上升浮选而富集,这样分离富集痕量、微量元素就要方便快速得多,且可处理大体积溶液。

由于沉淀与表面活性剂之间仅存在静电引力,而非化学计量反应,所以表面活性剂用量极少(如通常使用 1 mg),只需形成稳定的泡沫就行了。与离子浮选法相比,沉淀浮选法有操作容易,分离效率好,表面活性剂用量小等特点,对于分离富集 ng/g 量级的试样更能发挥效益,一般回收率在 90%~100%,富集率达 100~500 倍,根据所用载体的不同,共沉淀浮选可分为氢氧化物共沉淀浮选和有机试剂共沉淀浮选两类。

7.4.1　影响沉淀浮选的主要因素

（1）载体（或捕集剂）

载体的选择应从共沉淀和浮选两个角度进行选择。对载体的要求是可形成大体积絮状沉淀，以便于定量捕集痕量元素及浮选时微小气泡附于絮状沉淀表面和间隙而得到足够的浮力。当然，在选择载体元素时还必须考虑对象元素的回收率及其从大量共存元素中分离的可能性、在定量阶段载体元素的干扰等因素。此外，应尽量选用便宜，且便于操作的载体。

（2）表面活性剂

表面活性剂在共沉淀浮选中的作用有两个：一是使用与沉淀表面电荷相反的表面活性剂，使沉淀的亲水性表面转为疏水性以便于浮选；二是形成稳定的泡沫层以支持沉淀浮升到溶液表面而便于收集。用共沉淀浮选的表面活性剂有阴离子型，如油酸钠、十二烷基磺酸钠、十二烷基苯磺酸钠等；阳离子型，如氯化（或溴化）十六烷基吡啶、溴化三甲基十六烷基铵等，两性表面活性剂溴化二甲基十六烷基羧甲基铵等。非离子表面活性剂由于无可电离的基团，因此不宜用于仅靠静电引力而实现浮选的体系中。表面活性剂的用量应适宜，过多将产生大量的泡沫而不利于消泡，既增加浮选时间，降低富集倍数，又使沉淀表面再次变为亲水性而阻止浮选。此外，表面活性剂还可影响沉淀所带的电性。

（3）有机溶剂的影响

加入少量有机溶剂如乙醇、丙醇、丙酮等于浮选体系中，可防止气泡兼并，使泡沫直径变小且数量变多，从而改善浮选效率。由于表面活性剂于水中的溶解度较小不便于应用，因此将表面活性剂直接配在有机溶剂如乙醇中使用，即可满足上述要求。

（4）溶液 pH

溶液 pH 值影响待富集离子、载体（或捕集剂）的存在形式，从而影响浮选分离的效果，因此选择最佳 pH 是成功的关键。例如氢氧化铁共沉淀浮选时，氢氧化铁絮状沉淀表面吸附的电荷性质决定于溶液的 pH 值，pH$<$9.6 带正电荷；pH$>$9.6 带负电荷，这样加入的表面活性剂就不相同。而当溶液中有乙醇存在，在 pH 9.0～9.5 时，阳离子和阴离子表面活性剂都可应用，其他的氢氧化物载体也有类似的性质。

（5）气泡大小、气体流速及浮选时间

常用烧结玻璃片（G4，5～10 μm 孔径）使气泡的直径在 0.1～0.5 mm 之内，如此气泡才有利于沉淀的浮升。气体流速及浮选时间一般通过观察以是否便于浮选操作来确定。流速太大易使上层浮渣返流，导致浮选率降低，一般为 1～5 mL·cm^{-2}·min^{-1}。浮选时间以保证能把所有沉淀浮升并收集完毕而定。

（6）共存物质的干扰

共存成分参与各种过程的竞争，且可影响沉淀的性质，因而影响浮选率。在离子强度较高的体系中进行浮选，可使用活化剂来改善沉淀的性质，从而提高抗干扰能力及浮选率。例如，用十二烷基磺酸钠浮选，Fe(OH)$_3$ 富集 Co^{2+}、Sn^{2+} 等，以 Al^{3+} 作活化剂，Fe(OH)$_3$ 沉淀吸附有 Al^{3+}、Al(OH)$^{2+}$ 等后，正电势增加，从而能更强烈地吸附阴离子表面活性剂，浮选更加有效。

7.4.2 氢氧化物共沉淀浮选

在这类共沉淀中多用 $Fe(OH)_3$、$Al(OH)_3$、$In(OH)_3$、$Bi(OH)_3$、$Ti(OH)_4$ 等作载体,该类载体的直径通常大于小气泡的直径,这样大量的小气泡才容易夹杂于胶体或絮状沉淀的间隙中间和附着于沉淀的表面而得到足够的浮力,上浮到溶液表面。在通气鼓泡浮选之前,往往选用磁力或机械搅拌试样溶液,使载体絮凝。但由于浮选后获得的微量元素中,混杂着较多的载体元素,将干扰测定。自从原子吸收广谱法应用于分析测定后,这个问题得到解决,就为这类浮选方法的实际应用创造了条件。对于这类浮选,溶液 pH 值的控制十分重要,不仅是氢氧化物沉淀需要控制一定的 pH 值,而且氢氧化物絮状沉淀上所带的电荷和 pH 值有关。例如当 pH<9.6 时,$Fe(OH)_3$ 沉淀带正电荷,浮选时应选用阴离子表面活性剂;当 pH>9.6 时,$Fe(OH)_3$ 沉淀带负电荷,浮选时应用阳离子表面活性剂,如图7.5(a)所示。如果溶液中有少量乙醇存在,则在 pH 9~10 内,阴离子表面活性剂和阳离子表面活性剂均可浮选,如图 7.5(b)所示。这种情况也适用于其他氢氧化物共沉淀浮选。下面介绍几种氢氧化物共沉淀浮选的应用示例。

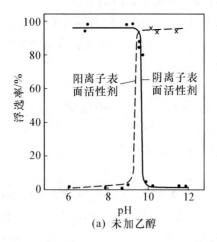
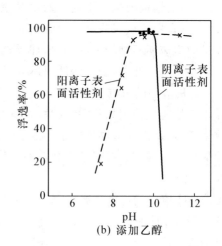

图 7.5 氢氧化物沉淀浮选

200 mL 中 Fe(Ⅲ)10 mg,表面活性剂 1 mg

例如取 1 L 水样(河水或海水),其中含有微量的 As(Ⅲ)、As(Ⅴ)、Sn(Ⅱ)、Sn(Ⅲ)、Se(Ⅳ),用氨水调节 pH 到 9~9.5,加入载体 Fe^{3+},再加入阴离子表面活性剂油酸钠或十二烷基磺酸钠的乙醇溶液,送气浮选,在图 7.3(c)的装置中吸滤除去母液,加乙醇消泡,沉淀用 HNO_3 溶解后,用原子吸收光谱分析法测定。

又如河水或海水中微量的重金属阳离子 Cr(Ⅲ)、Mn(Ⅱ)、Fe(Ⅱ)、Co、Ni、Cu(Ⅱ)、Zn、Cd、Pb;可用氨水调节 pH 到 9~9.5,加入载体 Al^{3+},再加油酸钠的乙醇溶液,送气浮选,分离母液后加乙醇消泡,用 HNO_3 溶解沉淀,即可用原子吸收光谱法测定,测定下限为 1 ng/g,需时 50 min。

$In(OH)_3$ 亦适用于作多种元素的捕集剂,例如在 1 200 mL 试液中含有微克级的 Cr(Ⅲ)、Mn(Ⅱ)、Co、Ni、Cu(Ⅱ)、Cd、Pb,用 NaOH 调节 pH 为 9~9.5,加入载体 In^{3+} 100 mg,加入油酸钠或十二烷基磺酸钠的乙醇溶液。于图 7.2(b)的装置中送气浮选 3~5 min,用图 7.3(a)的装置取出浮渣(沉淀和泡沫),用乙醇消泡、HCl 溶解后即可测定。河水或海水中的金属阳离子回收完全,浓缩 240 倍,需时 40 min。铟的原子吸收光谱的谱线简单,用 In(OH)₃ 作载体不会干扰痕量组分的测定。

又如用 Bi(OH)₃ 可共沉淀浮选分离纯锌(99.999%)中的痕量铁和铅。为此,取 3g 试样溶于 HNO₃,加水稀释至 100 mL,加入含 Bi³⁺ 100 mg 的溶液,再加入大量氨水使 Zn(OH)₂ 全部溶解,产生的 Bi(OH)₃ 共沉淀捕集痕量组分。加入油酸钠的乙醇溶液进行浮选,沉淀消泡溶解后,用原子吸收光谱法测定。定量下限为 0.2 μg/g,最终所得溶液中残留的锌仅 3 mg,整个分析需时约 1 h。

其他应用见表 7.3。

此外在用氢氧化物共沉淀浮选中,也有一类不加表面活性剂的方法。例如用 Fe(OH)₃ 作载体时,不加表面活性剂,而是加 1% 的甲基溶纤剂(CH₃OCH₂CH₂OH),就可产生稳定的浮渣,不至于通气一停止沉淀又下降,而且所产生的泡沫较少,沉淀的收集更方便。使用该体系曾从 1 L 水中回收了 0.2~2 μg 的 Zn 和 Cu,回收率为 96%。又如测定高纯锌样中的微量 Sn(Ⅳ)时,以 Fe(OH)₃ 为载体,在 NH₄Cl 存在下调节 pH 为 6,这时不加表面活性

表 7.3　氢氧化物共沉淀浮选分离应用

分离元素	沉淀剂	表面活性剂	要　点
Cr	Fe(OH)₃ 或 Al(OH)₃	十二烷基磺酸钠	Cr³⁺ 或 CrO₄²⁻ 被还原成 Cr²⁺,被 Fe(OH)₃ 或 Al(OH)₃ 沉淀吸附,加表面活性剂,沉淀浮选,可用于除去电镀废液中的铬
Cu、Zn	Fe(OH)₃	十二烷基磺酸钠	以 Fe(OH)₃ 共沉淀 Cu、Zn,加表面活性剂,沉淀浮选。可用于分离富集海水中 Cu、Zn,回收率为 94%~95%
F	Al(OH)₃	十二烷基磺酸钠	在 pH 7.3~7.8 溶液中,Al(OH)₃ 沉淀,加表面活性剂,沉淀浮选 F,水中 F 由 15.7 μg/g 降为 0,Cl⁻ 基本上不干扰
Mo	Fe(OH)₃	十二烷基磺酸钠	在 pH 4 溶液中,Fe(OH)₃ 沉淀吸附 Mo,加表面活性剂,沉淀浮选,回收率为 95%。可用于海水中 Mo 的分离富集
P	Al(OH)₃	十二烷基磺酸钠	在 pH 8.5 溶液中,P 被 Al(OH)₃ 吸附,加表面活性剂,沉淀浮选 P
Sb	Fe(OH)₃	十二烷基磺酸钠、油酸钠	在 pH 4 溶液中,Sb(Ⅲ,Ⅴ)被 Fe(OH)₃ 吸附,加表面活性剂,沉淀浮选 Sb,AAS 法测定
Sc	Fe(OH)₃	油酸钠	在 pH 7 溶液中,Fe(OH)₃ 沉淀,加表面活性剂,沉淀浮选 Sc,HCl 溶解,分离除去 Fe,偶氮胂(Ⅲ)光度法测定。可用于水分析
Sn	Fe(OH)₃		先使 Sn(Ⅳ)与 Fe(OH)₃ 共沉淀,加热的石蜡乙醇溶液,沉淀浮选,可用于纯锌中分离 ng/g 级的锡
Te	Fe(OH)₃	十二烷基磺酸钠、油酸钠	在 pH 8.9 溶液中,Te(Ⅳ)与 Fe(OH)₃ 共沉淀,加表面活性剂,沉淀浮选,溶于 HCl,AAS 测定 Te
U	Tb(OH)₄	十二烷基磺酸钠	在 pH 5.7 溶液中,Th(OH)₄ 沉淀,加表面活性剂,沉淀浮选 U。可用于海水中铀的测定
V	Fe(OH)₃	十二烷基磺酸钠	在 pH 5 溶液中,Fe(OH)₃ 沉淀,加表面活性剂,沉淀浮选 V,AAS 测定。可用于水分析

剂,而是加入石蜡的乙醇溶液,石蜡遇水又以固体小颗粒析出,送气浮选,沉淀即吸附于石蜡颗粒而浮上,收集后以 HCl 处理,石蜡不溶即可分离。

7.4.3 有机试剂共沉淀浮选

使难溶于水的有机试剂溶于水与有机溶剂的混合溶剂中,有机溶剂如丙酮、乙醇,取少量该种溶液加入试液中,痕量元素离子与有机试剂形成难溶化合物,而有机试剂遇水也沉淀析出,于是共沉淀捕集痕量元素,然后通气浮选。常用的有机试剂有巯萘剂、双硫腙、对二甲氨基苄叉罗丹宁、2-巯基苯噻唑、1-亚硝基-2-萘酚、2-巯基苯并咪唑等。该法与氢氧化铁共沉淀浮选法比较有如下特点:

(1) 可在酸性溶液中捕集微量元素,可减少基体元素的干扰。例如微量 Co^{2+} 的富集,用 $Fe(OH)_3$ 共沉淀浮选法 pH 值需在 8.5 以上,而用 1-亚硝基-2-萘酚共沉淀浮选法,在 pH≥2 即可将 Co^{2+} 回收完全,参见图 7.6。

(2) 有机试剂共沉淀浮选法可不必加表面活性剂。加入表面活性剂后产生较多泡沫,加入乙醇或乙醚消泡时,可使部分有机物沉淀溶解,使微量元素损失。

(3) 当试液中加入有机试剂溶液后如立刻送去浮选,大部分沉淀仍留在溶液中,浮选效果不好。如果在混合后搅拌一段时间,直径为 0.1 mm 的沉淀颗粒可聚集为直径 1~2 mm 的

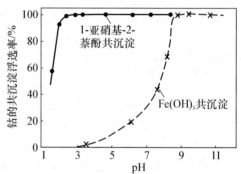

图 7.6 钴的共沉淀浮选率受 pH 的影响

絮状沉淀。又由于有机溶剂丙酮的存在,在沉淀表面和内部产生直径 0.5 mm 的小气泡,这时鼓气就能迅速浮选。

(4) 浮选后所得沉淀中含有较多的有机试剂,有时需加以处理以破坏有机试剂(湿法灰化或干法灰化),然后才能测定。

有机试剂共沉淀浮选数例如下。

高纯铅、锌中的痕量杂质 Ag 和 Cu 的分离和测定。称取 2~5 g 试样,用硝酸溶解,稀释至 100 mL,用氨水调到 pH=1~1.5,加双硫腙的甲基溶纤剂溶液,Ag^+、Cu^{2+} 与双硫腙形成难溶化合物,但由于量少不会沉淀下来。在水溶液中双硫腙亦沉淀出来,形成共沉淀而将痕量组分捕集。搅拌 30 min,送气浮选。沉淀分离后用 HNO_3 和丙酮溶解,原子吸收光谱法测定 Ag 和 Cu。定量下限为 0.04 μg/g,最终溶液中残留 Pb 4~5 mg、Zn 2 mg,需时 90 min。

海水中微量银的富集和测定。取水样 3 L,在 0.1 mol·L^{-1} HNO_3 酸性溶液中,加 2-巯基苯噻唑的丙酮溶液,搅拌 30 min,Ag^+ 与 2-巯基苯噻唑生成难溶化合物,而 2-巯基苯噻唑也难溶于水,共沉淀析出,送气浮选。分离沉淀,溶于丙酮,蒸发干后将有机沉淀湿法灰化,残渣溶于 HNO_3,用原子吸收光谱法测定,定量下限为 0.03 ng/g,需时 4 h。

其他应用见表 7.4。

表 7.4　有机载体沉淀浮选分离应用

分离元素	沉淀剂	表面活性剂	要　点
Mo	二乙基二硫代氨基甲酸钠	油酸钠	在含有二乙基二硫代氨基甲酸钠和表面活性剂溶液中,浮选 Mo,AAS 测定
Cd、Co、Mn、Ni、Pb、Cr、Ti、Sn、V	二乙基二硫代氨基甲酸钠	十二烷基磺酸钠	在 pH 6～8 溶液中,加入 DDTC 和表面活性剂,浮选重金属元素,排除清液,HNO_3 溶解,ICP-AES 测定
Cu,Ni	同上或水杨醛肟	氯化十六烷基三甲基胺、曲通 X-100	在 pH=3～7 溶液中,加 DDTC(或水杨醛肟)、表面活性剂,浮选 Cu、Ni,可用于分离锰结核中的 Cu、Ni
As、Cd、Co、Cu、Hg、Mo、Sn、Sb、Te、Ti、U、V、W	1-吡咯烷二硫代羧酸胺,$Fe(OH)_3$	油酸钠、十二烷基磺酸钠	在有 Fe(Ⅲ)和 1-吡咯烷二硫代羧酸胺存在的溶液中,调 pH=5.8±1,加入表面活性剂,浮选,中子活化测定
Ag、Au	双硫腙		在 0.1 mol/L 硝酸溶液中,加双硫腙沉淀,以甲基溶纤剂捕集,浮选,可用于从高纯铅、锌中分离含量小于 0.1 $\mu g/g$ 的 Ag(Ⅰ)、Au(Ⅱ)
Ag	对-二甲氨基苄叉罗丹宁	十二烷基磺酸钠	在 0.1～1 mol/L HNO_3 中,以对-二甲氨基苄叉罗丹宁沉淀,加表面活性剂,浮选 Ag,可用于从高纯铜溶液中分离 1 ng/g 级 Ag
Ag	2-巯基苯并噻唑		在 0.1 mol/L HNO_3 中,以 2-巯基苯并噻唑沉淀 Ag,浮选,灰化后测定,可用于水分析
Co	1-亚硝基-2-萘酚		在弱酸性溶液中,加入 1-亚硝基-2-萘酚的乙醇溶液沉淀 Co,浮选,可用于从高纯锌中分离富集 1 ng/g 级钴
Cu	松香	油酸钠	在 pH=8.0 溶液中,加松香乙醇溶液,表面活性剂,浮选 Cu(Ⅱ)
Cd、Cu、Mn、Pb、Zn	松香	油酸钠	在 pH=9.0±0.2 溶液中,加松香乙醇溶液,表面活性剂,浮选分离 Cd、Cu、Mn、Pb、Zn
Pd	丁二肟		在 pH=1～2 溶液中,加丁二肟沉淀 Pd(Ⅱ),浮选,可与 Fe、Ni、Pt、Co、Au 分离

沉淀浮选富集倍数较高,但其选择性较差,一般有机沉淀剂的选择性略好于无机沉淀剂。

7.5　溶剂浮选法

溶剂浮选法又称浮选萃取法,它是在浮选溶液的表面加上比水轻的有机溶剂。在鼓气过程中,被分离物质随气泡上升,浮出水相,则溶于有机相中而成溶液;若该物质不溶于有机

197

相,则附着于浮选槽壁上,或在水相和有机相之间形成第三相,从而达到浮选分离目的。利用金属离子与螯合显色剂形成疏水性的螯合物或者利用金属离子和染料形成离子缔合物的浮选性能,可以将浮选分离与光度测量的试液制备结合起来,这就是近年来发展起来的灵敏的、选择好的溶剂浮选-光度法。

溶剂浮选与溶剂萃取法的区别在于浮选物与浮选溶剂不起溶剂化作用,不涉及萃取的分配比问题。所以比溶剂萃取的分离量大、选择性高、分离效果好,可测定 $\mu g/L$ 级痕量组分,回收率大于 90%。溶剂浮选法加入的有机溶剂量不受母液影响,没有乳化问题。由于试液表层的有机溶剂有消泡作用,可使浮选加速,对泡沫不稳定的情况尤为适用。从操作过程来看,可分为通气浮选和振荡浮选两类。

7.5.1 影响溶剂浮选的主要因素

（1）溶剂

选用的溶剂应具有较低的挥发性,与水不相溶以利于分层,并可获得足够高的浮选率。若采用通气浮选则气体流速应适当,过小则浮选慢且不完全,过大易使有机相翻滚并分散于水相,不利于浮选。

（2）溶液 pH

酸度将影响欲富集成分、络合剂及表面活性剂等在溶液中的存在状态,故适宜的 pH 最好由实验来确定。

（3）表面活性剂及络合剂

选择适当的表面活性剂或络合剂,以形成疏水性的螯合物或离子缔合物,也是溶剂浮选获得成功的重要因素。

7.5.2 通气浮选

将一层有机溶剂加在待分离物质试液的表面,该溶剂应具有能很好地溶解被浮选捕集成分,挥发性低,与水不相混溶,比水密度小等特点。当某种惰性气体(一般为氮气)通过试液,借助微细气体分散器(通常为 G3 或 G4 玻璃砂芯滤板)发泡,形成扩展的气-液界面,疏水的中性螯合物或离子缔合物便吸附于气-液界面,随气泡上浮,并溶入有机层形成真溶液,如有机相有颜色,便可用光度法测定有机相中被浮选富集的成分。

锰是维持人体骨关节、生殖系统和中枢神经系统正常生理机能所必需的元素,锰缺乏或过量会导致人体新陈代谢失调,因此水和食品中锰的测定意义重大。$Mn(II)$ 与 1, 10 -二氮杂菲(Phen)能生成稳定的配位阳离子 $[Mn(Phen)_3]^{2+}$。该阳离子能与碱性染料四碘荧光素(TIF)缔合生成缔合物 $Mn(Phen)_3(TIF)_2$,该缔合物在水中不稳定,但在有机溶剂中稳定且极易溶于有机溶剂。基于此,闫永胜等用 N_2 于苯中浮选三元缔合物,建立了光度法测定锰的新方法。该法灵敏度高,检出限为 $0.5\ \mu g/L$,适于天然水和酒中锰的测定。又如以溶剂浮选光度法测定痕量 Fe^{2+},在 pH $= 2.5 \sim 3.5$,以 3 -(2 -吡啶)- 5, 6 -二苯基- 1, 2, 4 -三吖嗪(PDT)- $Fe(II)$-十二烷基磺酸盐的离子对形式,将其浮选进入异戊醇中,分离后以光度法测定,富集倍数为 100,浮选率约为 97%,此法已用于海水中铁的测定。又如 Pb^{2+} 与 I^- 络合生成络阴离子 $[PbI_4]^{2-}$,再加入碱性染料罗丹明 B(RB),与络阴离子形成三元缔合物。该三元体系在水中不稳定,而在有机溶剂中较稳定。用苯作溶剂,通 N_2 浮选进入溶剂相中,分离后即可用光度法测定灵敏度高($\varepsilon = 2.2 \times 10^4 \text{ mol}^{-1} \cdot \text{cm}^{-1}$),选择性好(不用氰化物掩蔽),精密度理想。可用来分离、测定半导体厂处理前电镀废水的痕量 Pb^{2+}。又如痕量 I^- 的测定,可用饱和溴水氧化 I^- 为 IO_3^-,除去多余的溴。加入 KI,使之与 IO_3^- 反应生成 I_3^-。然后加入表面活性剂 CTMAB,与 I^- 形成疏水性的离子缔合物,送气浮选,离子缔合物随气泡上升而进入有机相苯中,分离有机相,光度法测定 I_2。可测定 $40 \sim 50 \text{ ng/g}$ 的 I_2,回收率在 90% 以上。

其他应用见表 7.5。

表 7.5　溶于有机溶剂的溶剂浮选分离应用

分离元素	有 机 试 剂	有 机 溶 剂	要　　点
Cu	孔雀绿	甲苯	在 pH=7 溶液中,溶剂浮选 Co(Ⅲ)-SCN⁻-孔雀绿离子缔合物,浮选物溶于上层甲苯中,于 650 nm 处测量吸光度
Cu	丁基黄原酸钾	十六烷基三甲基胺、正丁醇	在 pH=9 溶液中,加丁基黄原酸钾、十六烷基三甲基胺,浮选水相中 Cu(Ⅱ),富集于上层正丁醇中,在 360 nm 处测量吸光度
Cu	3-(2-吡啶)-5,6-二苯基-1,2,4-三吖嗪	十二烷基磺酸钠、异戊醇-乙酸乙酯	在 pH=9.0~9.2 溶液中,浮选 Cu(Ⅱ)-PDT-SDS 离子对,浮选物溶入上层异戊醇-乙酸乙酯中,测量吸光度。可用于水中铜的测定
Cu	二乙基二硫代氨基甲酸钠	异戊醇	在 pH=6.0~6.4 的含 EDTA、酒石酸溶液中,浮选 Cu(Ⅱ)-DDTC,浮选物溶入上层异戊醇中,于 430 nm 处测量吸光度
Cu	2,9-二甲基-1,10-二氮菲	十二烷基磺酸钠、甲基异丁基酮-二氯乙烷	在 pH=4.6~8.0 溶液中,浮选 Cu(Ⅱ)-2,9-二甲基-1,10-二氮菲-SDS 离子对,浮选物溶入上层甲基异丁基酮-二氯乙烷中,测量吸光度。可用于血清中铜的测定
Fe	3-(2-吡啶)-5,6-二苯基-1,2,4-三吖嗪	十二烷基磺酸钠、甲基异丁基酮-二氯乙烷	在 pH=2.9~3.3,浮选 Fe(Ⅱ)-PDT-SDS 离子对,溶入上层甲基异丁基酮-二氯乙烷中,测量吸光度。可用于血清中铁的测定
Fe	3-(2-吡啶)-5,6-二苯基-1,2,4-三吖嗪	十二烷基磺酸钠、异戊醇	在 pH=3.0~3.2,盐酸羟胺将 Fe(Ⅲ)还原成 Fe(Ⅱ),浮选 Fe(Ⅱ)-PDT-SDS,溶于上层异戊醇中,分离后,加乙醇于 555 nm 处光度测定 1 ng/g 级 Fe
Zn	孔雀绿	甲苯	在 pH=5 溶液中,浮选 Zn(Ⅱ)-SCN⁻-孔雀绿离子缔合物,浮选物溶入上层甲苯中,于 636 nm 处测量吸光度。可用于自来水中 Zn 的测定
As	钼酸铵-结晶紫	环己酮-甲苯	在 1 mol/L HNO_3 溶液中,溶剂浮选 Mo(Ⅵ)-As(Ⅴ)-结晶紫离子缔合物,浮选物溶于上层环己酮-甲苯中,于 582 nm 处测量吸光度

分离元素	有机试剂	有机溶剂	要　　点
Au	次甲基蓝	苯	在1.8 mol/L HCl 溶液中,溶剂浮选 Au(Ⅲ)-SCN$^-$次甲基蓝离子缔合物,浮选物溶于上层苯,在660 nm 处测量吸光度
Co	孔雀绿	甲苯	在 pH 5 溶液中,溶剂浮选 Co(Ⅲ)-SCN$^-$-孔雀绿离子缔合物,浮选物溶于上层甲苯中,于640 nm 处测量吸光度,富集倍数为40

7.5.3　振荡浮选

在一定条件下,金属离子与某些有机配位剂形成既疏水又疏有机相的结构复杂的离子缔合物沉淀。浮选时,在两相界面形成第三相,或者黏附在容器壁上。它有一定组成,溶入极性有机溶剂后即可进行光度测定。其操作与普通萃取一样,可在分液漏斗中进行,十分方便。

在 pH=1.2 的介质中,Au^{3+} 与 I$^-$、SCN$^-$ 等形成络阴离子,再与碱性染料罗丹明 B(RB)、次甲基蓝(MB)、甲基紫(MV)等生成离子缔合三元络合物,在分液漏斗中用苯浮选至分液漏斗壁,弃去水相及有机相后,再用二甲基甲酰胺溶解,直接雾化,以空气-乙炔火焰 AAS 测定。已用于海水及矿石中微量 Au 的分离测定。

天然水中 PO$_4^{3-}$ 的测定。先使 PO$_4^{3-}$ 形成磷钼酸根离子,再与罗丹明 B 缔合,加入有机溶剂乙醚,振荡浮选。缔合物形成膜状的第三相介于水相与乙醚相之间。分离弃去水相,用乙醚萃取多余的罗丹明 B,再以 HCl 反萃取后分离。加丙酮溶解离子对膜状物,用荧光分光光度法测定 PO$_4^{3-}$。可测定含量为 ng/g 级的 PO$_4^{3-}$,As(Ⅴ)有干扰,天然水中的其他离子,包括 SiO$_3^{2-}$ 不干扰。

其他应用见表 7.6。

表 7.6　形成第三相的溶剂浮选分离应用

分离元素	有机试剂	有机溶剂	要　　点
As	钼酸盐、丁基罗丹明	乙醚	在0.1~0.2 mol/L H$_2$SO$_4$ 溶液中,钼砷酸盐与丁基罗丹明形成离子缔合物,能被乙醚浮选,形成第三相,然后将沉淀溶于丙酮,光度法或荧光光度法测定砷
Au	次甲基蓝	环己烷	在0.5 mol/L HCl 溶液中,以环己酮溶剂浮选 Au(Ⅲ)-I$^-$-次甲基蓝离子缔合物,甲醇溶解,于655 nm 处测量吸光度。可用于铜中金的测定
Cd	结晶紫	异丙醚或苯	在 H$_2$SO$_4$ 介质中,以异丙醚或苯溶剂浮选 Cd(Ⅱ)-I$^-$-结晶紫离子缔合物,浮选物溶于丙酮或乙醇,光度法测定。可用于污水中微量 Cd 的测定

分离元素	有机试剂	有机溶剂	要　　点
Ge	茜素氟蓝、罗丹明 6G	$CCl_4 - CHCl_3$	在 pH＝5～6,以 $CCl_4 - CHCl_3$ 溶剂浮选 Ge(Ⅳ)-茜素氟蓝-罗丹明 6G 离子缔合物,沉淀溶于乙醇或丙酮中,于 520 nm 处光度法测定。可用于工艺物料中锗的测定
Ir	罗丹明 6G	异丙醚	在2.4～2.7 mol/L HCl 溶液中,以异丙醚溶剂浮选 Ir - Sn(Ⅱ)-罗丹明 6G 离子缔合物,浮选物溶于丙酮,在 530 nm 处测量吸光度
Os	次甲基蓝	苯	在0.25～1.8 mol/L H_2SO_4 溶液中,以苯用振荡法溶剂浮选 Os(Ⅳ)- SCN^- -次甲基蓝离子缔合物,浮选物溶于丙酮,光度法测定。可用于阳极泥、矿石、粗精矿中 Os 的测定
P	结晶紫、钼酸铵	苯	在0.5 mol/L HCl 溶液中,以苯溶剂浮选 P - Mo -结晶紫离子缔合物,浮选物溶于丙酮,在 590 nm 处光度法测定
Pd	罗丹明 6G	苯	在 pH＝1.5～3.5,以苯振荡溶剂浮选 Pd(Ⅱ)- Br^- -罗丹明 6G 离子缔合物,浮选物溶于二甲基甲酰胺,在 530 nm 处测量吸光度。可用于高纯铂中钯的测定
Pt	罗丹明 B	异丙醚	在0.9 mol/L HCl 溶液中,以异丙醚用振荡法溶剂浮选 Pt(Ⅱ)- Sn(Ⅱ)-罗丹明 B 离子缔合物,浮选物以丙酮溶解,在 555 nm 处测量吸光度,可用于纯镍中铂的测定

7.6　结语

离子浮选由于其选择性较高,因此为分离性质相近的元素提供了一条新途径,沉淀浮选可克服经典沉淀分离过滤费时的缺点,且能方便处理大体积溶液;溶剂浮选与吸光光度法的直接结合,即溶剂浮选光度法,具有分离量大、选择性及灵敏度高的独特优点。基于这些特点,预计上述三种浮选将会逐渐受到分析工作者的重视,未来的研究方向可能会体现在下述几个方面:①深入开展对浮选过程的理论研究,弄清浮选机理,可以更深刻地了解影响浮选的诸多因素,以便获得更快速高效的分离;②探讨新的浮选体系,扩大泡沫浮选的应用范围。研究对象不仅是无机物和有机物,而且应扩展到元素状态分析上,应用从富集水体中的痕量元素发展到分离富集合金、矿物和土壤等复杂物质中的微量成分;③实现浮选富集与测定的直接结合,以及实现浮选操作的连续化、自动化,以获得更简便、快速和有效的分离富集方法,并使之投入到实际应用中。

思 考 题

1. 请举例说明离子浮选法的作用机理。根据作用机理来看,应怎样命名这种分离富集方法更为合理?
2. 请举例说明共沉淀浮选法的作用机理,并说明此法中 pH 值适当选择和控制的重要性。
3. 什么是溶剂浮选法?请举例说明之。在这类浮选操作中需要控制适当的酸度吗?举例说明。
4. 试讨论影响浮选分离的各种因素。
5. 浮选分离富集法最适用于哪些试样?为什么?

参 考 文 献

［ 1 ］ 邵令娴.分离及复杂物质分析.北京:高等教育出版社,1994.
［ 2 ］ 《化学分离富集方法及应用》编委会.化学分离富集方法及应用.长沙:中南工业大学出版社,1996.
［ 3 ］ 梁树权,等.分析测试通报,1991,100(16):1－9.
［ 4 ］ 野崎享,等.分析化学(日),1976,25:277.
［ 5 ］ 吕文英,等.分析化学,2001,29(12):1453－1456.
［ 6 ］ 水池敦,等.表面(日),1981,19:32.
［ 7 ］ M. Aoyama, et al. Anel Chim Acta, 1981,19:237.
［ 8 ］ 闫永胜,等.分析科学学报,2003,19(1):48－50.
［ 9 ］ 闫永胜,等.分析科学学报,2003,16(3):227－229.
［10］ 刘志明,等.分析化学,1990,18(1):78.
［11］ 方文焕,等.冶金分析,1990,10(2):18.
［12］ Toshiko Nasu, et al. Analyst, 1989,114(8):955.

第8章

液相色谱分离法

色谱是迄今为止人类掌握的对复杂混合物分离效率最高的一种方法。从 20 世纪初诞生以来,色谱法已发展成为一门在科研及生产领域应用广泛的工具,涉及内容十分丰富,本书此章只能对其做一简介。

8.1 色谱法概述

8.1.1 原理及发展简史

色谱的基本原理是利用物质在两相中的分配系数的微小差异进行分离。其过程为,当两相做相对移动时,被测物在两相之间进行反复多次分配,这种微小差异不断扩大,最终导致各组分分离。这里所说的分配可广义地看作物质间物理及化学的相互作用。

两相中,静止的一相称为固定相,另一相做相对运动,称为流动相。"反复多次"高达成千上万,乃至上百万次,但这并不意味着漫长的时间消耗,因为每次仅需千分之一秒,一般样品的色谱分离过程仅需几分钟到几十分钟。

色谱法是 1906 年由 M·茨维特提出,早期色谱发展缓慢,20 多年后 Kuhn 和 Lederer 用色谱成功地从蛋黄中分离出植物叶黄素,从而证实了该方法的应用价值,使之迅速发展,出现了多种多样的色谱方法,应用领域也日趋扩大。

8.1.2 色谱法分类

色谱有多种分类法,各种方法从不同角度分类。

(1) 按流动相的形态,有气相色谱,液相色谱,超临界色谱。其中,流动相为气体的色谱又可按固定相的状态来细分,若是固体则称气固色谱;是液体则为气液色谱;以此类推,液相色谱有液液色谱及液固色谱;而超临界色谱是指流动相介于气体与液体状态之间的一种色谱,它兼有气相色谱和液相色谱的特点。

(2) 按色谱分离过程的作用原理,有吸附色谱法——利用吸附剂表面对不同组分吸附性能的差异;分配色谱法——利用不同组分在两相中分配系数的差异;离子交换色谱法——利用离子交换能力的差异;排阻色谱法——利用组分体积的不同,通过多孔物质时遇到阻力,滞留时间的差异。另外还有亲和色谱、疏水色谱等。

(3) 按固定相使用的形式,有柱色谱法,由于固定相是装在色谱柱中的;纸色谱,由于以纸为固定相;薄层色谱,由于其固定相为吸附剂粉末制成的薄板。

特别需要指出的是,本章着重介绍的高效液相色谱(HPLC),又被称为高压或高速液相色谱,高分离度液相色谱,或是现代液相色谱。与经典液相色谱相比,前者固定相粒度更小,柱效提高了 2～3 个数量级,分离组分可以多达几十甚至上百种,使用次数高达数百甚至数千次;又由于采用高压泵,分离速度大大提高;加上高精密度的现代仪器电子设备,其分离样品能力大大提高,成为近代分离技术的一个重要手段。

8.1.3　色谱分离技术概述

作为"近代分离技术"一书的内容,本章强调色谱的分离功能。因为虽然色谱从本质上看是一个分离过程,但它作为一种分析方法,其应用和发展相当成功。而以分析为目的,和以分离、提纯为目的的色谱,在理论、操作技术、仪器等方面存在不同。前者解决的问题是如何获得样品组分的定性和定量信息,也称分析型色谱;后者则是将组分分开,提纯有用物质,去除杂质,常称为"制备色谱",它在一般情况下也指分离物质量大或操作规模较大的色谱方法。另外还有"半制备色谱",它的规模介于分析型色谱与制备色谱之间,以分离少量物质为目的。

气相色谱的分离量很小(微升级),通常用作分析方法,用于制备物质并不常见;纸色谱与薄层色谱本书第 4 章已作介绍,离子交换色谱在第 5 章介绍,这三种色谱和经典的液相色谱不再作为本章内容。

8.2　液相色谱

制备型液相色谱装置示意图见图 8.1。

图 8.1　制备型液相色谱装置示意图

各部分简单解释如下。

(1) 流动相提供系统

流动相提供系统以适当的流速向色谱柱提供流动相。当该系统驱动力仅靠流动相本身重力时,它属于经典液相色谱,或称为常压液相色谱;当采取高压泵,压力可高达 10^7 Pa 时,流动相流速大大提高,此时还要求高压泵提供的流速稳定、无脉动,在一定范围内可调。目前采用的泵主要有往复泵和气动泵。在制备型 HPLC 系统中,泵系统的输液能力根据制备量不同是一个必须考虑的因素。

在解决复杂物质的分离时,可能会用到梯度洗脱装置,它的流动相由两种(或两种以上)不同强度的洗脱液组成,在分离过程中,两者按一定时间程序改变配比,通过这种流动相强度的变化提高分离效果,缩短分离时间,这种装置一般带有双泵或溶剂混合器。

（2）进样系统

进样系统是一个将被分离的混合物试样送入色谱柱的装置。为获得良好的分离效果和重现性，色谱进样时要求尽可能地将样品集中，并瞬时加到色谱柱上端填料的中心位置，尽量减少扩散，使试样以一个界限分明的谱带形式进入色谱柱。在经典液相色谱中，柱上端开口，不需要特殊装置。但在高效液相色谱中，由于柱前压力大，要达到上述效果，并希望对高压系统干扰尽可能小的情况下，多采用进样阀装置。这种阀设计巧妙，制作精良，可在不停止流动相流动时直接进样，进样体积准确，重现性好，特别适合做定量分析。在对色谱出峰时间准确度要求不高时，也有用截流法进样，即暂停流动相，当柱前压下降至零后，直接在色谱柱前用注射器注入待分离样，再关闭系统，重新启动流动相。此外，也有适于较低压力的使用注射器穿过系统橡皮隔膜的进样方法。

现代液相色谱仪也可配置自动进样器，它是在程序控制器或微机控制下，自动进行取样、进样、清洗等一系列操作，操作者只需将样品按顺序放入储样盘中。

（3）色谱柱和柱加温装置

色谱柱是液相色谱的核心部件。选择色谱柱时，首先应考虑柱填料的性能，而柱效、柱容量、填料稳定性、分离速度等都是需要考虑的因素。此外，填料的装填技术、使用技术以及柱外效应等也十分重要。

填料是决定色谱类型的重要因素，具体内容将在后面各种分离类型中介绍（8.5 节）。

选用色谱柱的大小应取决于待分离样品的量。增加色谱柱的长度，意味着可加入样品量和分辨率的增大，但同时也增加了柱压。色谱柱本身的材料常用的是金属或玻璃，前者更耐高压，后者则价格低廉。

某些色谱分离要求特定的温度，或不希望环境温度变化影响分离，此时应将色谱柱置于恒温箱中，一般现代色谱仪都配有专用控温装置。

（4）检测器及记录系统

检测器是高效液相色谱仪器的重要组成部分，其作用是将由色谱柱分离后的各组分转换为易测量的电信号。

检测器分为两大类：总体性检测器和溶质性检测器。总体性检测器是连续测定柱后流出物某种物理量，如折光系数、介电常数等。该物理量变化对应于待测组分的变化，这种检测器也称为通用型检测器，因为理论上洗脱液及其中各组分都具有这些物理量，在检测器上有其相应信号。由于大量的洗脱液本身有信号响应，流量的波动，流动相组成的微小变化，或环境温度的变化等易引起较大的背景噪声及漂移，所以这种检测器灵敏度不高，一般不适用于梯度洗脱的要求。

溶质性检测器是基于测量样品组分的某个物理或化学量来设计的，由于洗脱液的本底响应不存在或很小，只有样品中特定组分才有响应信号，因而此类检测器又称选择性检测器，常见的有紫外检测器、荧光检测器和某些电化学检测器。这类检测器一般灵敏度比较高，稳定性好，不足之处是可能某些需要的组分无响应，检测器起不到检测的功能。

记录仪则是以模拟曲线的形式，记录由检测器传出的信号，有时还有数据处理、图谱处理、数据存储等功能。现在多数高效液相色谱仪联有计算机，配有专门的色谱工作站。

（5）收集系统

混合物中各组分经色谱柱分离及检测器检测后，便可以全部或有选择地加以收集，多数组分在室温下都以溶液形式存在，溶剂挥发后，便可得到纯组分。早期收集工作是分批收集在试管中,由人工完成,工作量大;现多用专门的自动馏分收集器,借助微机控制,按设定程序,或按时间、色谱峰起落信号逐一收集,也可进行反复收集工作。

8.3 色谱法术语及理论

8.3.1 色谱术语

在色谱分离过程中,被分离样品进入色谱柱后,在流动相淋洗下,各组分便先后流出,检测器上测得信号呈正态分布的色谱流出曲线,也称色谱峰图,图 8.2 为两个组分样品分离后的色谱图,有关术语和色谱参数说明如下。

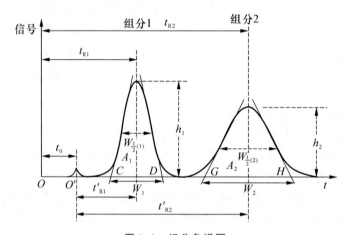

图 8.2　组分色谱图

(1)基线　没有组分从色谱柱中流出并进入检测器时,检测器的响应。它是反映检测系统噪声随时间变化的情况,在图中为 $O-t$ 线,正常时基线应接近水平直线。

(2)峰高　色谱峰顶点与基线间的垂直距离。它常用作待测组分的定量计算,图中 h_1、h_2 分别为两个组分的峰高。

(3)峰底宽　色谱峰两侧拐点上的切线在基线上的截距 W_1、W_2,在图中为 CD 和 GH 的距离。半峰宽为峰高一半处对应的峰宽,实际中更常用符号为 $W_{\frac{1}{2}}$,在图中两个组分的半峰宽分别为 $W_{\frac{1}{2}(1)}$ 和 $W_{\frac{1}{2}(2)}$。

峰底宽 $W_底$ 多数场合简称峰宽 W。需指出的是,有时峰宽又指正态曲线拐点间距离,此时它是峰底宽的一半;而更笼统的峰宽概念则干脆包括半峰宽在内的这三种峰宽。它们都是描述峰形,并用作理论研究的重要参数。

(4)死时间　不被固定相保留的组分从进样到出现最大值所需的时间。它可以看作是流动相流过色谱柱所需的时间。在图中为 OO' 段,符号为 t_0,流动相的平均线速度 $\bar{v}_L$ 可以由柱长 L 与 t_0 计算:

$$\bar{v}_L = \frac{L}{t_0}$$

(5)保留时间　组分从进样到出现最大值所需的时间,如图中 t_{R1}、t_{R2}。

（6）调整保留时间　组分的保留时间减去死时间后的部分,如图中的 t'_{R1}、t'_{R2}。

（7）死体积　不被固定相保留的组分从进样到出现最大值所需的流动相体积:

$$V_0 = t_0 \cdot F_v$$

式中,F_v 为流动相体积流速。

（8）保留体积(V_R)　组分从进样到出现最大值所需的流动相体积。

$$V_R = t_R \cdot F_v$$

（9）调整保留体积(V'_R)　组分的保留体积减去死体积后的部分。

（10）分配系数(K)　在平衡状态时,组分在固定相与流动相中浓度之比:

$$K = \frac{c_s}{c_m}$$

（11）容量因子(k)　在平衡状态时,组分在固定相与流动相中的质量之比 w_s/w_m:

$$k = w_s/w_m = K(V_s/V_m) = t'_R/t_0$$

它是衡量色谱柱对组分保留能力的参数。

（12）相对保留值(α)　组分之间调整保留值之比:
$$\alpha = t'_{R2}/t'_{R1} = V'_{R2}/V'_{R1}$$

它是用来衡量两种组分被分离的能力,是对色谱体系选择性的量度。

（13）分离度　两相邻峰保留值之差与其平均峰宽之比:

$$R = \frac{t_{R2} - t_{R1}}{(W_1 + W_2)/2}$$

它是表示色谱过程中,相邻两组分分离状态的量度。

（14）柱效能　色谱柱的效能常用理论塔板数 N 来表示:

$$N = 16\left(\frac{t_R}{W_底}\right)^2 = 5.54 \times \left(\frac{t_R}{W_{\frac{1}{2}}}\right)^2$$

用理论塔板高(H)也可表示柱效。

$$H = L/N$$

式中,L 为色谱柱长度。

也有用有效塔板数 N_e 及有效塔板高度 H_e 来表示柱效的

$$N_e = 16 \times \left(\frac{t'_R}{W}\right)^2 = 5.54 \times \left(\frac{t'_R}{W_{\frac{1}{2}}}\right)^2$$
$$H_e = L/N_e$$

8.3.2　色谱理论

色谱法应用范围很广,实际操作中含有较多的操作变量。为了深入地研究这些变量的影响规律,人们提出了一系列理论,研究待分离组分和操作条件等是如何影响色谱分离速度、分离度、分离量(负载量)等。这些理论中,最重要的是塔板理论和速率理论。

1) 塔板理论

塔板理论,又称塔片理论,它借助处理蒸馏过程的理论和方法来处理色谱过程,即把色谱柱比作蒸馏塔而得出的半经验理论。该理论基于下述四点假设:

(1) 将色谱柱分为若干小段,组分可在小段的固定相和流动相之间瞬时建立平衡,每小段假定为一块塔板,每小段的柱长为理论塔板高度。

(2) 每个塔板内,一部分空间为固定相,另一部分空间充满流动相,这部分空间为板体积。流动相进入色谱柱不是连续的,而是脉动的,每次进入为一个塔板体积。

(3) 试样开始时都附加在第 0 号塔板上,且试样沿色谱柱方向的扩散(纵向扩散)可略而不计。

(4) 分配系数在各板上为常数。

以上假设导出的色谱流出曲线连续函数为

$$c = c_{max} \exp[-(V - V_R)^2 / \sigma^2(v)]$$

式中,c 是流动组分的浓度;c_{max} 是峰极大处组分的浓度;V_R 表示保留体积;V 是流出色谱柱后的流动相体积;$\sigma(v)$ 是以体积为单位的峰的标准偏差,该数值为峰宽的量度。

由此可见,色谱流出曲线为正态分布曲线,见图 8.2。式中 c_{max} 和 σ 涉及进样量、理论塔板高度、柱长、柱截面积、流动相在柱截面所占分数以及容量因子。通过已知的函数式,可导出关系式:

$$N = 5.54 \times \left(\frac{t_R}{W_{\frac{1}{2}}}\right)^2$$

由此可知,塔板理论在描述色谱图形,计算柱效(理论塔板数),分析各因素对色谱峰高的影响,研究谱带变宽的原因等方面可起到指导作用,但塔板理论在其基本假设,以及对某些实际色谱现象的解释方面是不能令人信服的。

(2) 速率理论

荷兰学者范第姆特等提出了色谱过程的动力学理论,他们吸收了塔板理论的概念,并把影响塔板高度的动力学因素结合进去,导出了塔板高度 H 与气相这相中的载气线速度 u 的关系式:

$$H = A + B/u + C \cdot u$$

式中,A,B,C 为三个常数,其中 A 为涡流扩散项;B 为分子扩散系数;C 为传质阻力系数。由此可见,在 u 一定时,减小上述 A、B 或 C,塔板高度 H 会减小,柱效得以提高;反之,若三次中任何一次的增加,会使柱效降低,谱带变宽。因此,范第姆特方程能较好地解释有关因素对色谱柱的影响。

8.4 制备色谱

8.4.1 分离对策

在制备色谱中,组分的分离是最终目的。组分间的分离度与色谱参数满足如下关系式:

$$R_s = 1/4 \left(\frac{\alpha - 1}{\alpha} \right) \sqrt{N} \left(\frac{k}{k+1} \right) \qquad (8-1)$$

从中可见,良好的分离选择性,即 α 的大小特别重要;通过选择合适的流动相、固定相可提高 α;其次,增加 N 对分离有利,这意味着色谱柱应有足够高的柱效;另外,采用适当强度的流动相,使 k 值大小合适。这些是优化色谱分离条件时必须考虑的因素。

当一次注入色谱柱的样品量过大,超过固定相所能容纳的量时,称之为"超载"。在制备色谱中这是常有的现象,因为此时总希望增加进样量,提高单位时间产量。体系"超载"时,色谱峰形不对称,分离度降低。

式(8-1)是分离组分在固定相与流动相之间达到分配平衡时推导出的,对一根未超载的色谱柱,分离度是可预测的,α 和 k 值基本上与流动相速度及其他动力学因素无关。但当柱超载时,一些通常的色谱关系式不再适用,N、k 和 α 都随柱子的超载程度不同而发生变化,α 和 k 随样品的负载量增大而迅速降低。

在选用何种色谱分离方法时,存在一个基本原则,即分离度、分离速度和样品负载量(柱容量)这三个必须考虑的指标中,若强调其中任何一个指标,就得牺牲其余两个指标为代价。比如,当我们要分离得到高纯样品组分时,需强调分离度,这就得降低分离速度,减少进样量。

提高分离量时要求制备柱有较高的分离度,较大的 α 值,以及适合的流动相增加柱长可以增加塔板数,从而提高单位时间的分离量,但会带来额外的柱压,有可能不利于操作。

8.4.2　具体分离方法

在使用制备液相色谱分离样品时,通常遇到的三种情况见图 8.3。

图 8.3(a)中的第一种情况是要求分离的物质呈现一个较大的单峰,这种情况最好用图 8.4 中所示的方法进行处理。首先进行分析型分离[图 8.4(a)],先通过改变 k、α 和 N 来提高分离度[图 8.4(b)],随后增加注入色谱柱的样品量,直到峰开始重叠为止[图 8.4(c)]。这样可得各组分的纯物质,并使总产率最高;如果需要更大量的纯物质,应允许柱超载[图 8.4(d)],此时虽不能使各组分分离,且主组分峰与其他峰发生重叠,但按中心切割法收集馏分[图 8.4(d),画十字阴影线部分],也能在单位时间内得到比在柱负荷极限内进行分离所能得到的更大量的高纯组分。通常情况下最好围绕中心切割点收集较少馏分,再用薄层色谱或分析型液相色谱检验其纯度。最后将所得到的这些足够纯的馏分合并成为需要的纯馏分。

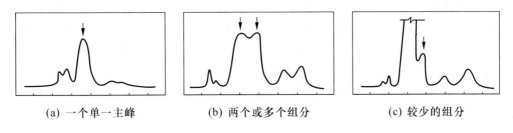

(a) 一个单一主峰　　　(b) 两个或多个组分　　　(c) 较少的组分

图 8.3　制备液相色谱的三种情况,即欲分离组分

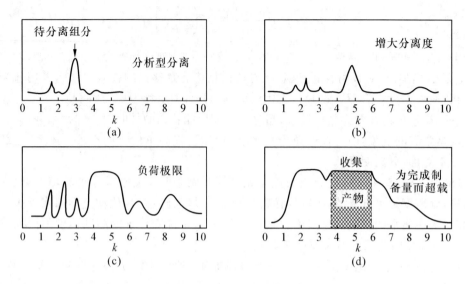

图 8.4　获取最大制备量的途径

图 8.3(b)表示要分离两个或多个主组分,可分两步达到分离目的:首先是两个主成分与其他杂质的分离,可采用与图 8.3(a)相类似的处理方法;其次再解决含两个主馏分的混合物的分离问题,为了改善那些洗脱时间相近的组分的分离,可使用手动或自动循环技术,如图 8.5 所示,直接收集重叠峰画剖面线前后"翼"区的组分 A 和 B,就可得到高纯度物质。而为了得到大量的纯物质,则需要进行反复的分离。如果初始样品量太少,可将重叠峰中部的A+B 部分再循环分离,再收集"翼"区的纯组分。

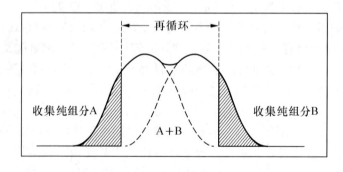

图 8.5　两个不完全分离组分的回收

当要求分离的物质是微量或痕量组分时[图 8.3(c)],制备方法可采用示意图 8.6 方式解决。对于柱负载极限时观察到的痕量组分[图 8.6(a)],可使其在达到最佳分离度后,利用柱超载进行富集。图 8.6(b)表示在所期望的洗脱区收集要分离的组分,然后采用适当的技术分析这些已浓缩的馏分,并把那些含这种痕量组分浓度较高的馏分合并,为进行最后的纯化[图 8.6(c)],可使用相当于图 8.3(a)的方法对这一富集的样品再进行一次色谱分离。

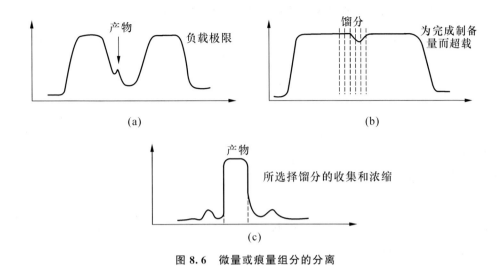

图 8.6　微量或痕量组分的分离

8.4.3　色谱条件与仪器设备

用色谱法分离时,选择的实验条件包括色谱柱、流动相、样品量(体积及浓度)和仪器(检测器、泵)等。色谱柱条件中首先要考虑的是固定相类型,它与流动相种类选择一样,内容十分丰富,本节只介绍适于制备色谱一般原则或有普遍规律的实验条件问题,更详细的内容将归结到后一节介绍。

1) 色谱柱

(1) 内径　制备色谱可分离样品的质量随所用色谱柱内径增加而增加,分离效果也随内径增加而更好。分析型色谱柱内径一般为 3.9 mm 和 4.6 mm,也有更小的规格;而制备型的内径至少要有 10 mm,对于大规模的工业过程来说,用内径更大的柱子生产大量(几千克)高纯产物亦常见。

(2) 材料　高效液相色谱要求柱能承受 30 MPa 的压力,因此材料多为不锈钢管,若低压时(1.0～1.5 MPa),也可用玻璃材料。

(3) 柱形　制备型液相色谱柱一般被做成分段连接起来的直形柱子,也有非柱形的。

(4) 柱填充法　液相色谱柱的装填是一项技术性很高的工作。若填料粒径大于 20 μm,可用干法装填,干法装填是将柱子垂直放好,向柱管内多次加入少许填料,同时用一物体轻敲柱外壁,每次高度增加几毫米;若填料粒径在 10 μm 以下,只能用湿法装填,即匀浆装填法。匀浆装填法是以单一溶剂或多元混合溶剂作为分散悬浮介质,经超声处理使填料在介质中高度分散和悬浮,避免填料沉降和聚集结块,即匀浆。再利用加压介质在高压下将匀浆以很高的线速度送入柱管内,柱管下端预先装有多孔金属滤板。在装填过程中,匀浆中的溶剂经滤板流出,填料则紧密而均匀地沉积在柱管内。

另外,若柱填料的比表面积大,则色谱柱有高的负载容量,但保留值会增加;填料粒径与柱长、负载量的关系较为复杂。表 8.1 给出一些这方面的有用参数。

表 8.1　在分离度相等(不超载)的情况下分析型和制备型色谱柱参数

实 验 参 数	分析型 (0.46 cm 内径)	制备型 (2.3 cm 内径)	半制备型 (1.0 cm 内径)	制备型 (2.3 cm 内径)
多孔型颗粒的大小/μm	10	10	10	10
柱长/cm	25	25	25	100
流动相流速/(cm·s^{-1})	0.5	0.5	0.5	约 0.08
理论塔板数/(个·m^{-1})	4 000	4 000	4 000	4 000
色谱柱中硅胶的量/g	3	78	14	250
单次分离样品的最大量/g	3	78	14	250
典型分离时间/min	5~10	5~10	5~10	50~200
制备量/(mg·min^{-1})(相同纯度条件下)	0.6	16	3	5
色谱柱成本	低	低	中等	中等

多孔填料比薄壳型的填料产量有比较明显的提高。填料颗粒小($5\sim10~\mu$m)能提高制备分离的能力,适合于 α 值小的物质对的分离;而使用填料颗粒大,且较长的色谱柱可提高单位时间的产量。若增加柱横截面积,也可以提高柱容量和单位时间的产量。在超载工作时,增加柱长和适当增加流动相流速,也可以提高产量。

2)流动相

液相色谱按流动相与固定相极性相对强弱,分为正相色谱和反相色谱。正相色谱使用极性固定相和非极性或弱极性的流动相,极性最弱的组分最先流出,增加流动相的极性将减小组分的保留;反相色谱是使用非极性或弱极性固定相和极性流动相,流动相的极性比固定相强得多,极性最强的组分最先流出,增加流动相极性将增加组分的保留。

流动相要求对固定相无破坏作用,而对试样品有适宜的溶解度;另外要求其黏度低,从而降低柱压,保持高柱效;流动相的介电常数会对可离解化合物的分离有影响,在低介电常数的流动相中这类化合物离解受限制;在使用紫外检测器时,流动相的紫外吸收应尽可能地小。

一些常用溶剂的性质见表 8.2。

表 8.2　常见溶剂的性质

溶剂名称	溶剂强度 $\varepsilon^0_{氧化铝}$	折光指数 RI(20℃)	截止波长 UV/nm	黏度 η(20℃) /(mPa·s^{-1})	表面张力 γ(20℃) /(mN·m^{-1})	沸点 bp/℃
正戊烷	0.00	1.358	210	0.23	15.48(25℃)	36.0
正己烷	0.01	1.375	210	0.32	17.91(25℃)	68.7
正庚烷	0.01	1.388	210	0.41	20.30	98.4
环己烷	0.04	1.427	210	1.00	24.98	81.0
二硫化碳	0.15	1.626	380	0.37		45.0
四氯化碳	0.18	1.466	265	0.97	26.75	76.7
2-氯丙烷	0.29	1.378	225	0.33		34.8

溶剂名称	溶剂强度 $\varepsilon^0_{氧化铝}$	折光指数 RI(20℃)	截止波长 UV/nm	黏度 η(20℃) /(mPa·s^{-1})	表面张力 γ(20℃) /(mN·m^{-1})	沸点 bp/℃
甲苯	0.29	1.496	285	0.59	28.53	110.6
1-氯丙烷	0.30	1.389	225	0.35		46.6
氯苯	0.30	1.525	280	0.80	33.28	132.0
苯	0.32	1.501	280	0.65	28.88	80.1
乙醚	0.38	1.353	220	0.23	17.06	34.6
氯仿	0.40	1.443	245	0.57	27.16	61.2
二氯甲烷	0.42	1.424	245	0.44	28.12	41.0
四氢呋喃	0.45	1.408	222	0.55	26.4(25℃)	65.0
1,2-二氯乙烷	0.49	1.445	230	0.79		84.0
丙酮	0.56	1.359	330	0.32	23.32	56.2
二氧杂环己烷	0.56	1.422	220	1.54	34.45(15℃)	104.0
乙酸乙酯	0.58	1.371	260	0.45	23.75	77.1
乙酸甲酯	0.60	1.362	260	0.37		57.0
硝基甲烷	0.64	1.394	380	0.67		110.8
乙腈	0.65	1.344	210	0.37	19.10	80.1
吡啶	0.71	1.510	305	0.94	36.88	115.5
乙丙醇	0.82	1.380	210	2.30	21.79	82.4
乙醇	0.88	1.361	210	1.20	22.8	78.5
甲醇	0.95	1.329	210	0.60	22.55	65.0
乙二醇	1.11	1.427	210	19.90		198.0
醋酸	很大	1.372	251	1.26		118.5
甲酰胺	很大	1.448		3.76		
水	很大	1.333	180	1.00	72.8	100.0

　　流动相 pH 值有时需用缓冲剂控制,这对可离解化合物的分离尤为重要。在 pH 值为 3.5~5.5 内可用醋酸作缓冲液;而磷酸缓冲液在较宽的 pH 范围内可用,但磷酸盐在收集馏分后不易除去;考虑到卤化物对不锈钢有腐蚀作用,应避免使用卤化物。

　　为了便于从分离的馏分中除去流动相,所用的流动相应具有适当的挥发性。溶剂纯化亦应引起足够重视,因当流动相被蒸馏除去时,其中的非挥发物质会被浓缩而带来污染,到底该用何种纯度级溶剂,应视具体实验而定。

　　对于任何液相色谱方法来说,最好用分离的流动相来溶解样品,如果注入样品的溶剂极性比初始流动相强,常使分离效果变差。

（3）样品制备量

制备型色谱中,进样量是一个十分复杂的问题。

注入色谱柱内被分离的样品,在同等总量的情况下,应是大体积低浓度,而非小体积浓度高的溶液。这样做可减小柱床入口处的超载,因而增大了柱子的负荷量和柱效。

注入样品的体积与柱内径、柱长、样品溶解度、流动相-固定相的组合,以及分离目的有关,表 8.1 列出不同制备规模时液-固色谱上的进样量。

（4）样品纯度的确定

收集得到的样品除去挥发性溶剂后,再经适当处理获得纯品,用分析型色谱、薄层色谱或其他技术来测定其纯度。如果纯度不够,可进一步用色谱循环或采用结晶手段来纯化。对生物活性物质,需进行生物活性测定,根据活性大小确定活性物质的纯度。

制备型色谱仪与分析型色谱仪在设计上有许多不同之处,主要体现在以下几个方面。

（1）泵系统

对于大口径色谱柱泵系统的输液能力必须达到 100 mL/min,压力 20 MPa 左右;而对于半制备型色谱,流量要求达到 10 mL/min;由于以制备为目的,对色谱图本身质量要求不高,因此对泵的精密度、准确度和完全脉冲调节要求并不十分严格。

由于制备色谱流量较大,仪器的管路及连接口的内径要比一般分析用色谱仪器的大得多。

（2）检测器

制备型液相色谱由于溶质浓度较高,检测器对灵敏度要求并不高,但要求能承受高流速洗脱液的通过。示差折光和紫外检测器是两种最常用的检测器。实际上,检测器经常因流出液中物质浓度太高而超过检测上限,导致组分分离信号得不到正确响应,对高灵敏的紫外检测器来说,这种情况更易产生,解决该问题的方法之一是选用溶质紫外吸收较弱的波长处进行检测;另一种方法是采用旁路分离管,将少量流出液导入分析型检测器。应注意检测器的灵敏度随不同物质响应变化可能很大,一个看似很大的峰,并不一定代表其实际含量很高。

（3）样品的收集和循环系统

制备色谱的洗脱液用量较大,如有可能,应对收集后的溶剂回收再利用。有的仪器有专门的回收再生溶剂装置。

在使用反相或聚合物吸附剂进行分离时,有时从水溶液中回收样品较困难,可在蒸去其中有机溶剂后,用甲苯或氯仿提取残留水溶液。

若两峰经过一次色谱柱后没有完全分开,可以令其再回到柱入口进行第二次或多次循环分离,这就相当于增加柱长,提高分离度。循环系统装置有简单的,也有复杂的,不同制备色谱仪可根据需要而配置。

8.5　高效液相色谱的分离类型

按色谱分离过程的作用原理来分,高效液相色谱有多种分离类型,各有其适用范围,选择何种类型主要取决于待分离样品的性质,如相对分子质量分布、溶解度、官能团类型和数量等,同时与分离的要求、已有设备和技术也密切相关。

8.5.1　液固色谱

液固色谱也称吸附色谱,它是最先得以研究和应用的一种色谱法。其分离基础是样品组分分子与流动相分子在固体吸附剂表面活性点上的竞争吸附,以及组分分子与流动相分子之间的相互作用。Tswett 在 20 世纪初提出并发展的色谱就是液固色谱,通常归类为经典液相色谱法,本节主要介绍高效液相(柱)色谱(又称现代液相色谱)。

用液固色谱制备分离有很大的灵活性与方便性,它可以借用薄层色谱的分离条件。由于能使用那些对多种化合物都有很大溶解度的流动相,因而可以有较高的样品负载量,分离成本较低。

液固色谱适用于分离那些能溶于有机溶剂,具有中等分子量的组分。它能分离不同类型的化合物,如具有不同取代基团的化合物或取代基相同但数目不同的化合物;对于异构体的分离,液固色谱比其他液相色谱有较高的选择性;但对同系物的分离或某些烷基取代物的分离,液固色谱分离能力较低。

(1) 固定相

液固色谱在选用固定相时一般考虑其化学组成(硅胶、氧化铝)、表面积、微粒的几何构型(粒径、多孔与薄壳、不规则与球形)等。常用的吸附剂(固定相)为硅胶,其化学稳定性好、强度高、耐高压。硅胶表面含有硅醇基,是吸附活性点。在室温时,硅胶会吸附一定的水分子而使活性降低;温度升高,吸附的水减少,在 200℃时,表面吸附水全部失去而使吸附剂呈现最大的活性,但过强的活性常引起色谱峰形拖尾,为消除这种影响,常用少量水或其他极性化合物使其强极性纯化。

固定相其他参数的选择参照一般色谱分离原则。

(2) 流动相

根据吸附顶替模型,溶质(样品)分子与溶剂(流动相)分子 M 在吸附剂表面上进行竞争吸附:

$$S_m + nM_n \Longrightarrow S_a + nM_m$$

式中,m 和 a 分别代表流动相和吸附剂。

$$n = A_s / A_m$$

式中,A_s 为组分分子吸附在表面上所需的吸附剂表面积;A_m 为流动相分子所需的面积;净吸附能 ΔE_a 近似表达为

$$\Delta E_a = S^0 - A_s \varepsilon^0$$

式中,ε^0 为溶剂分子在单位面积标准吸附剂上的吸附能,并规定戊烷在氧化铝吸附剂上的吸附能 $\varepsilon^0 \equiv 0.00$;$S^0$ 为组分分子的吸附能,即相当于组分分子从戊烷溶液吸附到吸附剂表面的净吸附能。ε^0 值称为溶剂强度参数,它仅与溶剂和吸附剂有关,按 ε^0 值递增顺序排列所得序列称为溶剂洗脱能力序列,常见的溶剂洗脱能力见表 8.2。溶剂在硅胶上的洗脱能力序列与在氧化铝上的洗脱能力序列基本相同,只是前者各种溶剂的 ε^0 值较小,两者存在

以下近似关系：

$$\varepsilon^0_{硅胶} = 0.77\varepsilon^0_{氧化铝}$$

随着溶剂的 ε^0 值增加，组分分子的 k 值下降，对于给定的溶质和吸附剂，$\lg k$ 与 ε^0 值呈线性关系，这就可以根据溶剂洗脱能力序列选择合适的溶剂。如果使用某一溶剂时，待分离组分 k 太小，则可调整溶剂 ε^0 使之变小，通常采取二元混合洗脱液为流动相，增加 ε^0 值小的溶剂比例，则可达到目的。应注意二元混合溶剂的 ε^0 值与组分含量之间不是简单的线性关系，其变化规律可参考"混合溶剂强度图"表示(图 8.7)。

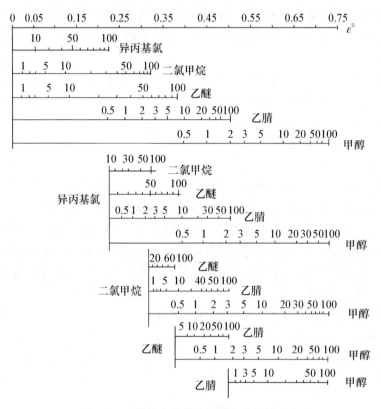

图 8.7　硅胶柱上某些二元混合试剂的强度

组分的 k 值与流动相 ε^0 及该组分的性质有关，当两个组分在强度为 ε^0 的某一流动相中，k 相近时，在同等强度的另一种流动相中，k 可能会不同，这就意味着调整流动相种类，可改善组分的分离情况。

(3) 样品分子结构对保留值的影响

样品组分子的结构决定着组分的流出顺序，组分的保留值受分子中官能团的类型和数目的影响，官能团吸附强弱有如下规律：

不吸附：烷烃；

弱吸附：烯烃、硫醇、硫醚、单环或双环芳烃、卤代芳烃；

中等吸附：多核芳烃、醚、腈、硝基化合物、大多数羰基化合物；

强吸附：醇、酚、胺、酰胺、亚砜、酸和多功能团化合物。

根据样品选择洗脱液的简单规则是，含弱吸附和部分中等吸附官能团组分的分离，可用烃类作洗脱液;含羧基化合物的用二氯甲烷作洗脱液,其余组分的分离,洗脱液中要添加乙腈或甲醇。

组分的保留值还取决于组分是否能与吸附剂取得最大程度的作用。遵循这一规律,与官能团相邻且相对分子质量较大的烷基由于空间位阻效应会减小保留值;而顺式化合物比反式化合物具有更大的保留值;此外,含羧基的对位异构体(如氢醌)比相应的邻位异构体(如儿茶酚)的保留值更大。

8.5.2　化学键合相色谱

用化学反应的方法将各种不同的有机基因以共价键连接到载体表面上,并以此为固定相,形成的色谱分离方法称为化学键合相色谱。这种色谱的固定相既有液-液色谱固定相灵活的优点,又没有后者固定液流失的缺点,此外还有表面吸附和催化作用小,不易引起拖尾及改变组分结构等优点。事实上,少数几种键合相可满足大部分极性、非极性有机化合物和离子型化合物的分离要求。由于键合相色谱具有许多突出优点,现已成为最为广泛应用的液相色谱方法。

(1) 固定相

键合相色谱所用的固定相以多孔微粒硅胶为基体,在进行键合反应之前,应先将硅胶表面的硅氧烷键完全水解,使之成为硅醇基,除去吸附水,使硅胶表面完全呈自由硅醇基。有机基团与基体硅胶表面的键型有 $Si—O—C$ 型、$Si—C$ 型和 $Si—O—Si—C$ 型,键合反应相应地也有不同类型。其中,$Si—O—Si—C$ 型键合相目前应用最广泛,这是由于其热稳定性和化学稳定性较 $Si—N$ 键型好,制备方面比 $Si—C$ 键型方便。

键合相以键合的基团命名,如十八烷基键合相、氰基键合相等,这类基团种类较多,常按其极性大小分为非极性、极性和离子交换型键合相。

典型的非极性键合相为 C_{18}、C_8 和 C_4 等,由于使用时流动相极性较强,所以属于反相色谱,一般情况下,烷基键合相上碳链越长,组分的保留也越强;十八烷基键合相(简称 C_{18} 或 ODS)是最为常用的固定相。而辛基键合相(C_8)含残余硅醇基较少,因此适用于分离某些极性样品。

极性键合相又分为弱极性、中等极性及强极性键合相。其中,中等极性和强极性的更常用,典型的基团有氰基与氨基。氰基键合相的性质与硅胶相似,在硅胶上能分离的样品一般用氰基键合相也能完成,但氰基极性较硅胶的极性弱,所以在相同的条件下,组分在氰基键合相上的保留较硅胶上小。

氨基键合相在性质上与硅胶有很大的差异,主要由于 $Si—OH$ 基呈酸性,而$—NH_2$ 基呈碱性,在酸性介质中氨基键合相表现为一弱阴离子交换剂。由于氨基具有形成氢键的能力,在水/乙醇作流动相时可分离单糖、双糖和多糖,此时流动相中水含量的增加会使保留值减小。

(2) 流动相

流动相选择时也按正相和反相两种情况考虑,基本原则见 8.4.3 的流动相部分。

在化学键合相液相色谱中,反相色谱应用更为广泛,主要原因是反相色谱的流动相通常为按不同比例水/有机相(甲醇、乙腈)混合的溶液,由于含水,可进行 pH 值、溶液强度的调节,因而能满足于多种分离模式对流动相的要求;而正相色谱的流动相一般为烃类溶剂,变化范围有限。

8.5.3　排阻色谱

排阻色谱也称空间排阻色谱、体积排阻色谱、凝胶排阻色谱、分子筛色谱等,它的分离机理不同于前面介绍的各种色谱,不是根据组分在固定相与流动相间的作用力不同而分离,而是根据组分分子体积大小和形状来分离。

具体来说,排阻色谱是以一定孔径分布的多孔惰性物质为柱填料,柱填料的流动相平衡后,孔内充满流动相。样品形成的溶质分子随流动相经过填料时,扩散进入填料孔内,小体积分子可进入多数孔内,而大体积分子被小孔排斥,只可进入大孔,各种分子在通过色谱时,产生速度差异而得以分离,分离模式描述如下:

设 V_s 为柱内填料孔穴总体积,V_m 为柱内填料间隙体积,组分的洗脱体积 V_e 应为

$$V_e = V_m + K_d \cdot V_s$$

式中,K_d 为平衡分配系数,它表示组分分子可以扩散进入孔体积与孔穴体积之比,K_d 值取决于分子大小。实际是指分子在流动相中的转动半径,与分子几何形状(球形、棒形或无规则卷曲形)以及溶剂化作用等因素有关。

在柱填料不存在吸附作用的情况下,$0 < K_d \leqslant 1$。当 $K_d = 0$ 时,$V_e = V_m$,这意味着分子不能进入填料的任何孔径,即"完全被排阻";当 $K_d = 1$ 时,$V_e = V_m + V_s$,这意味着组分分子可扩散进入填料所有孔内,通常情况下,溶剂分子最小,属于这种情况。其他组分分子洗脱液体积在 V_m 和 $V_m + V_s$ 之间,分离示意图见图 8.8。

从图 8.8 中可见,体积太大的组分,发生"完全被排阻"现象,直接流过色谱柱,首先出峰(a 组分);一部分体积极小的分子由于在色谱柱中经过最长的路线,因而最后出峰(b 组分);其他分子也依体积大小先后出峰而得以分离。

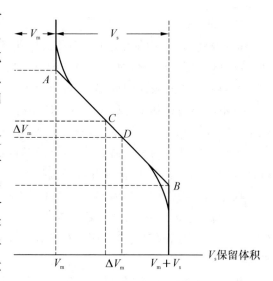

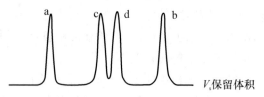

图 8.8　理想排阻色谱中样品相对分子质量与保留体积的关系

(1) 填料及色谱柱

排阻色谱填料按其材料来源、制备方法、使用性能的不同,可以有多种分类方法。

根据制备原料可将其分为有机填料和无机填料;根据承受压力的不同可分为软性凝胶、半刚(硬)性凝胶及刚(硬)性凝胶;根据其对溶剂适用范围又分为亲水性、亲油性和两性凝胶。以水作流动相的亲水凝胶多用于生化体系中水溶性样品的分离,在生物界习惯的称为

凝胶过滤色谱(GFC);而疏水性凝胶多用于合成高分子化合物的分离,通常以有机溶剂为流动相,在高分子化学界习惯地称为凝胶渗透色谱(GPC)。

表 8.3 列出了一些典型的凝胶。

表 8.3　高效凝胶来源及性质

凝胶	牌　号	来　源	有机胶① 无机胶②	均匀胶① 半均匀胶② 非均匀胶③	软胶① 半硬胶② 硬胶③	亲油性胶① 亲水性胶② 两性胶③
交联聚苯乙烯	NGW	天津化学试剂二厂(中)	①	①②③	①②	①
	μ-Styragel	Waters(美)	①	②③	②	①
	Bio-Beads	Bio-Rad(美)	①	①	①②	①
	Tsk-Gel H	东洋漕达(日)	①	①②③	①②	①
	Shodex-A-800	昭和电工(日)	①	①②③	③	①
多孔硅胶	NGW	天津化学试剂二厂(中)	②	③	③	①②
	Spherosil	Pechiney-St.Gobain(法)	②	③	③	①②
	Li Chrospher	E.Merck(德)	②	③	③	①
	μ-Bondagel	Waters(美)	②	③	③	①
	PSM	E.I.du Pont(美)	②	③	③	①
多孔玻璃	CPG	Electro Nucleoni(美)	②	③	③	①
	Vit-X	Perkin-Elmer(美)	②	③	③	①

选择排阻色谱的分离柱时,应根据资料推荐的参数尽量使用性质类似的填料。要考虑和溶解样品的溶剂相配,注意亲油性与亲水性柱填料之分;两性凝胶既可用水,又可用有机溶剂为流动相,但有些凝胶适用的流动相较为严格,不合适的流动相会破坏填料,使用时应认真了解产品性能。

另外要考虑凝胶的孔径及其分布与样品的体积、相对分子质量范围相匹配。大孔径的凝胶由于完全排阻的上限高,适用于较大分子体积的样品分离;小孔径填料则适用于小分子分离;每种孔径的凝胶都有最适宜的相对分子质量范围,在此范围内,相对分子质量的对数与色谱保留体积成正比。遇到样品相对分子质量分布较宽,远远超出一种凝胶所能分离的范围时,可以将具有不同分离范围的色谱柱串联起来使用。

(2) 流动相

由于排阻色谱的分离并不依赖于样品组分与填料及流动相之间的相互作用,流动相相当于"载体",因此流动相的选择考虑就较为简单,原则上要确保样品具有良好的溶解度,此外还应黏度低,沸点高,与检测器相匹配。在分离油溶性样品时,四氢呋喃是最为常用的流动相,还可选择甲苯、卤代烃等;在分离水溶性生物大分子和某些合成聚合物时,为消除吸附作用或由填料引起的基体效应,常在流动相中加一定浓度的盐,用来提高离子强度,典型的离子强度为 $0.1\sim0.5$。有时还通过加入甲醇,调整 pH 值来消除吸附;此外,还应考虑流动相对样品稳定性的影响,例如在用凝胶色谱分离蛋白质时,为防止蛋白质被吸附变性,要在流动相中加入聚乙二醇 6000、聚乙二醇 2000 或乙二醇等一些类似改进剂的物质。

8.5.4　灌注色谱

色谱的应用和发展,始终围绕着如何提高色谱的分离效率。从色谱速率理论可以预测减小液相色谱流动相的传质阻力是提高分离效率的重要途径,该传质阻力相中,一般液相色谱模式下存在的滞留于固定相微孔内的流动相又是影响最大的因素之一,若以小粒径代替大粒径,以无孔填料代替多孔填料,可以起到降低流动相滞留,减小传质阻力的作用,有利于分离,但这会造成固定相表面积减小,柱容量降低,因此不利于实现制备分离。

前面介绍的各种色谱分离过程中,传质动力来源是浓度梯度形成的扩散作用。随着膜和大孔聚合颗粒领域研究的发展,人们发现当膜的孔径达到 500 nm 时,只要两边有微小的压力差,便可引发孔内的对流传质,由此设想,在色谱填料颗粒上有这种横穿粒子的特大对流传质孔时,被分离溶质便会随流动相一起,迅速接近介质的内孔表面,这种以对流传质为主的传质过程大大快于靠浓度梯度扩散过程,十分有利于提高分离效率,该过程与肾脏和其他器官的灌注过程十分相似,因此将基于此过程的色谱称为灌注色谱,也称灌流色谱(perfusion chromatography)。

灌注色谱的填料是由苯乙烯基共聚而成的多孔型高分子微球。颗粒内部有两种结构的孔隙,一种是贯穿整个颗粒的大孔,称为穿透孔或对流孔,孔径在 600～800 nm 之间;另一种是连接这些大孔的小孔,称为连接孔或扩散孔,孔径为 50～150 nm,孔深不超过 1 μm(图 8.9)。颗粒的传质过程主要靠穿透孔内的对流传递,溶质(主要是生物大分子)能随流动相的液流迅速到达孔内的活性表面上。扩散孔不能形成快速对流传质,由于其孔深较浅,扩散程度短,不会造成明显的传质阻力,但它的存在增加了填料的表面积,因而整个传质过程非常快,在高流速下,谱带也不会因传质因素加宽,柱效大大增加。

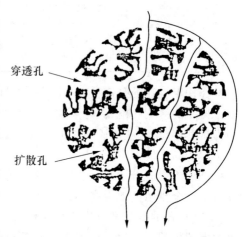

可以这样认为,灌注色谱实际上是吸取了无孔填料和膜的快速分离能力,又吸取 HPLC 多孔填料的高容量,并且没有增加填料的阻力。我们知道,生物大分子在分离和纯化时,由于大分子物质扩散系数小,柱效较低,其应用受到限制。

图 8.9　灌注色谱填料颗粒的多孔结构示意图

而灌注色谱的上述优点,加上可采用多种模式的填料,如采用表面官能团是反相(R 型)、强阳离子交换(Q 型)和强阳离子交换(S 型)等,使其适用于多种生物大分子的分离和纯化,成为色谱领域迅速发展的方向之一。

8.5.5　其他色谱分离法

（1）离子交换色谱法

离子交换色谱法是利用离子交换树脂为固定相,以适宜的溶剂为流动相,待分离组分按离子交换亲和力的不同得以分离。本书第 6 章已对离子交换做了介绍,其中不少内容也可看作液相色谱的知识,本章不再另做介绍。

需指出的是,用于高效离子交换色谱的固定相应满足下列条件:粒径小和颗粒均匀,传质快,能承受高压而不变形,在转型时溶胀和收缩应减到最小限度,并具有适当的交换容量。

(2) 疏水作用色谱与亲和色谱

在细胞工程、基因工程、酶工程和单克隆抗体提取的生物工程领域中,常需要从复杂的混合物体系中分离纯化活性蛋白,而蛋白质的空间排列容易从原先的有序结构变成较无序的三维结构,发生变性,失去生物活性。这种现象在一般分离方法中常常出现,而疏水作用色谱可以得到较好的效果,它是利用适度疏水性填料,以含盐的水溶液作为流动相,借助疏水作用分离活性蛋白质。

亲和色谱是吸附色谱的发展,其机理借助于以共价键形式与不溶性载体连接的配位体,具有高选择吸附分离生物活性物质的特性。配位体可以是底物、抑制剂、辅酶、变构效应物,以及其他任何能特异、可逆地与被纯化蛋白质或生物大分子发生作用的化合物,蛋白质等的生物学功能是它们能够特异和可逆地与配位体发生相互作用,这种作用结果可用来分离和纯化目标物。

这两种色谱涉及较多的生物化学知识,也主要用于生物大分子分离方面,本书只做一概念性介绍。

8.6　应用实例

例 1　从败酱科植物 Valerian capense 中分离 Valepotriates。先将粗品进行 HPLC 分析,色谱图见图 8.10(a),该图表明样品成分较多,而需要组分 Valepotriates(33)只在 210 nm 有吸收,254 nm 检测表明,该组分出峰前后都有杂质成分存在。分析型色谱柱 Nucleosil RP - 18,7 μm(250 mm×4 mm)为常见的 C_{18} 反相填料,流动相(乙腈)/(水)=55/45,及流速 1 mL/min 也是最为普遍的分析型色谱条件。将此条件放大,采用半制备型 HPLC 分离提取 Valepotriates 的色谱图见图 8.10(b),色谱柱填料类型不变,但柱直径由 4 mm 扩大为 21 mm,柱填料体积扩大,柱容量增加,同时流动相组成不变,但流速增加到 6 mL/min,从而提高洗脱速度。对照分析型 HPLC 图,在 254 nm 处检测,可以排除欲收集组分前后的杂质,只收集杂峰之间的组分,虽然此时它并不显示出峰。

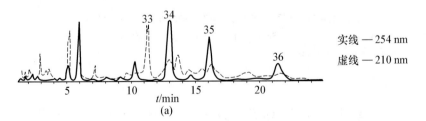

实线 —— 254 nm
虚线 —— 210 nm

(a)

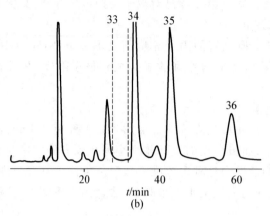

图 8.10 HPLC 用于败酱科植物 Valerian capense 中分离 Valepotriates

(a) 分析型 HPLC

色谱柱:Nucleosil RP-18,7 μm(250 mm×4 mm);洗脱剂:乙腈-水(55:45);流速:1.0 mL/min

(b) 半制备型 HPLC

色谱柱:Nucleosil RP-18,7 μm(250 mm×21 mm);洗脱剂:乙腈-水(55:45);流速:16 mL/min 波长:254 nm(Valepotriates 33 254 nm 无法检出,采用对图中指示区域进行收集的方法)

例 2 采用排阻色谱分离纯化人体血清中高密度脱脂蛋白质,使用仪器为 Varian Model 5060 HPLC。色谱柱是 Micropak TSK 3000SW(300 mm×22 mm),这些符号和数字中,Micropak 是品牌名,TSK SW 表明填料是键合硅胶,3000 对应着填料孔径,即适宜的相对分子质量分离范围,从较大的柱直径 22 mm 可知,该色谱柱适用于半制备或制备色谱。

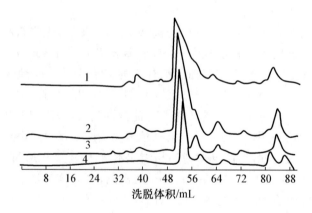

图 8.11 高密度脱脂蛋白柱载量大小对分离的影响

色谱条件 制备柱:22 mm×300 mm TSK 3000 SW;流动相:0.05 mol/L Tris-HCl(pH7.0) +6 mol/L 脲;流速:1.0 mL/min;波长:250 nm;

1—25 mg;2—15 mg;3—10 mg;4—1.0 mg

由图 8.11 是柱载量大小对分离的影响,从中可见柱载量增加,色谱分辨率下降,这意味着不能简单地规定到底多少柱载量是合适的,它取决于对所得组分纯度,总量以及时间方面的综合考虑。在选定一个条件后,纯化蛋白如图 8.12 所示制备色谱图及所收集的各组分纯度检度色谱图。

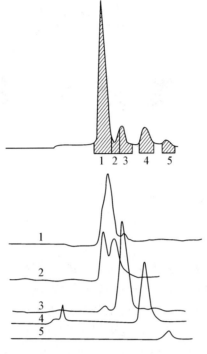

图 8.12　高密度脱脂蛋白的纯化图

色谱条件　制备柱:22 mm×300 mm TSK 3000 SW;样品:10 mg(洗脱液中);流动相:
0.05 mol/L Tris-HCl(pH7.0)+6 mol/L 脲;流速:1.0 mL/min;波长:250 nm

思 考 题

1. 高效液相色谱仪器主要由哪几部分组成? 作为制备型的仪器和分析型的相比,各部分有何不同?
2. 液固色谱、化学键合相色谱、排阻色谱及灌注色谱的分离原理各是什么? 它们各适用于哪些样品的
   分离?
3. 色谱柱柱效是如何表示的? 有哪些途径可以提高柱效?

参 考 文 献

〔1〕　斯奈 L R,柯克兰 J J.现代液相色谱导论.2 版.北京:化学工业出版社,1988.
〔2〕　《化学分离富集方法及应用》编委会.化学分离富集方法及应用.长沙:中南工业大学出版社,1996.
〔3〕　邹汉法,张玉奎,卢佩章.高效液相色谱法.北京:科学出版社,1998.
〔4〕　吴宁生,顾光华.高效液相色谱.合肥:中国科学技术大学出版社,1989.
〔5〕　师汾贤,王浚德.生物大分子的液相色谱分离和制备.2 版.北京:科学出版社,1999.
〔6〕　霍斯泰特曼 K,马斯顿 A,霍斯泰特曼 M.制备色谱技术.北京:科学出版社,2000.

第9章

膜 分 离 法

9.1 概述

如果在一个流体相内或两个流体相之间有一薄层凝聚相物质把流体分隔开来成为两部分,则这一薄层物质就是膜。利用固相膜或液相膜的选择性透过作用而分离气体或液体混合物的过程就是膜分离过程。这里所谓的凝聚相物质可以是固态的,也可以是液态或气态的。膜本身可以是均匀的一相,也可以是由两相以上的凝聚态物质所构成的复合体。

膜分离技术则是指以外界能量或化学位差为推动力,依靠膜的选择性透过作用进行物质的分离、纯化与浓缩的一种技术。作为一种新兴的高效分离手段,膜分离技术被视为是21世纪最有发展前途的高新技术之一,其发展历经了20世纪50年代的奠基阶段、六七十年代的快速发展阶段和八九十年代的发展深化阶段后,已日趋成熟。目前已被广泛应用于化工、食品、医药、生物技术、环保、电子、纺织、石油和能源工程等领域。

膜分离过程的实质近似于筛分过程,是根据滤膜孔径的大小使物质透过或被膜截留,从而达到物质分离的目的。目前,在化工、食品、医药、生物技术领域,常用的膜分离技术主要包括微滤、超滤、纳滤和反渗透等四种(表9-1)。

表 9-1 常用膜分离技术的基本特征

项目	膜类型	操作压力	分离机理	适用范围	技术特点	不足之处
微滤 (MF)	对称微孔膜 (0.02~10 μm)	0.01~0.2 MPa	颗粒大小、形状	含微粒或菌体溶液的分离	操作简便,通水量大,工作压力低,制水率高	有机污染物的分离效果较差
超滤 (UF)	不对称微孔膜 (0.001~0.1 μm)	0.1~0.5 MPa	颗粒大小、形状	有机物或微生物溶液的分离	与微滤技术相似	与微滤技术相似
纳滤 (NF)	不对称复合膜 (1~50 nm)	0.5~2.5 MPa	优先吸附、表面电位	硬水或有机物溶液的脱盐	可对原水进行部分脱盐和软化,生产优质饮用水	常需预处理,工作压力较高

项目	膜类型	操作压力	分离机理	适用范围	技术特点	不足之处
反渗透（RO）	不对称复合膜（<1 nm）	1.0～10 MPa	优先吸附、溶解扩散	海水或苦咸水的淡化	几乎可去除水中一切杂质，包括悬浮物、胶体、有机物、盐、微生物等	工作压力高；制水率低；能耗大

微滤主要是根据筛分原理，以压力差作为推动力的膜分离技术，是利用孔径为 $0.02\sim10.0~\mu m$ 的对称微孔膜来过滤去除含有微粒或菌体的溶液的过程。在给定的压力下，溶剂、无机物、盐及生物大分子物质均能透过膜，只有直径较大的微粒或菌体被截留，从而使溶液或水得到净化。微滤技术是目前所有膜分离技术中应用最广、经济价值最大的技术，主要用于悬浮物的分离、制药行业的无菌过滤（包括无菌水和无菌空气）等，目前的销售额在各类膜中占据首位。

超滤是利用筛分原理，以压力差为推动力的膜分离技术，是应用孔径为 1～20 nm 的超滤膜来过滤分离大分子或微细粒子的过程。同微滤过程相比，超滤过程受膜表面孔的化学性质的影响较大。在一定的压力条件下，溶剂或小分子物质透过孔径为 1～20 nm 的对称微孔膜，而直径在 5～100 nm 之间的大分子物质或微细颗粒被截留，从而达到了净化的目的。超滤主要用于小分子物质的浓缩、大分子物质的分级、净化等。

反渗透主要是根据溶液的吸附扩散原理，以压力差为主要推动力的膜分离技术，是利用反渗透膜具有选择性地透过溶剂（通常是水）的性质，对溶液施加压力，克服溶剂的渗透压，使溶剂通过反渗透膜而从溶液中分离出来的过程。反渗透技术主要用于低分子量组分的浓缩、水溶液的脱盐等，目前已成为海水和苦咸水淡化最经济的技术，已成为超纯水和纯水制备的优选技术，广泛应用于各种料液的分离、纯化和浓缩，锅炉水的软化，废液的再生回用，以及对微生物、细菌和病毒进行分离控制等方面。

纳滤是根据吸附扩散原理，以压力差作为推动力的膜分离技术，是一种介于反渗透和超滤之间的膜分离过程，其截留相对分子质量介于反渗透膜和超滤膜之间（200～2 000）。纳滤膜分离原理主要是粒径排斥和静电排斥。对于非荷电分子，筛滤或粒径排斥是分离的主要原因，如对糖类一般有 90%～98% 的截留率。对于离子，筛滤和静电排斥均是分离的主要原因。离子与荷电膜之间存在唐南（Donnan）效应，即相同电荷排斥而相反电荷吸引的作用。目前主要用于食品、医药、生化行业的各种分离、精制和浓缩过程。

与传统分离技术相比，常用膜分离技术具有如下特点：①分离过程不发生相变化，能耗比有相变化的分离法低；②分离过程通常在常温下进行，尤其适用于酶、药品、果汁等的分离、浓缩与富集等热敏性物质的处理，在食品加工、生物医药、生化技术等领域具有独特的适用性；③膜分离技术具有从病毒、细菌到微粒的广泛分离范围，不仅适用于有机物和无机物，而且还适用于许多特殊溶液体系的分离，如溶液中大分子与无机盐的分离、一些共沸物或近沸点物系的分离等；④由于只是用压力作为膜分离的推动力，因此分离设备简单，操作方便，易自控和维修。

除了上述四种常用膜分离技术之外，其他膜分离过程尚有渗析、电渗析、气体膜分离、渗透蒸发、膜蒸馏、膜萃取、膜分相、支撑液膜与亲和膜分离等，少量已在工业上应用，但大多处于研究开发阶段。

渗析是利用多孔膜两侧溶液的浓度差使溶质从浓度高的一侧通过膜孔扩散到浓度低的一侧,从而得到分离的过程。目前主要用于制作人工肾,以去除血液中蛋白代谢产物、尿素和其他有毒物质。

电渗析是基于离子交换膜能选择性地使阴离子或阳离子通过的性质,在直流电场的作用下使阴阳离子分别透过相应的膜以达到从溶液中分离电解质的目的。目前主要用于水溶液中去除电解质(如盐水的淡化等)、电解质与非电解质的分离和膜电解等。

气体膜分离是利用气体组分在膜内溶解和扩散性能(即渗透速率)的不同来实现分离的技术。目前高分子气体分离膜已用于氢的分离、空气中氧与氮的分离等,具有很大的发展前景。

渗透蒸发是利用膜对液体混合物中组分的溶解和扩散性能的不同来实现其分离的新型膜分离过程。主要应用于有机溶剂及混合物的脱水,水溶液中脱除有机物,食品浓缩与香料的回收等方面。

膜蒸馏是膜技术与蒸发过程结合的分离过程,具有相态变化,是近年迅速发展起来的一种新型膜分离技术。主要利用疏水性微孔膜提供很大的传质表面来实现水溶液汽化和传质的分离过程,其传质推动力是膜热侧和冷侧水溶液间的温度差所引起的传递组分的气相压差,其本质是从难挥发性物质的溶液中分离出易挥发性组分。主要应用于无机水溶液的浓缩与提纯,挥发性生物产品的浓缩、回收和去除,海水淡化,超纯水的制备,共沸混合物的分离等。

膜萃取是 20 世纪 70 年代中期发展起来的一项膜技术与萃取过程相结合的新型分离技术。该技术利用微孔膜将有机相和水相分隔开,在微孔膜的油水接触界面上进行萃取或反萃取,可视作液膜萃取的替代技术。

亲和膜分离是亲和相互作用原理与膜分离技术相结合的新型耦合分离技术,综合了亲和色谱选择性高和膜分离过程简单、连续、易放大等优点,已经成为生化分离领域的研究热点。其原理是:当需提纯的物质(亲和体)自由地存在于提取液时,由于其相对分子质量较小,能顺利地通过截留相对分子质量大的分离膜。但当亲和体与具有结合能力的大分子配体混合,形成亲和体大分子配体复合物后,由于此复合体相对分子质量远大于分离膜的截留相对分子质量,从而被截留;而提取液中其他未被结合的组分则通过分离膜,从亲和体大分子配体复合物中分离出来。当所有的杂质去除后,用合适的洗脱液处理分离膜截留得到的复合物,使亲和体从大分子中解析下来;游离的亲和体(蛋白质、酶等)可通过分离膜,从大分子配体中分离出来。透过液可用截留相对分子质量较小的分离膜进行浓缩;而大分子配体经再生可循环使用。

9.2　膜分离材料分类

膜的种类繁多,大致可以按以下几方面对膜进行分类:①根据膜的材质,从相态上可分为固体膜和液体膜;②从材料来源上,可分为天然膜和合成膜,合成膜又分为无机材料膜和有机高分子膜;③根据膜的结构,可分为多孔膜和致密膜;④按膜断面的物理形态,固体膜又可分为对称膜、不对称膜和复合膜,对称膜又称均质膜;不对称膜具有极薄的表面活性层(或致密层)和其下部的多孔支撑层;复合膜通常是用两种不同的膜材料分别制成表面活性层和多孔支撑层;⑤根据膜的功能,可分为离子交换膜、渗析膜、微孔过滤膜、超过滤膜、反渗透膜、渗透汽化膜和气体渗透膜等;⑥根据固体膜的形状,可分为平板膜、管式膜、中空纤维膜以及具有垂直于膜表面的圆柱形孔的核径蚀刻膜,简称核孔膜等。

　　膜材料可分为高分子膜材料和无机膜材料两类。高分子膜材料包括醋酸纤维素类、聚砜类、聚酰胺类、聚酯类、聚烯烃类、含硅聚合物、含氟聚合物和甲壳素类,具体分类见表9.2。无机膜材料具体包括金属膜、固体电解质膜,具体分类见图9.1。其中高分子膜材料主要用于四种常用膜分离技术中,而无机膜材料主要用于无菌空气的制备。

表 9.2　高分子膜材料的种类

种　　类	具　体　分　类
纤维素衍生物类	再生纤维素,硝酸纤维素,二醋酸纤维素,三醋酸纤维素,乙基纤维素等
聚砜类	双酚 A 型聚砜,聚芳醚砜,酚酞型聚醚砜,聚醚酮
聚酰胺类	脂肪族聚酰胺,聚砜酰胺,芳香族聚酰胺,交联芳香聚酰胺
聚酰亚胺类	脂肪族二酸聚酰亚胺,全芳香聚酰亚胺,含氟聚酰亚胺
聚酯类	涤纶,聚对苯二甲酸丁二醇酯,聚碳酸酯
聚烯烃类	聚乙烯,聚丙烯,聚 4-甲基-1-戊烯
乙烯类聚合物	聚丙烯腈,聚乙烯醇,聚氯乙烯,聚偏氯乙烯
含硅聚合物	聚二甲基硅氧烷,聚三甲基硅氧烷
含氟聚合物	聚四氟乙烯,聚偏氟乙烯
甲壳素类	无

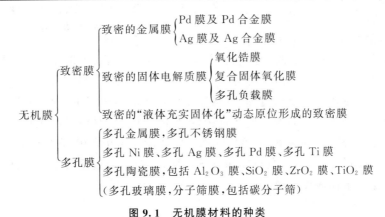

图 9.1　无机膜材料的种类

9.3　表征膜性能的参数

　　对于商品膜,表征膜的参数有孔的性质、水通量、耐压能力、pH 适用范围、对热和溶剂的稳定性、截留分子量分布等。目前,国内外厂商提供的同类膜的其他性能参数大同小异,实际操作中各种膜的水通量差异也不大,因此,选膜时需考虑的参数主要为截留分子量范围。

9.4　膜分离机理和传递理论

对溶质、溶剂选择性透过膜的分离机理已提出了许多不同的假说,并推导了表示这些机理的膜传递模型。根据溶解-扩散模型,膜的选择透过性主要决定于溶质、溶剂在膜中的溶解和扩散性质。根据优先吸附-毛细孔流动模型,反渗透膜的选择透过性主要决定于膜表面的优先吸附及溶质分子和膜孔的结构、大小所决定的位阻效应。优先吸附-毛细管流动模型无论对微滤、超滤或纳滤都适用。对于反渗透最广泛被采用的是溶解-扩散模型,此外还有孔模型、氢键理论等。这些模型可各自解释一些实验现象,但对聚合物膜的选择性分离机理目前尚未真正十分了解。

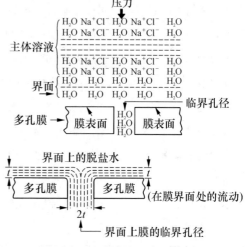

图 9.2　水脱盐的优先吸附-毛细孔流动机理

优先吸附-毛细孔流动模型　水脱盐的优先吸附-毛细孔流动机理示于图 9.2,溶质为氯化钠,溶剂是水,膜的表面是排斥盐而吸水的,盐是负吸附,水优先吸附在膜表面上。压力使优先吸附的流体通过膜,就形成了脱盐过程。索里拉金于 1956 年 9 月提出反渗透的设想,正是根据这个概念终于在 1960 年 8 月开发出了可用于海水脱盐的多孔的醋酸纤维素反渗透膜。

溶解扩散模型　将反渗透膜的活性表面皮层看作为致密无孔的膜,并假设溶质和溶剂都能溶解于均质的非多孔膜表面层内,膜中溶解量的大小服从亨利定律,然后各自在浓度或压力造成的化学势推动下扩散通过膜,再从膜下游解吸。溶解度的差异和溶质的溶剂在膜相中扩散性的差异强烈地影响着它们通过膜的能量大小。其具体过程包括:①溶质和溶剂在膜的料液侧表面外吸附和溶解;②溶质和溶剂之间没有相互作用,它们在各自化学位差的推动下仅以分子扩散方式(不存在溶质和溶剂的对流传递)通过反渗透膜的活性层;③溶质和溶剂在膜的透过液侧表面解吸。

9.5　膜分离装备和操作方式

生物医药工业常用的膜分离装备主要有板框式、螺旋卷式、管式和中空纤维式等,四种膜装备操作方式大同小异,均可以采用间歇或连续操作。

在间歇操作中,又可分为浓缩模式和透析过滤模式两种。在浓缩模式中,溶剂和小分子溶质被除去,料液逐渐浓缩,但由于浓差极化或膜污染原因,通量随着浓缩的进行而降低,故欲使小分子达到一定程度的分离所需时间较长。透析过滤是在过程中不断加入水或缓冲液,其加入速度和通量相等,这样可保持较高的通量,但处理的量较大,影响操作所需时间。

在实际操作中,常常将两种模式结合起来,即开始时采用浓缩模式,当达到一定浓度时,转变为透析过滤模式。可使整个膜分离过程所需时间最短。由于间歇操作平均通量较进料高，所需膜面积较小，装置简单，成本也较低，广泛应用于生物药物和生物制品的分离纯化中。

在连续操作中，又可分为单级和多级操作。连续操作的优点是产品在系统中停留时间较短，这对热敏或剪切力敏感的产品是有利的，连续操作主要用于大规模生产，如奶制品工业生产中。

现以超滤技术的分离装备为例，说明各种膜组件的优缺点（表 9.3）。

表 9.3　常用膜分离装备类型的优缺点比较

膜组件	优　点	缺　点
板框式	保留体积小，操作费用低，液流稳定，工艺成熟，能量消耗介于管式和螺旋卷式之间	投资费用大，大的固形物会堵塞进料液通道，拆卸比清洁管道更费时间，死体积较大
螺旋卷式	设备投资和操作费用低，单位体积所含过滤面积大，换新膜容易	料液需预处理，压力降大，易污染，难清洗，液流不易控制
管　式	易清洗，无死角，单根管子易调换，对液流易控制；无机组件可用化学试剂进行高温消毒，适于处理含固体较多的料液	设备投资和操作费用高，保留体积大，单位体积所含过滤面积较小，压力降大
中空纤维式	保留体积小，单位体积所含过滤面积大，可逆洗，动力消耗低，设备投资低，操作压力较低（<0.25 MPa）	料液需要预处理，单根纤维管损坏时，需调换整个组件，不够成熟

9.6　膜污染及浓差极化

浓差极化与膜污染是膜分离实际应用中的主要限制性因素，其危害主要在于，当膜表面上被截留组分增加时，该组分通过膜的流量也会加快；同时，它还会导致界面上渗透压的增高，膜过程驱动压力下降，渗透通量降低；此外，局部浓度的增高，通常会使溶液饱和，在一定条件下甚至会晶析层积或形成凝胶附着于膜表面，将膜孔堵死，严重时，等同于在膜表面上形成一层二次薄膜（饼层），使渗透通量大幅度降低。导致膜污染和浓差极化的主要因素有：悬浮液浓度、颗粒粒径、颗粒表面性质、膜材料以及膜表面的流态等。

膜污染与浓差极化是不同的概念，两者是相互关联、相互影响的，浓差极化使膜表面被截留组分浓度提高，从而加速了膜污染过程的发生，而膜污染使部分膜孔堵塞，又会促使局部浓差极化的加剧。因而，膜污染与浓差极化互成因果关系，浓差极化是导致膜通透量下降和分离效率降低的主要原因之一。

浓差极化是指膜分离过程中，由于膜的选择透过性，被截留组分在进料侧的表面累积而形成的浓度边界层现象。影响浓差极化的因素主要包括：操作过程因素，如操作压力、流速、温度以及操作方式等；膜材料；被分离物料的理化性质，如溶质的浓度、性质、料液 pH、离子强度等。低浓差极化的措施主要有：①提高浓度一侧的液流雷诺数，减小层流区厚度，增大被阻留分子返回液流主体的速度；②提高液体的温度；③采取清洗措施。

膜污染是指处理物料中的微粒、大分子、胶体粒子或其他溶质分子,由于与膜存在物理化学相互作用或机械作用而引起的在膜表面或膜孔内吸附、沉积造成膜孔径变小或堵塞,使膜产生透过流量与分离特性的不可逆变化现象。悬浮物或水溶性大分子在膜孔中受到空间位阻,蛋白质等水溶性大分子在膜孔中的表面吸附,以及难溶性物质在膜孔中的析出都可能产生膜孔堵塞。膜污染被认为是膜分离技术的主要障碍。膜污染的原因一般认为是由膜的劣化和水生物(附生)污垢所引起的。膜的劣化是由于膜本身的不可逆转的质量变化而引起的膜性能的变化。水生物(附生)污垢是由于形成吸着层和堵塞等外因而引起膜性能变化。

虽然浓差极化和膜污染均能造成运行过程中膜通量的减少,但是必须把膜污染和浓差极化相区别。浓差极化是可逆的,即变更操作条件可以使浓差极化消除。而膜污染是不可逆的,必须通过清洗的办法才能消除。

预防广义的膜污染应根据不同的产生原因使用不同的方法:①预处理法:将料液经预过滤器,预先除掉使膜性能发生变化的因素,如调整料液的 pH 值或添加抗氧化剂来防止化学劣化;预先清除料液中的微生物,以防止生物附生;采用加热、调节料液的 pH 等方法减弱蛋白质在膜表面上的吸附;加入络合剂如 EDTA 等防止盐类离子沉淀。②开发抗污染的膜:开发耐老化或难以引起附生污垢的膜组件,这是最根本的办法。③加大供给液的流速,可防止形成固结层和凝胶层。

判断污染膜是否需要清洗的原则有:①根据膜分离装置进出口压力降的变化:多数情况下,压力降超过初始值 0.05 MPa 时,说明流体阻力已经明显增大,作为日常管理可采用等压大流量冲洗法冲洗,如无效,再选用化学清洗法。②根据透水量或透水质量的变化:当膜分离系统的透过水量或透水质量下降到不可接受程度时,说明透过水流路被阻,或者因浓差极化现象而影响了膜的分离性能,此种情况,多采用物理-化学相结合清洗法,即进行物理方法快速冲洗去大量污染物质,然后再用化学方法清洗,以节约化学药品。③定时清洗:运行中的膜分离系统根据膜被污染的规律,可采用周期性的定时清洗。可以是手动清洗,对于工业大型装置,则宜通过自动控制系统按顺序设定时间定时清洗。

污染膜的常用清洗方法有:①采用增大流速、逆洗、脉冲流动、超声波清洗等机械方法;②添加酸、碱、酶(蛋白酶)、螯合剂或表面活性剂等起溶解作用的物质;③添加过氧化氢、高锰酸钾和次氯酸盐等起氧化作用的物质;④添加磷酸盐和聚磷酸盐等起渗透作用的物质;⑤改变离子强度、pH 值和 ξ 电位等起切断离子结合作用的方法。

判断清洗成功与否的标准之一是清洗后加纯水,通量达到或接近原来水平,则认为污染已消除。膜清洗后,如暂时不用,应储存在清水中,并加些甲醛以防止细菌生长。

9.7　新型膜分离技术

9.7.1　纳滤

纳滤是 20 世纪 80 年代末期问世的一种新型膜分离技术,其截留相对分子质量介于反渗透和超滤之间,约为 200~2 000。目前该技术较成熟,主要用于脱盐、浓缩、给排水处理等方面。

纳滤也是根据吸附扩散原理以压力差作为推动力的膜分离过程,兼有反渗透和超滤的工作原理。在纳滤膜分离过程中,水溶液中低分子量的有机溶质被截留,而盐类组分则部分透过非对称膜。纳滤能使有机溶质得到同步浓缩和脱盐,而在渗透过程中溶质损失极少。纳滤膜能截留易透过超滤膜的那部分溶质,同时又可使被反渗透膜所截留的盐透过,广泛应用于食品、医药、生化行业的各种分离、精制和浓缩过程。

目前国外已经商品化的纳滤膜大多是通过界面缩聚及缩合法在微孔基膜上复合一层具有纳米级孔径的超薄分离层。根据纳滤膜表皮层的组成可分为四类:芳香聚酰胺类复合纳滤膜、聚哌嗪酰胺复合纳滤膜、磺化聚(醚)砜复合纳滤膜和混合型复合纳滤膜。根据纳滤膜的荷电情况,可将其分成三类:①荷负电膜:荷负电膜可选择性地分离多价离子,因此当溶液中含有 Ca^{2+}、Mg^{2+} 时可用这种膜分离;②荷正电膜:荷正电膜应用较少,因为它们很容易被水中的荷负电胶体粒子吸附;③双极膜:如果为了同时选择性分离多价阴离子和阳离子,则有必要使用双极膜。纳滤膜的制备方法主要有:转化法、共混法、荷电化法、表面化学改性、含浸法、聚合法和复合法等。

纳滤膜具有如下特点:①纳米级孔径:纳滤膜是介于反渗透膜和超滤膜之间的一种膜,其表层孔径处于纳米级,因而其分离对象主要为粒径 1 nm 左右的物质,特别适合于相对分子质量为 200~1 000 的物质的分离。②纳滤过程操作压力低:反渗透过程所需操作压力很高,一般在几个甚至几十兆帕之间,而纳滤过程所需操作压力一般低于 1.0 MPa,故也有"低压反渗透"之称。③纳滤膜的耐压密性和抗污染能力:由于纳滤膜多为复合膜及荷电膜,因而其耐压密性和抗污染能力强。④荷电纳滤膜能根据离子的大小及电价的高低对低价离子和高价离子进行分离。

特别需要强调的是,在纳滤膜分离过程中要注意 Donnan 效应的问题。通常,当把荷电膜置于盐溶液中会发生动力学平衡,即唐南平衡。膜相中的反离子浓度比主体溶液中的离子浓度高而同性离子的浓度低,从而在主体溶液中产生唐南能位势,该能位势阻止了反离子从膜相向主体溶液的扩散和同性离子从主体溶液向膜的扩散。当压力梯度驱动水通过膜进入时同样会产生一个能位势,唐南能位势排斥同性离子进入膜,同时保持电中性,反离子也被排斥。

例如分离多肽和氨基酸时,氨基酸和多肽带有离子官能团如羧基或氨基,在等电点时是中性的,当高于或低于等电点时带负电荷或正电荷。由于一些纳滤膜带有静电官能团,基于静电相互作用,对离子有一定的截留率,可用于分离氨基酸和多肽。纳滤膜对于处于等电点状态的氨基酸和多肽等溶质的截留率几乎为零,因为溶质是电中性的并且大小比所用的膜孔径要小。而对于非等电点状态的氨基酸和多肽等溶质的截留率表现出较高的截留率,因为溶质离子与膜之间产生静电排斥,即因 Donnan 效应而被截留。

又如,如果溶液中含有 Na_2SO_4 和 NaCl,纳滤膜对 SO_4^{2-} 的截留率要比 Cl^- 高,因此当 Na_2SO_4 增加时,Cl^- 的截留率下降,为了维持电中性,Na^+ 也会穿过膜。当 SO_4^{2-} 浓度很高时,NaCl 的截留率甚至为负值。

9.7.2 渗透蒸发

渗透蒸发是一种以选择性膜(非多孔膜或复合膜)相隔,处在膜的一侧的原料混合液,经过选择性渗透,在膜的温度下以相应于组分的蒸气压汽化,然后在膜的另一侧通过减压不断地把蒸气抽出,经过冷凝捕集,从而达到分离目的的新型膜分离方法。所以说,渗透蒸发是由渗透和蒸发两个过程组成的。

渗透蒸发分离物质的过程如下:原料混合液进入加热器,加热到一定温度后,在常压下送入膜分离器与膜接触,在膜的下游侧用抽真空或载气吹扫的方法维持低压。渗透组分在膜两侧的蒸气分压差(或化学位梯度)的作用下透过膜,并在膜的下游侧汽化,然后被冷凝成液体而除去,不能透过膜的截留物流出膜分离器。

关于渗透蒸发过程,目前公认的机理是溶解-扩散模型,其传质过程包括:①液体混合物在选择性膜表面溶解并达到平衡;②溶解的组分与膜内的组分以分子扩散方式从膜的液相侧表面通过膜的活性层传递到气相侧;③渗透组分在气相侧汽化。在渗透蒸发过程中,膜的传质为速度的限制性控制步骤,是膜分离过程的主要研究方向。

由于渗透蒸发技术具有很高的单级分离度,操作简单,易于自动控制,非常适合于分离某些特殊的、难以分离的混合物,如沸点相近者、共沸物、同分异构体、水中的有机污染物、各种溶剂中溶解度相近者等。

根据膜结构的不同,渗透蒸发膜可分为:①对称膜;②非对称膜;③复合膜;④离子交换膜等。根据膜使用范围的不同,渗透蒸发膜通常又分为优先透水膜和优先透醇(有机溶剂)膜。优先透水膜通常包括:①各种商品化的反渗透和离子交换亲水膜均可用作渗透蒸发透水膜;②聚合物链上自身含有亲水基团的合成和半合成渗透蒸发透水膜;③将亲水基团引入到疏水膜中的渗透蒸发透水膜;④新的聚电解质渗透蒸发膜。优先透醇膜则是以具有亲和性的高分子材料制成,膜分离时即可选择性地使水中含有的有机溶剂透过,硅膜是最具代表性的疏水性膜。

通常以分离系数和透过速率来衡量渗透蒸发膜的性能。分离系数高的膜性能好,实用的渗透蒸发膜之分离系数大于100。若小于100时,分离的产品损耗大,回收效果差。影响透过速率的条件有:①操作温度:温度高,则透过速率大;②蒸气侧真空度:真空度大,透过速率大;③液体浓度:透过成分浓度大,透过速率大。

9.7.3 膜蒸馏

膜蒸馏是膜分离技术与蒸发过程相结合的膜分离过程,是利用膜的疏水和结构上的功能,来达到蒸馏分离的目的,所用的膜为不被待处理的溶液润湿的疏水微孔膜。

实现膜蒸馏须要有两个条件:蒸馏膜必须是疏水微孔膜(对分离水溶液而言),即在蒸馏膜两侧的液态水不能透过膜孔,只有水蒸气能透过;膜两侧要有一定的温度差存在,以提供传质所需的推动力——组分的蒸气压差。

膜蒸馏作为一种新的膜分离过程,具有能在常压低温下操作、可利用废热、适合于小规模淡化和浓缩等一系列优点,可应用于海水淡化、超纯水制备、非挥发性物质水溶液的浓缩和结晶、挥发性物质水溶液的浓缩和分离等方面。

膜蒸馏是一种以蒸气压差为推动力的新型膜分离技术,在疏水性微孔膜一侧通以热水(料液),在常压下,水和溶于水的无机盐不能湿润和透过膜。在膜和水的界面上的水会蒸发,生成水蒸气穿过膜的微孔向膜的另一侧迁移,并冷凝成纯水。这是由于膜孔热侧液面水蒸气压高,冷侧面水蒸气压低,产生水蒸气压差,使热侧水气化,并通过膜孔扩散到冷侧凝结,从而实现水溶液中组分的分离。

膜蒸馏的膜材料主要有聚丙烯、聚四氟乙烯、聚偏氟乙烯等。在膜蒸馏中,膜主要起气-液界面的物理支撑作用,优良的膜蒸馏性能依赖于膜的疏水性、孔径、孔隙率、膜厚以及形态结构、膜材料的导热系数等多种因素。用于膜蒸馏的膜的关键性能指标是膜的疏水性、孔隙率和孔径大小。

9.7.4　亲和膜分离

　　膜分离与亲和分离是两个平行发展的研究方向,在生物分子的分离和纯化方面各具特色,但是两者单独使用时均存在着一些不可克服的技术缺陷。亲和膜分离是现代膜技术与亲和技术的结合,它不仅综合了两者的优点,而且弥补了各自的缺点,具有处理量大、选择性强、易于放大等显著优点。

　　亲和膜分离作为膜分离技术的一个重要分支,对于生物大分子的分离纯化具有特殊意义。如果说前面所介绍的几种膜分离方法都是通用性分离技术的话,那么亲和膜分离方法则是属于专一性分离技术。

　　通用性膜分离是根据溶质分子之间在物理化学性质方面的差异所建立的分离方法,尤其是根据分子大小不同来实现分离的,一般相对分子质量相差 10 倍以上的物系才具有分离作用,因此它还远远不能满足现代生化分离的需要。而亲和膜分离则利用了生物分子之间的可逆专一性识别作用,具有极高的选择性,这种专一性识别作用是活性生物大分子固有的特征。例如,酶与底物、抑制物、辅酶等的结合,抗体与互补的抗原相结合,凝集素与细胞的表面抗原以及某些糖类相结合,激素与蛋白及细胞受体形成复合物,基因与核酸和阻遏蛋白相互作用等。所以,原则上讲,如果在固相载体上连接一种具有专一性识别作用的配基,就可以建立一种亲和膜分离方法,用于分离与配基相对应的物质。

　　由于不是整个分子或物质参与亲和结合,亲和作用的分子(物质)对可以是:大分子-小分子、大分子-大分子、大分子-细胞、细胞-细胞。具有亲和作用的分子(物质)对之间具有"钥匙"和"锁孔"的关系是产生亲和作用的必要条件。

　　除此之外,还需要分子或原子水平的各种相互作用才能完整地体现亲和结合作用。这些相互作用包括:静电作用、氢键作用、疏水性相互作用、配位键和弱共价键。因此,亲和作用是一种复杂的生物现象,除具备"钥匙"和"锁孔"的关系外,还需存在特殊的相互作用力,这也是亲和作用特异性高的主要原因。此外,当蛋白质分子发生亲和结合时,蛋白质的分子形态往往发生变化。这种现象可能也是产生亲和结合作用的重要原因。常见的亲和作用体系见表 9.4。

表 9.4　常见的亲和作用体系

酶	底物、底物类似物、抑制剂、辅因子
抗体	抗原、病毒、细胞
激素、维生素	受体蛋白、载体蛋白
外源凝集素	多糖化合物、糖蛋白、细胞表面受体蛋白、细胞
核酸	互补碱基链段、组蛋白、核酸聚合物、核酸结合物

　　与亲和层析操作一样,经进料、杂蛋白清洗和目标蛋白洗脱步骤,可得到纯度与亲和层析法相近的目标产品。因此亲和膜分离既具有膜分离法易于放大、分离速度快的特点,又具备亲和层析法选择性好、分离精度高的优势。

　　亲和膜分离体系一般包括配体、载体和过滤膜。亲和膜分离过程中,决定生产率的两大因素为大分子的结合能力和超滤膜的透过速率。选择合适的配体、载体以及合适孔径的分离膜是亲和膜分离技术的关键。

根据亲和配体的不同,可将亲和膜分为两类:生物特异性配体亲和膜与非特异性亲和膜。生物特异性亲和膜一般采用蛋白、单克隆抗体等作配体;非特异性亲和膜选用的配体有染料、氨基酸、金属螯合物等。用于亲和膜分离的载体可分为非水溶性载体和水溶性载体两大类。非水溶性载体的种类较多。水溶性载体主要为葡聚糖、琼脂糖和聚丙烯酰胺等可溶性高分子聚合物。

亲和膜分离过程通常包括分离膜的改性、亲和膜的制备、亲和络合、洗脱和亲和膜再生等步骤,详细说明如下:

(1)分离膜的改性　基于微孔滤膜或超滤膜上所具有的某些官能团,通过适当的化学反应途径,将其改性,接上一个间隔臂,一般应是大于3个碳原子的化合物。

(2)亲和膜制备　选用一个合适的亲和配基,在一定条件下让其与间隔臂分子产生共价结合,生成带有亲和配基的膜分离介质。

(3)亲和络合　将样品混合物缓慢地通过膜,使样品中欲分离的物质与亲和配基产生特异性相互作用,产生络合,生成配基和配位物为一体的复合物,其余不和膜上配基产生亲和作用的物质则随流动相通过膜流走。

(4)洗脱　目标产物的洗脱方法有两种,即特异性洗脱法和非特异性洗脱法。特异性洗脱是利用含有与亲和配基或目标产物具有亲和结合作用的小分子化合物溶液为洗脱剂,通过与亲和配基或目标产物的竞争性结合,脱附目标产物。特异性洗脱法的洗脱条件温和,有利于保护目标产物的生物活性,可获得很高的分辨能力,有利于提高目标产物的纯度。但洗脱剂价格都比较昂贵,所以常与非特异性洗脱条件配合使用。非特异性洗脱通过调节洗脱液的 pH 值、离子强度、离子种类或温度等理化性质降低目标产物的亲和吸附作用,是采用较多的洗脱方法。

(5)亲和膜再生　将解离后的亲和膜进行洗涤、再生、平衡,以备下次分离操作时再用。

9.8　膜分离技术的应用

膜分离技术的应用范围很广,如纯水制造、工业废水处理和在食品、牛乳、生物技术工业中回收有价值的产品等(图 9.3)。

在制药工业中膜分离技术主要用于:①利用微滤技术进行药物澄清或脱色,去除微粒、细菌、大分子杂质等。②利用超滤和反渗透技术进行药液精制和浓缩,提取有效成分,去除药液水分或小分子,回收基因工程产品和单克隆抗体,热敏成分药液的浓缩。③利用反渗透技术制备灭菌水,除热原水和注射水,海水、苦咸水的脱盐及小分子产品的浓缩等。④利用亲和膜技术,通过在膜上固载特定的功能配位基。如氨基酸、酶、抗体等,利用这些功能配位基选择性地实现了物质的特异性分离。目前已应用于肝素、尿激酶、单克隆体、胰蛋白酶等生物大分子的纯化和分离。⑤利用超滤技术于血浆制品、疫苗、酶、发酵产品和一些注射剂的去热原等。

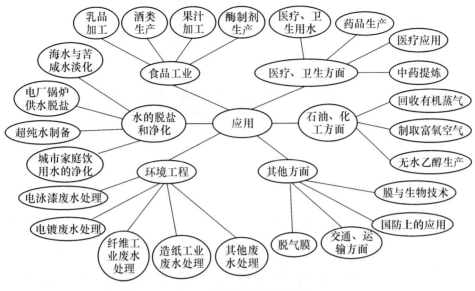

图 9.3　膜分离技术的应用

思 考 题

1. 名词解释：膜分离技术、微滤、超滤、纳滤、反渗透、浓差极化、膜污染、渗析、电渗析、气体膜分离、渗透蒸发、膜蒸馏、膜萃取、亲和膜分离、特异性洗脱法、非特异性洗脱。
2. 当采用超滤法生产牛奶时，常出现通透量持续下降的现象，请设计一个合理的方案予以解决，并说明设计的依据。
3. 试对常用的四种超滤器的性能进行比较。
4. 请比较说明微滤、超滤、纳滤和反渗透等四种常用膜分离技术的异同点。

参 考 文 献

［1］　Marcel Mulder.膜技术基本原理.北京:清华大学出版社,1999.
［2］　郑领英,王学松.膜技术.北京:化学工业出版社,2000.
［3］　任建新.膜分离技术及其应用.北京:化学工业出版社,2003.
［4］　王湛.膜分离技术基础.北京:化学工业出版社,2000.
［5］　刘茉娥.膜分离技术.北京:化学工业出版社,1998.
［6］　王学松.膜分离技术及其应用.北京:科学出版社,1994.
［7］　严希康.生化分离技术.上海:华东理工大学出版社,1996.
［8］　孙彦.生物分离工程.北京:化学工业出版社,2002.
［9］　俞俊棠,唐孝宣.生物工艺学(上).上海:华东理工大学出版社,1994.

第 10 章

分离方法的选择

10.1 分离方法的评价

分离是利用混合物中各组分在物理性质或化学性质上的差异,通过适当的装置与方法,使各组分分配至不同的空间区域或者在不同的时间依次分配至同一空间区域的过程。分离科学是研究从混合物中分离、富集或纯化某些组分以获得相对纯物质的规律及其应用的一门科学。分离操作主要有以下几方面。

(1)分析操作的样品前处理。由于试样中常常含有多种组分且彼此相互干扰,影响测定结果,因此需要对被测组分或干扰组分进行分离,对于微量或痕量组分的分离过程同时还起到富集的作用。

(2)确认目标物质的结构。为了确认物质的种类及其化学结构,需要先通过分离纯化,得到高纯度的目标物质,然后根据该物质的物理特性值或经过进一步的结构鉴定来达到。

(3)除掉有害或有毒物质。如工厂污水中含有高浓度的有害重金属,在排放前需要采用选择性吸附或沉淀分离等技术除去有害重金属元素。

分离科学研究的主要内容有两个方面:一方面是研究分离过程的共同规律,主要包括用热力学原理讨论分离体系的功、能量和热的转换关系,以及物质输运的方向和限度;用动力学原理研究各种分离过程的速度和效率;研究分离体系的化学平衡、相平衡和分配平衡。另一方面是研究基于不同分离原理的分离方法、分离设备及其应用。

分析化学是对物质的性质与结构进行系统测量与表征的科学,在这种测量与表征的过程中,由于分析物的成分复杂,其中共存组分往往会对测定产生干扰。为了提高分析结果的准确性,可以通过改变分析条件或利用掩蔽方法来消除干扰。如果这些手段的效果不理想,则要使用一定的分离方法,将干扰组分与被测组分分离。从另一方面来看,如果分析物中被测组分的含量很低,低于分析方法的检出限,那么就要先对被测组分进行富集。

定量分析对分离的要求是:干扰组分减少至不再干扰测定;待测组分的损失小至可忽略不计。一般以回收率和分离因子两个指标来衡量一种分离方法的效果。回收率用于衡量被测组分回收的完全程度,其定义为

$$R_A = m_A/m_A^0 \times 100\% \tag{10-1}$$

式中,R_A 表示分析物中被测组分 A 的回收率;m_A 表示经分离后测得组分 A 的质量;m_A^0 表示组分 A 在被测物中的质量。

回收率越高,分离效果越好。对含量在 1% 以上的常量组分,回收率应在 99.9% 以上;对微量组分,回收率应为 95% 或更低些。

分离因子 $S_{B/A}$ 用于衡量分离方法对干扰组分 B 和被测组分 A 的分离程度,其定义为

$$S_{B/A} = R_B/R_A$$

式中,R_A 和 R_B 分别为组分 A 和 B 在同一方法下的回收率。

在分离科学中由于实验的目的不同,对分离的要求及采用的技术亦不同,即采用的分离方法不同。在此之前已经讲述了沉淀分离法、萃取分离法、色谱法、离子交换分离法、浮选分离法、膜分离法等许多的分离方法。然而实际工作中需要进行分离操作时,如何才能选择最合适的方法并加以利用呢?

10.2 选择分离方法的原则

当遇到实际样品时,如何选择最合适、最佳的实验程序和得到纯度最好的样品,是分析工作者首先考虑的问题。分离是依据分离组分之间的某些化学、物理性质方面的差异,因此只要组分性质有差别,尽管是很小的差别,就有可能利用它们的溶解性、挥发度、电离度、移动速度、颗粒大小等方面来选择、设计合适的分离方法。影响方法选择的因素很多,主要包括:分离对象的体系和性质;样品的规模与组分的含量范围;分离后得到组分的纯度、数量及如何满足结构分析的需要等。此外,一些外界因素,如现有的条件(试剂、设备)、成本与速度、操作者的习惯等等也是要考虑的因素。成本是指以完成每次分离所需时间表示的费用,显然这种费用与待分离样品的数目有关,同时还与所采用设备的价格有一定的关系,与操作者的习惯和过去的经验有关,这是在选择中必须加以考虑的非常重要的因素。许多复杂体系样品的分离并没有严格不变的分离程序,根据实际样品情况不同,经常需调节不同的程序和选用不同的分离方法,所以分离研究有很大的经验性和灵活性。

Miller 对分离方法和样品的相关性作了简要的概括与分类,提出十项选择准则:①样品是否亲水性;②样品是否可以离子化;③样品的挥发性;④样品中的组分数量;⑤样品中组分的含量;⑥样品量;⑦定性或定量;⑧成本与速度;⑨个人习惯;⑩可能得到的设备。通常将上述分离准则中的前 8 个作为主要的分离准则,见表 10.1。前四项属样品本身的特性,后四项对分析的要求。表中又分为 A、B 两类,并在每一种方法下面注明该法适宜的类型,对两类标准都适用的方法或者差别不大时,则用 X 表示。还要注意的是根据表中所列的标准来选择方法时,常常是根据习惯而不是按它们可能的用途来选择。

表 10.1 分离方法的选择原则

标	准	分 离 方 法									
A	B	LE	DT	GC	LC	PC	IE	GPC	ZE	DL	DP
亲水	疏水	X	X	B	X	X	A	X	A	A	X
离子	非离子	X	B	B	X	X	A	B	A	X	X
挥发	不挥发	B	A	A	B	B	B	B	B	B	B

标　准		分　离　方　法									
A	B	LE	DT	GC	LC	PC	IE	GPC	ZE	DL	DP
简单	复杂(组成)	X	X	X	X	X	X	A	A	X	X
大量	微量(取样)	X	A	B	B	B	B	B	B	X	X
常量	痕量(含量)	A	A	X	X	X	X	A	X	A	A
定量	定性	B	B	X	X	X	X	B	B	B	B
分析	制备	B	B	A	X	X	A	A	A	B	B

注:LE—萃取;DT—蒸馏;GC—气相色谱;LC—液相色谱;PC—平板色谱;IE—离子交换;GPC—凝胶渗透色谱;ZE—电泳;DL—渗析;DP—溶解与沉降;X—不确定。

10.3　影响分离方法选择的因素

10.3.1　样品的体系、组成、性质与分离方法的关系

表 10.1 中前两项是分离对象的性质,即亲水与疏水、离子与非离子两项。通常,疏水化合物为非离子型,而亲水的为离子型或强极性化合物。两类化合物的分离方法一般不相同,大多数分离方法只适用于其中的一类。例如,适用于离子的、亲水的类型时,一般就不适用于非离子的、疏水的类型,不能两者同时适用。比较困难的分离课题是亲水的和极性大的、离子型化合物,一般选用萃取、离子交换、电泳和渗析以及平板色谱法(薄层色谱和纸色谱)分离。第三项属性是与热性质相关的特性,如挥发性、热稳定性,首选的方法是蒸馏与气相色谱法。当然,蒸馏和气相色谱法仅限于那些在升温操作条件下稳定的具有挥发性的化合物。

样品的组分是简单的或复杂的是选择分离方法另一个重要的原因。组分简单的样品无论成分分析还是结构分析都比较容易。分析中的样品大多数是复杂的体系,必须选用多种分离方法。色谱法是分离多组分样品的首选方法,而色谱法中又有众多分支,可按样品性质及分析要求做出合理的选择。

综上所述,分离方法的选择通常是与被分离的样品和各组分的宏观物理、化学性质相关。如组分的蒸气压、溶解度、相对分子质量、分子的形状与体积、偶极矩与极化率、热稳定性、化学稳定性等,如吸附分离主要与分子的偶极矩、极化率、溶解度相关;离子交换、电泳、电渗析分离则与组分的分子所带电荷性质有关;凝胶色谱法与分子体积、相对分子质量相关等。由于复杂组分样品中各组分性质可能相差甚远,因此必须选用不同类的分离方法实行综合的分离才能给出满意的结果。在确定测定方法时,应根据分析的要求,一切从实际出发,综合考虑,力求选用分析过程条件易于控制、成本低、速度快、操作熟练、结果准确的分析方法。

10.3.2　分离的目的、要求与分离方法的关系

　　分离的目的与要求见表中后面的四项。首先考虑的是定性还是定量。以测定物质的结构和性质为目的的定性分离方法,主要是为了得到纯的待测物质,通常注重样品的"纯度",而不一定要求分离过程的高效率、高精度。定量分析则要考虑分离方法的精密度和准确性。当分离的目的是要求测定物质中某成分的含量时,则要求分离方法应具有高分辨率、高回收率和高精度等。对组分的纯度的要求,一般以不干扰定量分析为目标。另外,应与测定的具体要求相适应。如快速分析,方法的分析时间较短,准确度较低,适用于车间控制分析。而仲裁分析、原材料与产品质量的检验,要求采用国家制定的标准分析方法等。

　　样品的数量和某些组分的含量是决定分离方法的规模和技术的另一准则。微量样品则要求采用微量技术。大量样品中微量和痕量成分的分离则要求先进行富集,如萃取、吸附等,再进行纯化分离。此外由于分离的对象、规模各不相同,采用的方法、操作程序等彼此可能有很大的差别。

　　分析方法要求的分离程度也是选择分离方法时要考虑的。有些分析要求把各组分一一分离出来,而另一些情况下却不需要一一分离,只要知道某一类物质的量即可。例如,对于一个烃类混合物来说,当要求测出每一种烃的含量时,气相色谱是最合适的方法;但是如果只要求知道该样品中烷烃类总量、烯烃类总量时,就可以采用其他的分离方法。

10.4　处理问题的方法

　　第一步要注意观察样品的状态。对气体样品,首先应考虑气相色谱方法分离。其他的可能性是应用热扩散和化学反应。若用蒸馏法,样品必须是液体。对于固体样品,较好的选择是区域熔炼。无论是固体样品还是液体样品,都可以用其他方法分离,包括气相色谱在内,只要样品具有所需的挥发性。

　　如果样品的组成是未知的,第二步处理的最好技术是蒸馏(对液体)和色谱(对液体和固体)。如果整个样品是挥发性的,可用程序升温气相色谱。如果样品是水溶液,在气相色谱中要使用一些特殊的固定相(如 Porapak,一种聚苯乙烯型固定相),也可以用电泳法。

　　对体系复杂、非均相的气-液-固混合样品,首先应采用简单的物理、化学分离方法如蒸馏、过滤、离心、吸附等将样品分离成气、液、固三种均相样品,气体组分可吸收、吸附、浓缩或直接采用 GC、GC/MS、GC/IR 进行结构与成分分析;经过蒸馏、过滤、离心或提取得到的液相样品,可用萃取或吸附浓集后按极性大小分组,再选用相应的色谱方法作进一步分离、纯化,得到纯组分样品后,再选用相应的 IR、MS、NMR 等进行结构与成分分析;固体样品按相对分子质量大于或小于 2 000 作分组,小相对分子质量的组分,可按液相样品处理方法,用提取、吸附等方法按极性大小分组,再选用色谱方法进行分离和波谱方法作结构与成分分析;大相对分子质量的组分,可用适当的溶剂-沉降分组,可溶性组分为线性、可塑性高聚物,可用 GPC 作相对分子质量分级分组,再用 IR、NMR 作结构分析;不溶性组分除了无机填料外,多为网状、交联热固性高聚物,可用 IR 技术中的 ATR 或采用降解,如热解、

化学降解等,使之变成小分子单体和可溶性小分子,再用 GC、GC/MS、GC/IR 进行结构与成分分析。

以下简单举例说明:

硼镁矿中硼的分离与分析 此分离分析的目的是实现硼镁矿中硼的定量分析。硼镁矿的主要成分是硼酸镁,也含有硅酸盐和铁,是制取硼酸盐和硼化物的重要原料。用酸作溶剂很难使硼镁矿溶解,应用 NaOH 熔融法分解矿样,熔块以水浸取,加盐酸酸化,使之溶解,此时硼元素以硼酸形式存在,同时溶液中还存在 Mg^{2+}、Fe^{3+}、Ni^{2+} 等金属离子。由于硼酸酸性极弱,不能用标准碱直接滴定,可加入多元醇使之形成络合物。这种络合物较易电离出 H^+,可用标准碱溶液直接滴定。但是在较高 pH 值下进行的滴定分析,金属离子如 Fe^{3+} 等易形成氢氧化物沉淀,干扰测定的灵敏度。因此将溶解后的溶液先通过阳离子交换柱,交换除去各种金属阳离子以消除干扰。

多糖的分离与分析 多糖是由 10 个以上单糖通过糖苷键以共价键形式结合起来的聚糖。多糖一直备受青睐,原因是它有广泛的生物活性和极高的药用价值。多糖大多来自植物或动物,因此多糖的分离纯化和结构研究一直是长期以来的研究热点。根据大多数多糖在热水中溶解度较大且稳定的性质,采用热水提取法提取多糖的破坏最小。多糖提取液中杂质有无机盐、单糖、寡糖、低分子量的非极性物质及高分子量的有机杂质(蛋白质)。去小分子杂质的方法有透析法、超滤、离子交换树脂法;去大分子杂质的方法有酶法:蛋白酶将提取液中的蛋白质水解,Sevag 法:蛋白质在氯仿等有机溶剂中变性。经过这样的处理可得到粗多糖,不能直接供作结构鉴定用,需进一步纯化分离,对于具有不同酸碱性的多糖可用离子交换柱层析分级分离或根据多糖分子的大小和形状的不同进行分离的凝胶柱层析,得到的纯多糖可用表 10.2 中的方法进行分析以确定其结构。中国科学院药物研究所对石见穿药材中的多糖进行了分离分析,采用水提、氯仿脱蛋白及 DEAE -纤维素柱分离和凝胶柱分离得到 9 个均一多糖组分并进行了结构鉴定。具体的工艺过程如下图所示:

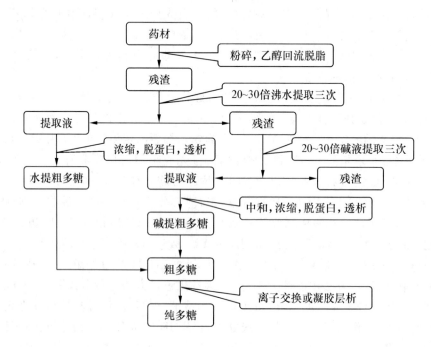

表 10.2　多糖结构分析方法

解 决 的 问 题	常 用 的 方 法
相对分子质量测定	凝胶过滤法
单糖组成和分子比例	酸水解-气相色谱、酸水解-液相色谱
糖苷键类型及连接位置	甲基化反应-GC/MS、高碘酸氧化、Smith 降解
连接次序	选择性水解、糖苷酶顺序水解、质谱(FAB-MS、ESI-MS)、核磁共振

在安排分离程序和选用分离方法时,除了考虑样品的性质、规模、分离目的等要求外,还要考虑实验室条件如设备、试剂、费用、分离速度、精度,以及实验者个人因素如熟练程度、经验等。总之,分离方法的选择是一个复杂的多因素过程,不是简单的一个模式可以概括的。

思　考　题

1. 说明选择适合的分析方法的重要性。
2. 理想的分析方法是不是最适宜的分析方法? 试说明原因。
3. 评价分离效率的因素有哪些? 简述回收率和分离因子的概率。

参 考 文 献

[1]　秦启宗,毛家骏等.化学分离法.北京:原子能出版社,1984.

[2]　《化学分离富集方法及应用》编委会.化学分离富集方法及应用.长沙:中南工业大学出版社,1996.

[3]　王敬尊,翟慧生.复杂样品的综合分析.北京:化学工业出版社,2000.

[4]　邹明珠,等.化学分析.长春:吉林大学出版社,2001.

[5]　方禹之.分析科学与分析技术.上海:华东师范大学出版社,2002.

[6]　刘翠平.石见穿多糖的分离纯化、结构分析、生物活性以及碳水化合物方法学的研究.上海:中国科学院上海药物研究所[D],2001.

[7]　丁明玉.现代分离方法与技术.北京:化学工业出版社,2012.

主 题 索 引

242

第 10 章

内 容 提 要

本书共有 10 章,主要讨论当前重要的化学分析分离技术、最新进展及其在交叉学科中的应用。内容包括试样的采集、处理和分解,分离方法的选择以及八类分离技术——沉淀分离法、萃取分离法、色层分析法、离子交换分离法、电泳分离法、泡沫浮选分离法、液相色谱分离法、膜分离法。本书在阐述有关方法的基本原理时,还介绍了主要操作及应用。

本书可作为高等学校化学、化工类专业的本科高年级学生和研究生教学用书,也可作为相关工作人员的参考书。